Quadrupedal Locomotion

An Introduction to the Control of Four-legged Robots

四足运动

——四足机器人控制技术

[西] Pablo González de Santos
[西] Elena Garcia　　著
[西] Joaquin Estremera
王　宇　徐震宇　译

·北京·

Translation from the English language edition:
Quadrupedal Locomotion
An Introduction to the Control of Four-legged Robots
by Pablo González de Santos, Elena Garcia and Joaquin Estremera

This Springer imprint is published by Springer Nature
The registered company is Springer-Verlag London Ltd.

图书在版编目（CIP）数据

四足运动：四足机器人控制技术 /（西）巴勃罗·刚萨蕾斯·德桑托斯，（西）艾琳娜·加西亚，（西）华金·埃斯特雷梅拉著；王宇，徐震宇译. -- 北京：中国水利水电出版社，2018.4
ISBN 978-7-5170-6388-9

Ⅰ. ①四… Ⅱ. ①巴… ②艾… ③华… ④王… ⑤徐… Ⅲ. ①机器人控制 Ⅳ. ①TP24

中国版本图书馆CIP数据核字(2018)第072705号

北京市版权局著作权合同登记号为：01-2017-9161

书　名	**四足运动——四足机器人控制技术** SIZU YUNDONG——SIZU JIQIREN KONGZHI JISHU
原 书 名	Quadrupedal Locomotion An Introduction to the Control of Four-legged Robots
作　者	［西］Pablo González de Santos ［西］Elena Garcia　著 ［西］Joaquin Estremera
译　者	王　宇　徐震宇　译
出版发行	中国水利水电出版社 （北京市海淀区玉渊潭南路1号D座　100038） 网址：www.waterpub.com.cn E-mail：sales@waterpub.com.cn 电话：(010) 68367658（营销中心）
经　售	北京科水图书销售中心（零售） 电话：(010) 88383994、63202643、68545874 全国各地新华书店和相关出版物销售网点
排　版	中国水利水电出版社微机排版中心
印　刷	北京市密云印刷有限公司
规　格	170mm×240mm　16开本　14.5印张　284千字
版　次	2018年4月第1版　2018年4月第1次印刷
定　价	**68.00**元

凡购买我社图书，如有缺页、倒页、脱页的，本社营销中心负责调换

译者的话

步行机器人具有良好的地形适应性，在诸如救灾救援、星球探测、军事侦察等复杂情况下具有广阔的应用前景，能够执行传统轮式机器人和履带机器人不能执行的任务，受到学术界和工程界的广泛关注。足式机器人分为单足、双足及多足等多种形式，其中四足机器人兼具静态稳定步态和动态稳定步态，除具备良好地形适应能力外，还可实现较高移动速度、较大的承载能力和较低的自重，近年来成为该领域研究热点。

本书阐述了作者十几年间在机器人方面所做的研究，并以SILO4四足步行机器人为例，分析探讨了四足机器人传统的稳定性判别算法，并引入了作者最新的研究成果，比较了各种算法之间的优劣；论述了四足机器人的规则步态及自由步态的步态生成算法，并通过仿真计算验证了算法的有效性；介绍了四足机器人腿部运动学、动力学分析、驱动系统计算及运动控制算法等关键问题。本书可为工程设计人员提供参考，同时对四足机器人的科普教育具有一定意义。

参与本书翻译的有王宇、徐震宇、尹宏俊、伏荣真、刘勇、周黎明、范春霞、聂军、李毅、屈信益、冯宇、王利涛、王德海、辛学亭、康艳艳、张印、张玉程等，全书由徐震宇统稿，王宇校订。由于译者水平有限，书中有不妥或者错误之处，欢迎读者朋友批评指正。

特别感谢刘勇、周黎明对翻译工作的大力支持和罗欣老师的指导。本书在翻译过程中得到华中科技大学、吉林大学、哈尔滨工业大学、大连理工大学和中国水利水电出版社的支持，在此深表谢意。

译者

2018年3月

前言

步行机器人已经被证明是杰出的运动系统，能够执行常规车辆不能执行的任务。更令人兴奋的是，对于来自不同学科的探索人员，这是一个快速发展的研究领域。在过去30年里，足式运动技术已经在世界各地发展，出现了许多重要的新机器和新方法。但是，关于多足机器人的专著却屈指可数。本书的主要目标是探讨分析过去10年间作者所做的一些重要研究；次要目标是写一本只论述四足运动的书，也是第一本关于四足运动的专著。本书分为步行测量和算法以及控制技术两部分。第一部分专门介绍四足运动的理论方面。第1章介绍多足机器人的发展历史，重点介绍优缺点、主要特点、潜力和实际应用，并讨论一些基本概念以及四足和六足之间的权衡。最后说明四足运动最新的和传统的稳定性测量和步态生成算法。第二部分介绍一般设计和控制算法（运动学和动力学），旨在提高机器人的主要技术特征，如速度、接地检测和接口等。一般来说，这些技术用于足式机器人，本书将它们专门应用于四足步行机器人。本书是团体共同努力的成果。特别感谢工业自动化研究所（CSIC）的会员对SILO4步行机器人的加工和维护，以及许多有价值的贡献。还要感谢在自动化控制系的同事们，他们为实验工作提供了直接的帮助。非常感谢部门主管M. Armada博士的无条件支持。感谢M. A. Jimenez博士的贡献，她本可能是本书的作者之一，但她决定跟随她的丈夫在荷兰进行另一个令人兴奋的探索。对J. A. Galvez博士的支持也非常感激，他完成了SILO4

步行机器人的主要机械设计。最后，要感谢西班牙教育和科学部的财政支持，书中的大部分成果都由该机构资助（ROB1990－1044－C02－01，TAP94－0783，TAP1999－1080－C04－01，DPI2001－1595和DPI2004－05824）。作者还非常感谢欧洲社会基金对她的CSIC－I3P合同的资助。

Pablo González de Santos
Elena Garcia
Joaquin Estremera
工业自动化研究所（CSIC）
Arganda del Rey，Madrid
2005年5月15日

目录

第二部分 控 制 技 术

第一部分

步行测量和算法

第1章　步行机器人概述

1.1　简介

自然界由美妙的生物组成，人类对它们的行为感到好奇，甚至兴奋，并尝试了解、欣赏或模仿它们。模拟生物性能是一个有吸引力的想法，但非常难以完成。通常，人类制作简单的装置来模仿生物的视觉、嗅觉、肢体操作和行走等容易感知的特性。

本书致力于通过步行机器的发展模拟步行，即众所周知的机器人[1]；换句话说，是机械系统通过使用类似于腿的装置来移动自身。根据机器人腿的数量，可分为类似人类或鸟类的两足、类似哺乳动物和爬行动物的四足、类似昆虫的六足和类似蜘蛛的八足。机器人有一个足［Raibert's hopper(1986)］、三个足［OSU Triped（Berns，2005)］、五个足［Hitachi hybrid robot（Todd，1985)］、八个足［ReCUS（Ishino 等，1983)］或更多足［Nonaped，(Zykov 等，2004)］是不常见的，但也并非不可能。本书特别关注四足步行静态稳定性，即具有四条腿的机器具有的一些特殊功能，以及使用特定的控制算法，将在后面重点论述。不过，不可避免地会提到其他的多足机器人（不包括单足和双足）和相关功能。

1870年前后出现了第一个记录在案的步行机器，是俄罗斯数学家P. L. Chebyshev基于四杆机制发明的，试图模仿自然步行（Artobolevsky，1964)。后来开发出一些用于休闲娱乐的机器，1893年前后，美国专利局注册了第一个腿式系统的专利。

几十年后，大约在1940年，研究人员开始考虑将步行机器人用于实际应用的可能性。按照惯例，军方应用排在第一位。英国和美国军方赞助了一些重要项目，研究作为战争机器的步行机器的应用。后来，基于步行机器人理论上的优点，很多任务被设想为步行机器人的前瞻性应用。

创造步行机构的挑战令人着迷，但在当时又非常复杂，研究人员并不总是成功。尽管如此，在此期间仍然设计和制作了一些实物。随着计算机技术的发展，

---

[1] 本章不讨论由操作员直接控制的步行机器是否是机器人的问题。无论如何，腿部运动的序列是自动执行的，因此，机器、车辆和机器人这些术语会交替使用。

研究人员开始利用强大而紧凑的电脑时，步行机器人的数量有所增加，而且更加成功。到20世纪70年代中期，第一台计算机控制的步行机器人（OSU）在俄亥俄州立大学进行了测试。之后，美国、日本的大学和研究中心在这一领域开展了大量的工作，其中包括被认为是奇迹的步行车辆的开发。在欧洲的研究延迟了几年。大约在1972年，意大利罗马大学（Mocci等，1972）第一个步行机器人被记录在案。但1977年莫斯科生理技术研究所开发的六足机器人在当时被报道为欧洲的第一个步行机器人（Gurfinkel等，1981）。

步行机器人与传统的移动系统相比具有许多理论上的优势，科学界开发了大量计算机控制的步行机器人，用以证明其理论上的优势（Berns，2005）。但是，这些机器人中的大多数仍然以简单的实验室原型机的形式存在。只有少数步行机器人具备了实用特性，如ASV（Song和Waldron，1989）、Dante（Bares和Wettergreen，1999）和Timberjack（Plustech-Oy，2005）等，尽管它们远没有达到当时轮式和履带机器人的性能。目前步行机器人技术发展滞后的原因主要是步行机器人比预期的更复杂，不仅在机械方面，而且也包括电子系统、感知和控制算法方面。

基于作者以前的经验，本书介绍了与四足机器人静态稳定控制算法设计相关的一些基本概念，如RIMHO（Jimenez等，1993）、ROWER（Gonzalez de Santos等，2000）和SILO4[1]（Gonzalez de Santos等，2003）。从工程角度来看，这些技术专门用于四足静态稳定控制。动态稳定的算法和仿生机器人超出了本书的范围。本章将介绍一般的步行机器人，包括步行机器人的发展历史等，步态运动相对于传动轮式运动的优点、前景，真实步行机器人的应用，四足机器人和六足机器人的比较研究以及迄今已建成的最常见的机器人类型。

1.2　发展历史

步态运动技术发展起始于类似玩具的简单步行机器，能够在平坦地形等有利条件下行走移动。后来，科学家通过观察和记录某些物种的步行模式尝试了解生物的运动。然后制定了步态并根据数学模型进行了研究，试图改善步行机器的特性。因此，基于理想情况，创建稳定性测量和步态生成算法，并进行改进，最终达到现有的技术水平。

为了解步行机器的发展历史，应当首先了解人类和动物在步行方法研究方面的成果。本节将重点关注机构和算法相关的成果，而不提及关于运动摄影报告（Muybridge，1957）以及动物学和生物学的比较研究（Wilson，1966；Alexan-

---

[1] RIMHO、ROWER和SILO4由西班牙国家研究委员会工业自动化研究所开发。

der，1977；McMahon，1984）等其他成果。

本节涵盖了步行机器人发展中最重要的历史里程碑。这是基于 Orin（1976）Todd（1985）、Raibert（1986）、Messuri（1985）以及 Song 和 Waldron（1989）所做的工作。对步行机器人的历史发展感兴趣的读者，我们推荐以上这些作者撰写的书籍和博士论文。

1.2.1　步行机构

如前所述，第一个步行机器是在1870年前后，由 Chebyshev 基于他20年前提出的想法建成的。它由一个基于四连杆的装置组成，如图1.1所示。当连杆1围绕垂直于平面的轴线 A_1 旋转时，在一个步态周期内，足（点 P_1）接触地面时遵循准直线轨迹 T_1，离开地面时遵循轨迹 T_2。轨迹的形状和直线 T_1 的质量取决于连杆长度。由图1.1（a）可知，$A_1A_3=0.15$m，$A_2A_4=0.41$m，$A_3A_4=0.4$m，$A_3P_1=0.9$m，$A_1A_2=0.3$m。使用这种简单的装置，可以交替支撑（姿态）和转移（摆动）相位[1]。这种由 Chebyshev 设计的步行机器和草绘图如图1.1（b）所示，双腿成对安装（对侧，非相邻腿）。因此，通过每一对腿支撑相和摆动相的交替（对角步态）就可能实现小跑。但是，这种设备只能应用在完全平坦的地形上，因为它没有地形适应机制或独立的腿部运动，从而限制了立足点的选择。尽管如此，在19世纪最后一个季度，Chebyshev 步行机器也被纳入两个著名的机器中，即 MELWALK（Kaneko 等，1985）和 Dante（Wettergreen 等，1993）。

在开发 Chebyshev 机器之前，已经开发出了并不是真正步行系统的令人惊讶的移动设备，其基本用途是为了娱乐。Vaucanson 建造的机械鸭（1738），瑞士制表师 Jacquet - Droz 大约在1774年建造的机器作家、机器音乐家和机器绘图员等（Logsdon，1984）。这些是人类模仿生物行为的杰出例子。另一个步行机器发展史上的里程碑是机器马，由 L. A. Rygg 于1893年在美国专利局注册，如图1.2所示。操作者通过使用脚踏板为机器提供动力，利用连杆和曲柄产生腿的移动。这一度被认为是关于腿式系统的第一个专利，但不清楚它是否实际建成。

20世纪40年代，研究人员和工程师为步行机器人开发出了新的潜在应用。军事和空间领域的研究人员被足式运动的优势所吸引，提出了一些有趣的研究申请，首先是在英国，然后是在美国，作为战争机器和行星探索。

第一个具有独立控制的腿和适应地形的步行机器，是英国人在1940年建造的。A. C. Hutchinson 认为，对于1000t以内的重型车辆，腿可能比轮子或履带更有效率。Hutchinson 与 F. S. Smith 合作开发能够水平和垂直运动解耦的腿部

[1] 术语支撑相和站立相以及术语转移相和摆动相可互换使用。

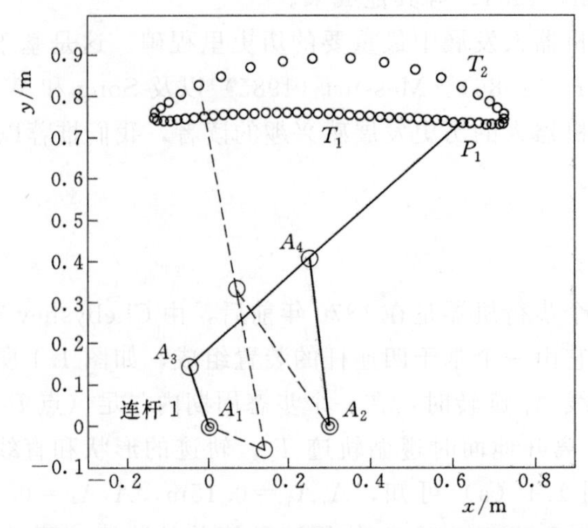

(a) Chebyshev 机器支撑轨迹的形状（实线）和摆动轨迹的形状（虚线）

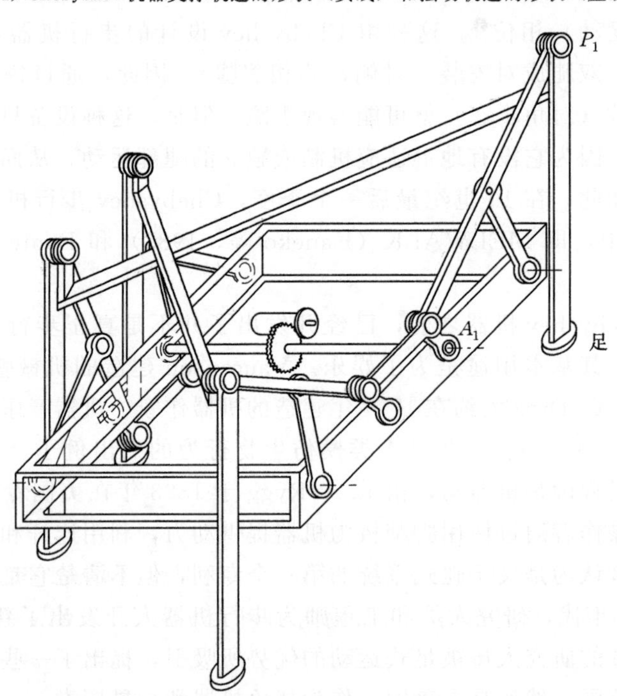

(b) 通过平面图获得的整个机器的草绘图（Artobolevsky，1964）

图 1.1　第一个步行机器

系统，只需要有两个液压执行机构就可以移动机器。最终，他们建立了一个缩小尺寸的四足机器，高 60cm，有 8 个关节，由操作员线控来实现运动。该机器是被测试用于装甲车辆的，但当时英国深陷在第二次世界大战中，英国战争部队对

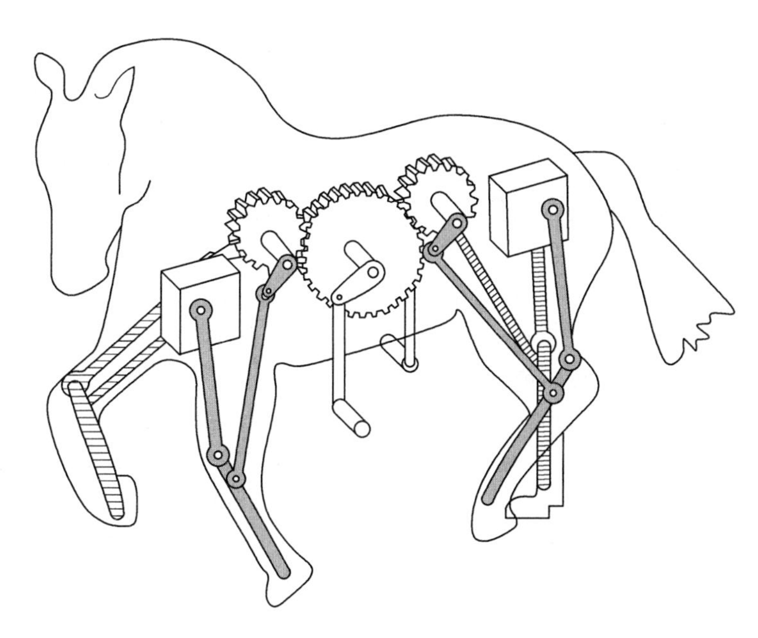

图 1.2 机器马

这些事态的发展并不感兴趣，以致阻碍了机器的进一步发展（Todd，1985）。作者可以确定，这是第一台建成的具有地形适应性的四足机器。

在其后的 20 年，基于美国宇航局和美国陆军的资助，美国进行了一些重要的理论研究。在美国陆军坦克汽车公司制造中心，波兰工程师 M. G. Bekker 的发现特别值得注意。这些发现促成了在通用电气公司合作下 GE 步行卡车的开发。这个四足工作平台机体长 3m，重量 1400kg，由 R. S. Mosher 于 1962 年开始建造，采用一个 90 马力[1]汽油发动机。所以从能量角度看，它是一个自主机器；但是由坐在机器上的操作员执行腿的控制。操作员通过自己的手和脚控制手柄和踏板，操纵机器所有的 12 个关节运动。Todd（1985）在他的书中提到，负责协调如此大量的手柄和踏板，操作员无法控制系统超过 5min。但 Raibert（1986）声称该项目的主任能够实现在大约 20h 的训练后顺畅地驾驶车辆。不管怎样，这个项目具有关键作用，它激励南加州大学的 R. McGhee 扩大研究现有的运动技术。McGhee 看到了 GE 步行卡车在 20 世纪 60 年代中期的演示，认识到主要问题是机器操作者无法协调腿部运动，即使是在短时间内。他当时正在与尔格莱德大学 R. Tomovic 合作研究有限状态控制理论，认为自动循环系统可以代替操作员解决协调腿部运动的问题。

大概在同一时间，美国宇航局和美军再次赞助探索军事运输的步行机器人、

[1] 1 马力＝75kgf·m/s＝735.49875W。

行星探测和辅助残疾人应用可行性的项目。这项研究的一个重要成果是太空总公司建造的 Iron Mule Train。Iron Mule Train 是一个八足机器人，被认为是步行机器发展史上的另一个里程碑（Morrison，1968）。20 多年后，Tod（1991）提出基于 Iron Mule Train 的一些轻微修改，有助于使部件更容易制造。他的结论是：修改后的机器人并没有在技术上取得进步，但是提出平衡问题对于机器人的优点的局限至关重要。

从 1966 年到 1969 年，Bucyrus - Eire 公司从事 Big Muskie 的建造，是至今最大的步行机器。它重 13500t，是专门在露天矿工作的牵引车。其基于四足液压驱动，足围绕固定轴旋转向前移动，而机器的机体停留在地面上。当四只足都接触地面时，机器抬起并移动，转到新的放置位置。足可以看作是一个特定半径的车轮，机器速度能够达到 270m/h。Big Muskie 被认为是 Hutchinson 想法有效的证据，令人惊讶的是，直到 1991 年它还可以运行（Big Muskie，2005）。

1966 年，McGhee 继续他的研究，并与 A. A. Frank 一起建成一个中型（50kg）的四足机器人“Phony Pony”，如图 1.3 所示。每条腿都是基于带旋转关节的两自由度系统，通过电动机驱动。足是倒 T 形结构，保证了在平面上的稳定性。每个关节都安装了一些传感器，用于检测向前运动或向后运动关节是否锁定。有这样 3 种不同的状态，并且使用基于触发器的电子逻辑，他们创建了一个具有 6 个同步状态的状态机。机器人通过状态图选择，执行四足的爬行和对角小跑运动。

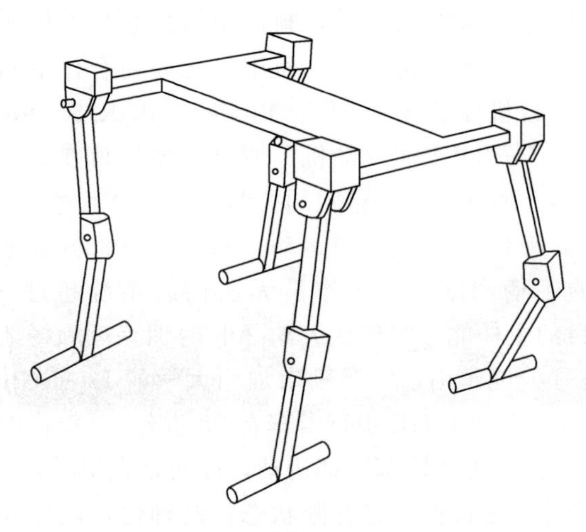

图 1.3　“Phony Pony”草绘图

“Phony Pony”是一个至关重要的里程碑，因为它启发 McGhee 在俄亥俄州立大学（OSU）建立了新的步行机器，并成为步行机器人史上的重要里程碑，即 OSU hexapod 和 Adaptive Suspension Vehicle（ASV），如图 1.4 所示。

图 1.4 自适应悬架车（ASV）（由 Waldron 提供）

OSU hexapod 建于 1977 年，是第一台电脑控制的步行机器人。它的腿基于昆虫腿部构型，具有 3 个电动机驱动的旋转关节。这个机器人成为一个大型的实验测试平台，产生众多与步态生成、机器人控制和力分配算法相关的科学成果。1986 年，McGhee 和还在 OSU 的 Waldron 一起测试了 ASV hexapod，其可能是最大并与地形适应最好的步行机器人（Waldron 和 McGhee，1986；Song 和 Waldron，1989）。

1980 年，日本东京工业大学（TIT）的 Hirose 开始开发大型家用四足步行机器人。第一个是 Pre-ambulate Vehicle（PV-Ⅱ），如图 1.5 所示，被认为是四足步行机器人发展的重要里程碑，虽然在它之前还有一个名为 KUMO 的前

图 1.5 PV-Ⅱ步行机器人（由 Hirose 提供）

身。PV－Ⅱ重 10kg，高约 1m。它的腿是基于 3 自由度的比例缩放机构，作为 PANTOMEC 获得专利。此后，该结构已被广泛应用于步行机器人的建造［图 1.8 和 1.13（a）］。几年后，Hirose 开始开发 TITAN 系列，自 2001 年以来，他一直在研发 TITAN－Ⅸ（Kato 和 Hirose，2001）。

1983 年，Odetics Incorporated 推出了 ODEX Ⅰ，一个六足机器人，其腿部基于比例缩放机构，并且放置在圆形构架中（Russell，1983）。这个机器人的推出并没有任何重要的科学贡献，但它作为第一个商业化的步行机器人，被列入重要成果。该公司制作了一个升级版，用于检查核电厂（Byrd 和 DeVries，1990），之后该公司突然停止了其步行机器人的研发。

到目前为止，提到的所有步行机器人基本上是静态的稳定系统。第一个有完整的动态稳定性的奔跑四足机器人，由 M. Raibert（1986）在麻省理工学院（MIT）建造，如图 1.6 所示。大部分参与开发动态稳定机器人的研究人员一开始研究步行机器人的静态稳定，后来转向研究动态系统。Raibert 没有这样做，而是成功地解决了单腿问题，并将他的研究应用于具有 2 个、4 个或任何数量腿的步行机器。

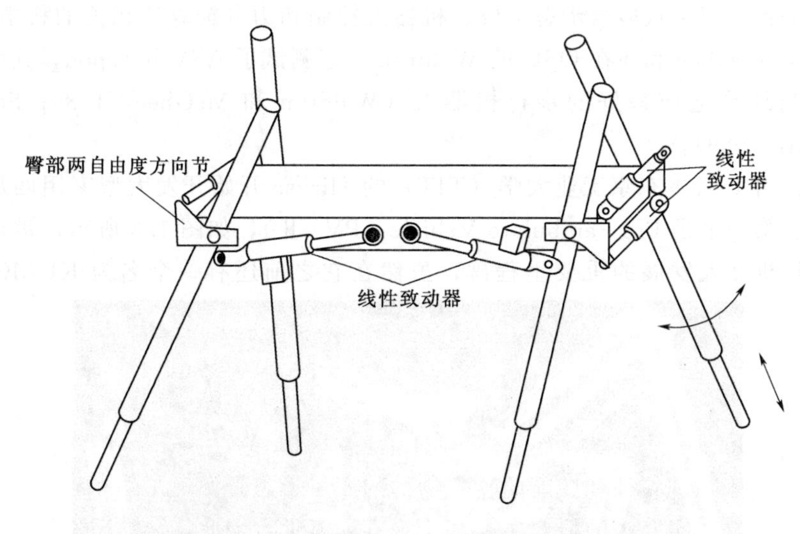

图 1.6　Raibert 动态稳定四足步行机器人简图

对于步行机器人，步态行走实现高速度至关重要，这是获得机动性的重要途径之一。然而，对于步行机器人执行的大多数任务，如处理物质、收集测量等，其必须静止或以非常低的速度行走，因此又需要静态稳定的步态。

从 20 世纪 90 年代初至今，世界各地正在建造的步行机器人的数量大幅增加。超过 200 种不同的机器人已经编入目录（Berns，2005），其中约 20%是四足机器人，说明创造四足步行机器人有发展前景。稍后将展示其特殊的性能。

表1.1总结了多足机器人发展的历史，突出了四足步行机器人发展史上的重要事件。值得注意的是，自1990年以来，步行机器发展的真正成果均来自于双足机器人。

表1.1 多足步行机器人发展史上的重要事件

年份	研究人员或单位	重要事件
1870	Chebyshev	四连杆机制交替支撑相和摆动相
1893	Rygg	Mechanical horse 专利
1940	Hutchinson	四足原型
1961	Morrison	Iron Mule Train 的设计和测试
1968	Frank 和 McGhee	设计和测试了"Phony pony"
1968	Mosher	测试GE步行卡车
1969	Bucyrus - Erie Co. Big Muskie	Big Muskie 13500t 重步行机器建成，直到1991年还在运行
1972	罗马大学	欧洲第一个步行机器人
1977	McGhee	测试第一台电脑控制步行机器人（OSU六足）
1980	Hirose 和 Umetani	PV-Ⅱ在东京技术研究所开发成功
1983	Odetics Inc. ODEX Ⅰ	第一台商业可用的步行机器人
1987	Waldron 和 McGhee	首例ASV演示，迄今建成的最好的步行机器人
1989	Raibert	第一个进行四足小跑、快跑和束缚步态控制

1.2.2 步态设计

在创建步行机器后，就要执行腿部和机身运动序列使机器步行，这个序列被称为步态。步态已经研究了很多年，然而长期以来，研究成果仅在非常有利的表面条件上可行，即平坦和水平地形。

M. Hildebrand（1965）完成了与四足步态相关的第一个重要进展。他描述和比较了基于物理特征和性能的特定物种的四足步态，发现了164种不同的四足步态。他定义步态公式的概念主要基于观察和直觉，因此，他的工作被批评缺乏科学基础。后来，McGhee扩展了Hildebrand的想法，包括步幅、占空系数和腿部相位。他使用一致化的数学公式定义了这些参数（参见第3章参数定义）。

步态生成的主要事件之一是McGhee和Bessonov的研究成果，他们分别研究和制定了连续步态。McGhee和Frank（1968）研究了四足步态，并得出结论：对称的、周期性、规则的步态，称为波浪步态，可以提供四足最佳稳定性。几年后，Bessonov和Umnov（1973）通过数值模拟证明，波浪步态也是六足步行机器的最佳选择。1982年，Orin研究步态时考虑了蟹行角，即机体纵轴和运动方向形成的角度（Orin，1982）。此后，Kumar 和 Waldron（1988）得出改进的波浪步态，以产生六足连续蟹行步态。后来，Zhang 和 Song（1990）制定了四足蟹行步态，允许机器人朝任何方向移动。所有这些步态在平坦和水平地形都能正确执行，但还不能在不规则的地形上行走。

几位作者采用不同的方法研究了这个问题。主流方法是使用传感器进行地面检测并修改一些已知算法的参数，同时保持一些其他参数。Kumar 和 Waldron（1989）提出了一种改进的波浪步态，可以在更宽的速度范围内自动适应所选择的立足点。他们也描述了基于修改步态参数获得所需速度的策略。一般来说，步态是通过改变其占空因数、腿部相位、腿部步幅或步态周期来改变。还有一些作者提出了一种步态控制策略，即能自动适应的蟹行步态，在不平坦地形，当步行机器执行步态算法时可以实时调整步态参数（Jimenez 和 Gonzalez deSantos，1997）。

还有一种步态称为不连续步态。它可能看起来不如连续步态，但实际上它适应不规则地形的能力很好。不连续步态与波浪步态有很多相同之处，即它们是规则的、对称的和周期性的，并且与波浪步态的生成模式相同。但它们的机体运动方式不同。连续步态执行腿部运动的同时机体以恒定的速度移动。而不连续步态在腿全部着地时推动机体，在机体静止和其他腿支撑时，执行一条腿的摆动。对于某些占地系数的波浪步态，这种步态提供更多的稳定性和更快的速度，本质上提供了更好的地形适应性。而且它比连续步态易于实现，这正是步行机器所必须具有的特征。

步态算法的另一个问题是如何处理步行机器在给定路径下的导航。可以使用连续步态和不连续步态跟踪策略，使用机体参考坐标系形成蟹行角，但是组合这些直线段以匹配预定义轨迹是比较麻烦，特别是使用连续步态时。为了执行运动，周期步态被构想为直线蟹行步态，需要固定在机体参考坐标系下初始足的位置。这些位置取决于蟹行角，即机体的纵轴和运动方向之间的角度。因此，足的位置必须根据其他足的运动确定，比如在新的轨迹开始时，为了使机体运动，必须改变腿部动作以适应新的轨迹。值得注意的是，这对于四足步行机器来说是一项艰巨的任务，但是对六足蟹行步态，当占空因数为 0.5 时就没有这些问题（交替三角支撑）。20 世纪 90 年代，几位作者研究了四足步行机器人各种步态的连接方法，提出一些算法作为寻找步态周期，连接两个蟹行步态的辅助手段，而某些特征则保持恒定，如速度和稳定性裕度（Lee 和 Song，1990；Jimenez 和 Gonzalez de Santos，1997）。

另一个要考虑的重点是使用固定支持模式推动机器人，阻止其在禁止单元区域的运动，这些考虑因素推动了非周期步态的研究。非周期步态也称为自由步态，其特征在于实时选择腿部序列和足够的立足点。McGhee 和 Iswandhi

(1979) 为六足步行机器人设计了一个自由步态，是基于 Kugushev 和 Jaroshevskij (1975) 以前开发的非周期性算法的研究。该方法通过选择一个序列的支撑点，使步行机器人能够适应不适合支撑的某些区域地形。地形首先分为允许单元和禁止单元。算法没有考虑地形的不规则性，仅在模拟中进行测试。此外，该算法旨在使摆动相腿部数量最大化，因此，它对六足步行机器是足够的，但无法证明对于四足步行机器人非常有用，因无法使四足机器多于一条腿处于摆动。几年后，Hirose (1984) 提出了一种专为四足机器人而设计的特别的自由步态。进行计算机模拟测试时结果很好。虽然地形分为允许单元和禁止单元，但仍然缺少地形适应功能。除了缺乏地形适应性，自由步态对路径跟踪是有益的，因为它们可以随时改变方向。

表 1.2 总结了多足机器人步态的发展。再次说明，自 1990 年以来，步行机器人步态发展的真正成果一直来自双足机器人。

表 1.2　　多足机器人步态发展史上的重要事件

年份	研究人员	重要事件
1965	Hildebrand	动物步态分类
1968	McGhee	数学步态公式
1968	McGhee 和 Frank	四足最佳波浪步态
1973	Bessonov 和 Umnov	六足最佳波浪步态
1975	Kugushev 和 Jaroshevskij	初步制定自由步态
1979	McGhee 和 Iswandhi	完成自由步态构想
1989	Kumar 和 Waldron	适应性步态研究
1990	张和松	制定蟹行步态

1.2.3　稳定性测量

步行机器人的主要功能是提供稳定的运动，即在一定周期的运动过程中没有跌倒。步行机器人的稳定性是一个二进制概念，步行机器人是稳定的或不稳定的，没有中间状态。但是，对稳定性量化是很有必要的，即机器人距离不稳定状态的程度。

1968 年前后，McGhee 和 Frank 首先定义了稳定性的概念。他们规定，如果步行机器人其重心 (COG) 的水平投影位置在由所有支撑足构成的支撑多边形的内部，则步行机器人是静态稳定的。作为稳定性测量，他们计算从 COG 投影到支撑多边形边界的最短距离，并将其定义为稳定裕度 (SSM)。因此，稳定裕度短，意味着机器人接近不稳定。Zhang 和 Song (1989) 制定了蟹行波浪步态，并定义了这个步态的稳定裕度。为了简化公式，他们定义了纵向稳定裕度

(SLSM)，即在机器人纵轴的方向，从 COG 到支撑多边形边界的最短距离。

对于基于 COG 投影的稳定性测量，COG 的高度不是影响因素。本质上 COG 似乎越高，越不稳定。当机器人站在斜坡上时，COG 的位置特别重要。SLSM 并不取决于地形的倾斜度，但比起上坡机器人更容易在下坡倾倒。为了解决这个问题，Messuri 提出了一个新的测量参数，称为能量稳定裕度（SESM）(Messuri，1985；Messuri 和 Klein，1985)。该参数被定义为步行机器人克服围绕支撑多边形的边翻转的最小势能。这个能量取决于机器人的重量。1998 年，Hirose 及其同事对机器人重量进行归一化测量，并定义归一化能量稳定裕度(SNESM)(Hirose 等，1998)。

SESM 和 SNESM 是步行机器人翻转所需的外部冲击能量。但是仍然使用静态测量，因为不包括机器人在撞击之前的惯性力。当步行机器人以中等速度移动时，可能会发生动态效应，从而改变翻滚所需的总能量。当步行机器人携带机器手时就可能发生上述情况。因此至少在这种情况下，应该采取动态测量。

Orin 第一个尝试定义动态测量（1976）。他将动态稳定裕度（SDSM）定义为压力中心（COP）到支撑多边形边界的最短距离。COP 定义为 COG 沿着作用在质心的所有力的合力的投影。因此，在静态条件下 COP 与 COG 一致，即它也不考虑机体高度。

在过去 10 年中，一些研究人员试图定义能够计算动态效应影响的稳定性裕度。虽然是基于不同标准，但最终均得出了非常相似的定义。稳定性测量发展史上的重要事件见表 1.3，并将在第 2 章展开。

表 1.3　稳定性测量发展史上的重要事件

年份	研究人员	重要事件
1968	McGhee 和 Frank	静态稳定性定义、稳定裕度
1976	Orin	动态稳定裕度
1985	Messuri	能量稳定裕度
1989	Zhang 和 Song	纵向稳定裕度
1998	Hirose 及其同事	归一化能量稳定裕度

1.3　步态运动的优点

除了创造机器来模仿自然运动，有些研究人员还想利用步态运动相对于传统车辆——轮式或履带车辆的优点，用于工业或服务业。下面讨论这些优点。

1.3.1　机动性

步行机器人比轮式机器人表现出更好的机动性，因为它们本质上是全方位的系统。也就是说，一个步行机器人只通过改变立足点位置就可以独立于主体轴的方向而改变方向，而传统的轮式机器人还需要被操纵来改变方向。

同样，步行机器人在保持立足点时，只需要改变腿部伸展量就可以移动和改变机身方向。此功能为机体提供6个额外的自由度（DOF）。图1.7说明了这些特征，腿部机构是基于3自由度的。需要说明的是，具有牵引力的轮子和安装转向电机的轮式机器人也可以大大提高其方向性，但成本也会随之增加，系统会更加复杂。使用特殊功能轮子的机器人，如Ilonator轮，能够全方位运动，但是只能在平面上使用（Ilon，1975）。

1.3.2　克服障碍

步行机器人只要能够踩在障碍物上，就可以克服比最大离地间隙稍低的障碍物。但轮式机器人只能克服不到车轮半径一半的障碍物（McKerrow，1991）。履带车辆可以当作以履带长度一半为车轮半径的车轮机器人，所以履带车辆可以比轮式机器人克服更高的障碍物，但需要较大的机体运动。

1.3.3　主动悬架

步行机器人通过调整腿部长度来适应地形的不规则，从而提供内在的主动悬架。从而使步行机器人通过高度不规则的地形并能够保持机体水平。因此，步行系统运动时可使驾驶员感觉平稳舒适。相比之下，轮式机器人的机体总是平行于地面，即保持与地面相同的倾角。

1.3.4　能量效率

Hutchinson在1940年提出，对于非常重的车辆，步行机器人可能比轮式机器人能量效率更高。后来，Bekker通过实验证明了Hutchinson的说法，在非常不规则的地形条件下，步行系统比轮式或履带系统更有效率。表1.4显示了Bekker在车辆和动物的比较研究中获得的数据（1960）。

表1.4　Bekker对车辆和动物的研究

研究对象	高度不规则地形的平均速度/(km·h^{-1})	在25cm厚塑料条上移动所需动力/(马力·t^{-1})
履带式车辆	8～16	10
轮式机器人	5～8	15
动物	＞50	7

1.3.5 自然地形

轮式机器人需要在非常昂贵的、连续铺设的表面才能有效移动。原则上，步行系统不需要像轮式机器人那样在预设的地形上，而可以在沙滩、泥泞、硬质和松软地形以相近的效率移动。步行系统的另一个优点是不需要连续的地形来移动。

1.3.6 滑动和干扰

车轮在柔软的地形容易下沉，造成轮式机器人移动困难。然而，如果步行机器人的一条腿垂直放置在地面上，只能在同一个方向压缩软地面。腿部提升是垂直执行的，与地面无关。当推进机体时，足围绕它们的关节旋转，而腿不与地面相互作用，因此不会造成任何干扰问题。车辆向前或向后滑动时也是如此。

1.3.7 环境破坏

步行机器人与地面的接触点是离散的，而轮式或履带车辆沿着地面使用两条连续路径。因此，步行机器人接触地面更少，从而减少环境破坏。

1.3.8 平均速度

传统的车辆可以在预设的路面上以高速移动。但是，当地形不平坦时，车速迅速下降。有腿的移动系统（例如哺乳动物）能够很好地适应不规则地形，能够在各种地形保持相似的平均速度，Bekker 的研究证明了这一现象，如图 1.7 所示。

1.4 步态运动的缺点

当然，步行机器不是移动的通用解决方案，对于工业和服务业，其也有不被使用的问题和缺点。第一个问题是复杂性。步行机器人比轮式机器人更复杂，包括机械方面、电子系统和控制等方面。另一个问题是步行机器人的速度。静态稳定的步行机器人移动速度非常慢。动态稳定的步行机器人仍处于发展的初期阶段，似乎也没有轮式机器人快。第 3 个问题是成本。这些问题下面进一步探讨。

1.4.1 机械系统

车轮是非常简单的机构，由一个旋转关节组成。一条腿由几个连杆和关节（旋转副或棱形副）组成，这个系统显然比简单的车轮更复杂。一个车轮只需要一个致动器来驱动它，另一个致动器驱动它转向。最简单的静态稳定轮式车辆是三轮车，由牵引车轮和转向车轮（两个致动器）组成，还有两个或更多被动车

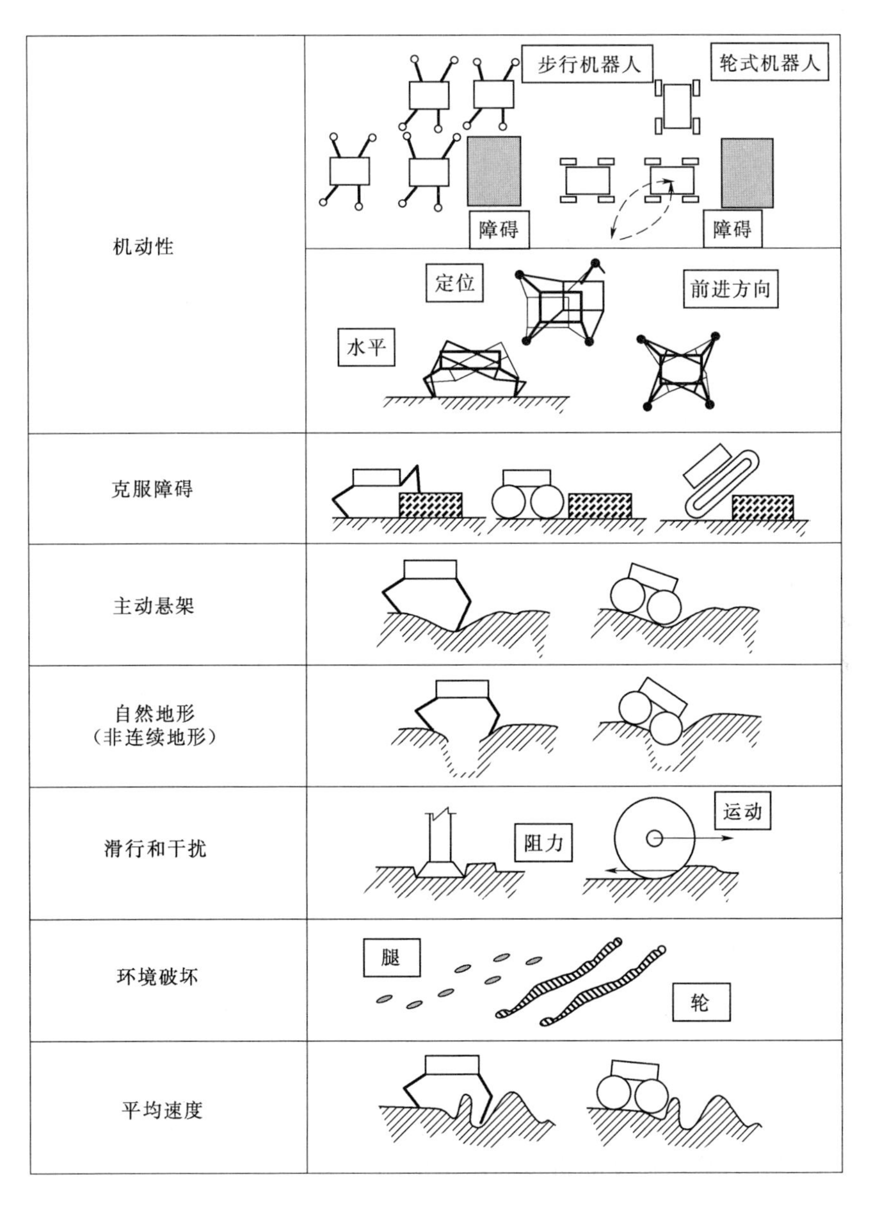

图 1.7　步行机器人与轮式机器人对比图

轮。其他轮式车辆配置，如差速系统，或最新的自平衡双轮车辆（Tirmant 等，2002），也只需要几个致动器。最复杂的系统有 4 个车轮，具有独立牵引和转向致动器，总共 8 个。而一条腿需要至少 3 个自由度，这意味着需要 3 个自由度致动器提供牵引力和转向。静态步行机器人至少需要 4 条腿，因此，用于步行机器人的致动器的数量必须至少为 12 个。因此步行机器人对于轮式机器人而言机电系统更复杂，也更昂贵。

1.4.2　电子系统

每个致动器都有相关的电源驱动器，因此步行机器人比轮式机器人需要更多的电子系统。步行机器人的关节必须控制，因此控制系统需要传感器。而且步行机器人需要比传统车辆更多的传感器，进而会导致更多问题。

车轮总是与地面接触，而腿的支撑相和摆动相交替进行，因此需要传感器来确定足是否接触地面。每条腿增加了传感器的数量，包括触摸传感器，或某种类似的传感器，同时增加了处理传感器信息所需的电子芯片的数量。

用于控制步行机器人的算法比用于移动轮式机器人的算法更复杂，但还没有造成很大的计算负担，机器人也没有特殊的计算要求，两种机器人的计算系统很相似。

1.4.3　控制算法

轮式驱动器或用于轮式机器人的转向驱动器仅需要控制器的信号。通常这个电压值与所需的速度或所需的转向角度成比例。然而，四足机器人必须同时协调所有 12 个关节的运动以及足传感器，以提供稳定的运动。因此步行机器人的控制算法比轮式机器人更复杂。

1.4.4　可达速度

与轮式机器人相比，步行机器人在非常不规则的地形可以实现更高的速度。在预设的良好表面上如道路、街道和工厂的地板上，轮式机器人的速度一定更快。例如，马或猎豹的奔跑速度高达 60～80km/h，而轮式机器人的速度可达 350km/h。步行机器人无法与这些动物和车轮机器人竞争，但并不是它们将来没有能力。

1.4.5　成本

系统的总成本与其复杂性成正比，包括机器、电子、传感器等。因此，步行机器人的成本比轮式机器人高得多。表 1.5 给出了一些关于四足机器人和最简单的轮式机器人的复杂性对比，用于比较和费用估算。

表 1.5　双致动器轮式机器人和四足机器人的复杂性对比

设　备	轮式机器人/个	四足机器人/个	设　备	轮式机器人/个	四足机器人/个
致动器	2	12	关节传感器	2	12
驱动器	2	12	车轮/足传感器	0	4
控制器	2	12	计算机	1	1

总之，步行机器人在预设的地面上不会完全替代传统车辆。步行机器人与传统车辆相比具有明显优势的唯一适用用途是自然地形、高度不规则的地形、特殊的几何结构如楼梯等。

1.5　步行机器人的潜在用途和实际用途

步行机器人的潜在用途是基于其执行特定任务时相比轮式或履带车辆的优势。因此，在传统的车辆应用中，使用步行机器人更有优势，如军事任务，复杂或危险情况的检查，陆地、水下和空间探测，林业和农业任务，建筑活动和民用工程等。还可以使用步行机器人作为研究活体动物行为的实验台进行试验，并用于测试人工智能（AI）技术。步行机器人也用于社会活动，包括扫雷和排除炸弹等人道主义援助。

以下简要讨论一些潜在应用，表1.6总结了一些特定应用的步行机器人。

表1.6　特定应用的步行机器人（Berns，2005）

<table>
<tr><th>应　用</th><th>机器人</th><th>应　用</th><th>机器人</th></tr>
<tr><td rowspan="3">军事应用</td><td>GE步行卡车</td><td>帮助残障人士</td><td>Walking chair</td></tr>
<tr><td>Iron Mule Train</td><td rowspan="5">支撑AI技术</td><td>Attila</td></tr>
<tr><td>ASV</td><td>AIBO</td></tr>
<tr><td rowspan="3">核电站检测</td><td>ODEX Ⅰ</td><td>TUM</td></tr>
<tr><td>Sherpa</td><td>TARRY</td></tr>
<tr><td>RIMHO</td><td>SILO4</td></tr>
<tr><td rowspan="4">陆地、水下和空间探测</td><td>ReCus</td><td rowspan="2">生物学研究</td><td>Palaiomation</td></tr>
<tr><td>AMBLER</td><td>Butch</td></tr>
<tr><td>Dante</td><td rowspan="6">人道主义排雷</td><td>TITAN Ⅵ-Ⅱ</td></tr>
<tr><td>Aquarobot</td><td>AMRU-2</td></tr>
<tr><td>林业和农业任务</td><td>Timberjack</td><td>COMET</td></tr>
<tr><td>建筑活动</td><td>ROWER</td><td>Ariel</td></tr>
<tr><td rowspan="2">民用工程</td><td>TITAN Ⅶ</td><td>SILO6</td></tr>
<tr><td>ROBOCLIMBER</td><td></td></tr>
</table>

1.5.1　军事应用

军事运输活动需要车辆适应大多数地形，如不规则、倾斜、沙质、泥泞、铺路等。这些车辆还必须克服诸如沟壑和反坦克障碍物等障碍。正如前面章节中提到的，步行机器人在理论上能够通过这些地形和障碍物。因此，在军事机构的支

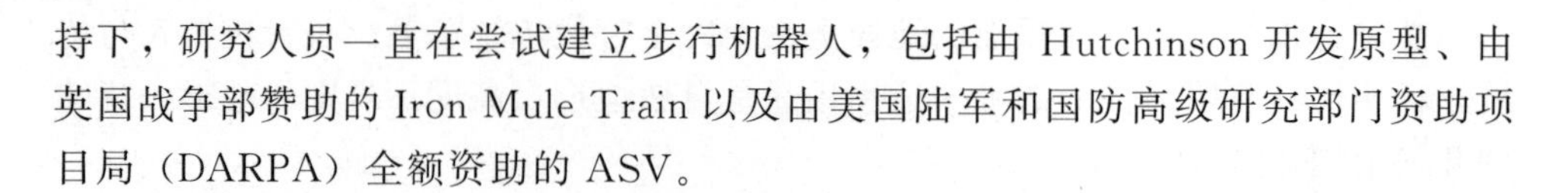

持下，研究人员一直在尝试建立步行机器人，包括由 Hutchinson 开发原型、由英国战争部赞助的 Iron Mule Train 以及由美国陆军和国防高级研究部门资助项目局（DARPA）全额资助的 ASV。

1.5.2　核电厂检测

步行机器人的另一个可能用途是操作和检查核电站。核电站存在轮式机器人无法通过的地区（地板上的管道、楼梯等），通过步行机器人更加容易应对。

如前所述，Odetics Inc. 建立了 ODEX Ⅰ步行机器人的工业版本，专门设计在这种环境中工作（Byrd 和 DeVries，1990）。一个西班牙财团建造了 RIMHO 四足机器人，测试这种机器人在核环境中的可能用途，如图 1.8 所示（Jimenez 等，1993）。在欧洲，Sherpa 机器人（法国原子能委员会）是再一次尝试开发六足机器人用于核环境的例子（Berns，2005）。

图 1.8　RIMHO 步行机器人

1.5.3　陆地、水下和空间探测

步行机器人具有适应不同未知类型地形的能力，能够克服障碍，以离散的接触点接触地面，这些都使其成为陆地、水下和空间探测的完美候选人。目前已经专门制造和测试了一些机器人用于这些用途。

（1）由美国宇航局资助，卡内基梅隆大学开发的 AMBLER 作为实验测试平台，用于开发对火星进行假设任务所需的技术（Bares 和 Whittaker，1989 和

1993)。

(2) Dante 与 AMBLER 一样，由同一个研究小组开发，同一个机构赞助，用于阿拉斯加山脉火山火山口的内部检查（Bares 和 Wettergreen，1999)。

(3) Aquarobot 在日本港口研究所实验室构建，用于海底水下测量（Akizono 等，1989)。

值得注意的是，传统车辆不能到达世界上超过 50%的土地（Bihari 等，1989)，因此必须使用动物或步行机器人进行探索。

1.5.4　林业和农业任务

步行机器人能够在森林里移动并砍倒树木是非常有用的。在这种情况下，树干本身就是自然障碍，森林地形通常是倾斜的或多山的。步行机器人可以通过调整机体保持在这种地形的稳定性。轮式机器人没有这种能力，它们很容易在这种地形下翻滚。Plustech Oy 是 John Deere 建筑和林业公司的分公司，已经开发出了一种用于这类地形，名为 Timberjack 的步行机器。Timberjack 是一个六足机器人，类似农业拖拉机，并携带机械手来处理工具或夹具。作者强烈推荐观看这个步行机器人的视频（Plustech - Oy，2005)。

类似的机器人对于农业任务也非常有用，因为它可以通过简单的离散接触点来移动，从而保护农作物。而类似的轮式机器人或履带机器人沿着通过路径会破坏农作物。

1.5.5　建筑活动

建筑领域是步行机器人的重要应用，特别是在复杂环境中与运动有关时。例如，在造船过程中，在干船坞需要将所有分块船体连接，将所有纵向和垂直加强筋焊接在舱壁上。图 1.9 显示了一个典型的场景，周围是 10m×4m×3m 左右闭孔的，传统上是通过手进行焊接。

为了通过增加总电弧时间提高生产率、改善焊接质量、改善操作员的工作条件，一些造船厂和研究人员根据欧洲共同体委员会（ECC）的赞助，设计和建造了自动焊接系统（1994—1998 年)。

整个系统由具有商业焊接系统的移动平台和操作焊接系统的机器人组成。四足机器人被认为是首选。它的腿基于 SCARA 结构，因为没有曲柄摇杆，因此腿和加强筋之间不会出现碰撞。但是，这个结构的问题是为将操纵器靠近舱壁的顶部垂直连杆很长（2m)。这么长的连杆携带重载荷（约 130kg）后容易造成垂直连杆弯曲和振动，特别是机体位于其最高位置时。连杆长也会影响机器的静态稳定性。因此，提出了一种称为 ROWER 的改进结构来解决这个问题，使它能够通过抓住扶手来行走。

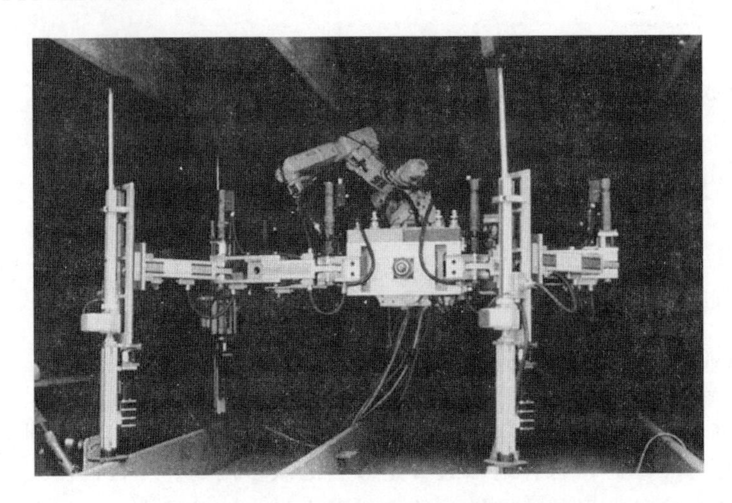

图 1.9　ROWER 步行机器人

图 1.9 中，ROWER 步行机器人在一个单元内，四条腿全部抓住扶手。在这个位置上，机体可以向前、向后、向上、向下和侧向移动。机器人沿着单元的运动是通过依次移动腿和机体来实现的，四条腿抓住扶手执行机体动作。腿的动作和握持程序在 Gonzalez de Santos 等（2000）的文章中进行了详细描述。这是使用步行机器人在特殊结构上行走的例子。

1.5.6　民用工程

在民用建筑领域，需要一种在不平坦地形和斜坡上移动的专用装置。道路施工时，需要经常在斜坡上的运动。在地面插入钢筋并用金属网覆盖，以避免土壤滑动和石头滚动。这项工作由操作员操纵带工具的装置执行，这个装置通过连接到斜坡上部的电缆连接并拖动。为了使这个装置在斜坡上下移动，Hirose 教授在 TIT 开发了 TITAN Ⅶ步行机器人（图 1.10），它们也采用类似的电缆连接，使用其腿部适应不规则地形（Hirose 等，1997）。ECC 资助的欧洲研究组织最近开发了类似的系统（Nabulsi 和 Armada，2004）。

1.5.7　帮助残障人士

步行机器人必将改善残障人士的生活。虽然为残障人士创造便利有很大的社会动机，但克服带楼梯等的建筑物障碍和不平坦的乡村地形是个难题。步行机器人可以移动残障人士克服这些障碍物。来自美国伊利诺伊州大学芝加哥分校的一个研究小组在 20 世纪 90 年代末试图创造这样一台机器，但没有最终的结果报告（Zhang 和 Song，1989）。因为作者面对潜在用户时遇到了诸如机器价格或维护设备成本的问题。对此，政治家和研究人员应该共同努力来攻克难题。

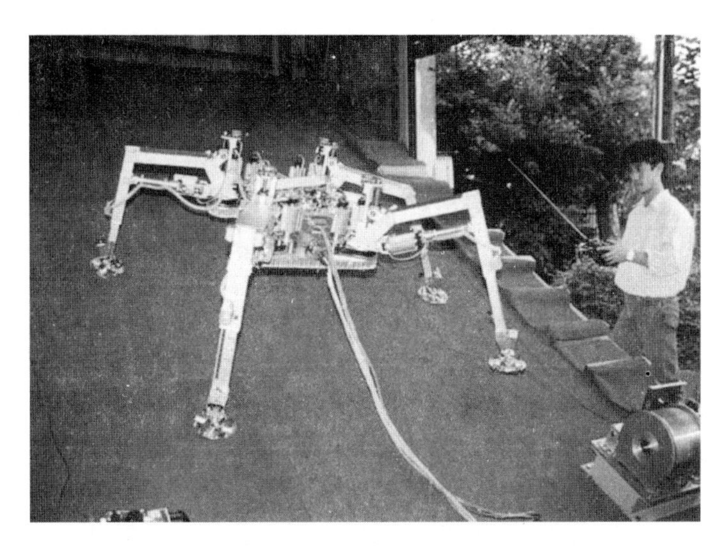

图 1.10　民用项目的步行机器人 TITAN Ⅶ
（照片由 Hirose 教授提供）

1.5.8　支撑 AI 技术

几年前，对机械操纵臂进行大量的人工智能（AI）测试，实际上 AI 测试对于移动机器人开发也非常重要。一些研究人员相信运动产生智能（Moravec，1988），运动使我们学会学习和决定。自然地，可移动设备比机械操纵臂有更多的学习机会。步行机器人与可移动设备有相同的问题，包括与步态生成相关的问题。因此，许多 AI 研究人员使用步行机器人测试他们的理论和方法。例如，Brooks 建立了名为 Attila 的步行机器人（Angle 和 Brooks，1990）。由索尼公司设计的 AIBO，已被许多研究团体使用，主要用于测试 AI 和传感器集成技术（Fujita，2001）。由西班牙工业自动化研究所（IAI－CSIC）开发的 SILO4 步行机器人是另一个例子，计划为有兴趣开发 AI、传感器集成或步态生成技术的研究人员进行测试（Gonzalez、Santos 等，2003），如图 1.11 所示。SILO4 机器人常作为用于比较研究的实验平台，其开发人员已经开始鼓励研究人员使用互联网上可用的图纸和指示建立自己的原型（SILO4，2005）。

1.5.9　生物学研究

在过去 20 年中，动物学家和生物学家对生物行走进行了大量研究。某些研究人员得出结论：一些简单的规则就可以定义一个稳态运动序列（Cruse 等，1998）。这些规则可以通过仿真来验证，但是对研究人员来说，应用于真正的模仿昆虫行为的机器人更加重要。因此，TUM（Pfeiffer 和 Weidemann，1991）

图 1.11　SILO4 步行机器人

或 Tarry（Frik 等，1999）就是模仿棒虫的腿部结构建立的机器人。还可以研发一些机器人用于模仿灭绝物种，这对于教育和娱乐很有好处。例如，由欧共体在 1994 年资助的 PALAIOMATION 项目开发的机器人模仿禽龙（实际尺寸的 1/4）（图 1.12），还有称为 Butch 的新型 dino - robot，类似于角龙（Butch，2005）。

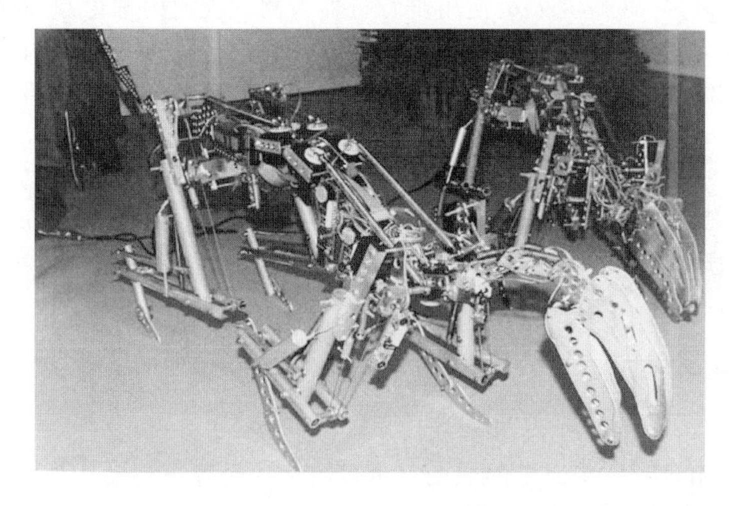

图 1.12　PALAIOMATION 项目的原型
（经 Papantoniou 博士许可转载）

1.5.10　人道主义排雷

检测和清除地雷是一个世界问题。过去 20 年部署了大量地雷，即使未来没有部署更多地雷，排雷也需要几十年。使用新技术可以实现高排雷率，如改进的传感器、高效的操纵器和移动机器人等。任何车辆理论上都可以在雷场上携带传感器，但步行机器人更有优势。

步行机器人排雷的技术一直在发展，有的原型已经经过测试。TIT 开发 TITAN Ⅷ是其中第一个用于排雷任务的步行机器人（Hirose 和 Kato，1998）。由布鲁塞尔 Free 大学和比利时皇家军事学院开发的电驱气动六足机器人 AMRU－2（Baudoin 等，1999）和在 IAI－CSIC 开发的 RIMHO2［图 1.13（a）］也是用于测试人道主义扫雷任务的步行机器人。

(a) RIMHO2

(b) SILO6

图 1.13　人道主义扫雷机器人

COMET-1可能是第一个专门开发的执行扫雷任务的步行机器人。它是由日本研究团体开发的六足机器人，并结合了不同的传感器和定位系统（Nonami等，2000）。COMET研究团体正在开发这个机器人的第3个版本。ARIEL是由IRobot公司开发的另一种六足机器人，用于矿山开采作业。DARPA和美国海军办事处正在研究将该机器人用于执行水下任务的方法（Voth，2002）。

针对人道主义扫雷这一特定任务，IAI-CSIC创建了DYLEMA（西班牙语首字母缩写，即杀伤地雷的有效检测和定位）地雷检测和定位系统。它是基于SILO6步行机器人，并携带一个检测装置［图1.13（b）］。DYLEMA项目的主要目的是开发整个系统，整合腿部运动和传感器系统领域的相关技术，以满足目前人道主义扫雷行动的需要。

最后提到的六足机器人是基于昆虫构型，但也有不同的构型，如滑动框架，这些步行机器人正在针对扫雷任务进行测试（Habumuremyi，1998；Marques等，2002）。

总而言之，为开发可排雷步行机器人，研究人员做了大量的工作。

1.6　四足机器人与六足机器人

开发一个步行机器人首先要定义腿的数量。这个数字是机器人拥有不同功能和具体应用要求两者之间权衡的结果。这种平衡涉及稳定性、速度、可靠性、重量和价格。

例如，六足机器人比四足机器人具有更好的静态稳定性。六足机器人在任何时候都可以通过用5条腿支撑机体来执行静态步态，而四足至少有3条腿支撑。这个功能使六足机器人比四足机器人更加稳定，因为可以使用更大的支撑多边形。

速度也是机器人运动的关键因素，可能关系到在工业和服务业中的表现。Waldron和他的同事证明，执行波浪步态的步行机器人的速度v取决于腿部步幅R、腿部摆动时间τ和占空因数β，β取决于腿的数量（Waldron等，1984），v为

$$v=\frac{R}{\tau}\frac{1-\beta}{\beta}$$

具有n条腿的机器人的最小占空因数为$\beta_n=3/n$。即，$\beta_4=3/4$，$\beta_6=3/6$，$\beta_8=3/8$。因此，机器人的速度为：$v_4=0.333(R/\tau)$，$v_6=R/\tau$，$v_8=1.67(R/\tau)$。六足机器人比四足机器人速度更快，而八足机器人甚至更快。

在步行机器人的发展过程中一些研究人员已经指出，六足机器人可以在发生故障后继续行走，最多故障腿为2条腿（每侧1条腿）。这是一种极端的从六足

机器人变为四足机器人的方法。换句话说，六足机器人是静态冗余的稳定步行机器人，即使有1条或2条失效的腿也能行走，因为可以使用其中的4条腿定义稳定步态。例如，虽然每个人都看到过昆虫以5条腿行走，但5条腿的机器人被困在洞里行走是比较难以想象的。可以理解，一条腿失效极大地限制了机器人的移动性。因此，六足机器人的理论冗余不能真正被认为是超过四足机器人的优势。

六足机器人还存在其他问题，例如可靠性。更多的腿意味着更复杂的机构和更庞大的电子和传感器系统。因此，失败的可能性增加，任务成功的可能性减少。

机器人总重是另一个不利因素。机器人机体重量为 W_B，其中不包括腿的重量。令一条腿的重量为 W_L，机器人总重 W_T 为

$$W_T = W_B + nW_L$$

基于机器人 SILO4 的腿和机体的设计（参见附录 A），得到 $W_B = 14\text{kg}$，$W_L = 4\text{kg}$。因此，一个四足机器人的总重量是 30kg——SILO4 的实际重量，而一个六足机器人是 38kg。可见六足机器人的总重量增加约 27%。在两种机器人的构型中，总重量必须由3个支撑腿支撑，也是保证静态稳定所需的最小数量，因此，六足机器人理论上必须使用与四足机器人相同类型的腿。

在自然界中，没有超过 100g 的六条腿动物可以在陆地上行走（Williams，2005）。因此，重达 100g 至几吨的四足机器人应该比六足机器人的效率高得多。需要指出的是，六足机器人只能在静态条件下与四足机器人竞争速度和稳定性。如果为四足机器人提供更准确的稳定性测量和控制算法，稳定性可以大大提高。如果四足步行机器人可以实现动态步态和动态控制规则，速度将会更快。

总之，继续研究四足机器人有很多原因，本书的主要目的是鼓励研究人员拓展四足机器人技术。为此，这本书内包含了我们最近十年开发的主要算法和技术，这些都在 SILO4 步行机器人上进行了测试。SILO4 补充材料，如图片、视频、仿真软件、施工图纸等，可在网站 http：//www. iai. csic. es/users/silo4 上找到。

第2章 步行机器人的稳定性

2.1 简介

步行机器人稳定性研究始于20世纪60年代中期，当时McGhee和Frank(Frank，1968)首先定义了理想步行机器人的静态稳定性。按照他们的定义，理想的静态稳定是指机器人重心(COG)的水平投影位于支撑多边形内。理想机器人应该有无质量的腿，并且系统的动力学假设是不存在的。

静态稳定性的想法是受到昆虫的启发。这些节肢动物的特征是其骨骼由分段的身体和关节附肢组成。昆虫在行走时使用无质量的腿支撑身体，并推进身体前进。因此，为了在保持身体平衡的同时移动身体，它们合理布置迈步顺序，以确保静态稳定性。第一代步行机器人仿效了这种运动原理(Kumar和Waldron，1989)。早期的步行机器人体积巨大、肢体沉重、难以控制(Song和Waldron，1989)，而采用静态稳定的步态可以简化控制机构。但是，在沉重的肢体和机体的运动过程中，一些惯性作用和动态效应(摩擦、弹性等)限制了机器人的恒定低速运动。因此，采用静态稳定运动控制是以速度为代价的。

提高步行机器人速度的唯一方法是采用机器人动态稳定性控制。考虑整个机器人动态的内在复杂性(参见第6章)，一些研究人员设计了仅具有几个自由度的机械简化机器作为解决方案(Raibert等，1986；Wong和Orin，1993；Buehler等，1998)。其采用双足设计的稳定性标准(即类人机器人)，并附加到其他几条腿上。因为这些稳定性标准是基于零力矩点的，因此四足运动只限于平坦地面(Vukobratovic和Juricic，1969)，也只对平坦表面有效(Goswami，1999；Kimura等，1990；Yoneda等，1996)。此外，这些简化的机械设计使得机器人无法在实际中应用，因为无法操纵和有效运输载荷。对限制机器人静态稳定性能的动态效应的研究很少(Gonzalez de Santos等，1998；Kang等，1997；Lin和Song，1993；Papadopoulos和Rey，1996；Yoneda和Hirose，1997；Garcia和Gonzalez de Santos，2005)。但是，腿部运动研究的目标之一是步行机器人在工业上使用，这些机器人并不总是小跑或驰骋，也应在不平坦的地形上静态稳定地行走。

四足行走动态稳定标准有多个定义，均以不同的形式和名字定义了同一个想法：力矩可以导致由作用于车辆质心的动态效应引起的绕支撑多边形边缘的旋转。每个标准应用的适用性（即操纵力和力矩存在、不平坦的地形等）并不明确。但稳定性标准不适用于当前应用场景。因此，在本章中，2.2 节和 2.3 节简要介绍了静态和动态稳定性标准。2.4 节比较研究实施这些稳定边界，分析在不同的静态和动态情况的适用性。该比较研究通过仿真测试四足机器人实现，仿真特性见附录 B。

步态生成有利于控制机器人的 COG 运动，保证给定的稳定性水平。2.5 节提出了稳定性水平曲线可用于此目的。

2.2　静态稳定性标准

McGhee 和 Frank（1968）提出第一个静态稳定性标准。在水平、平坦的地形，理想机器沿着恒定方向、以恒定速度静态行走。重力投影中心方法称如果其 COG 的水平投影位于在支撑多边形内（定义为通过连接足印形成的凸多边形），车辆静态稳定。后来这个标准扩展到不平坦的地形（McGhee 和 Iswandhi，1979），通过重新定义支撑多边形的水平投影作为真正的支撑模式。静态稳定裕度 S_{SM}定义为 COG 投影到支撑多边形边缘的最小距离。S_{SM}是在水平、缓变地形上，理想机器稳定裕度的最佳选择。然而，计算 S_{SM} 的方程是复杂的。因此，Zhang 和 Song（1989）提出了纵向稳定裕度 S_{LSM}，定义为沿着机器的纵轴从 COG 投影到支撑多边形前后边缘的最小距离。S_{LSM} 是 S_{SM} 的近似值，计算更简单。然而，考虑到步行机器人作为加速过程中产生惯性效应的非理想车辆，使用蟹行纵向稳定裕度 S_{CLSM}（Zhang 和 Song，1990）将更加方便。S_{CLSM} 是沿着机器的运动方向从 COG 投影到支撑多边形前后边缘的最小距离。图 2.1 显示了对于

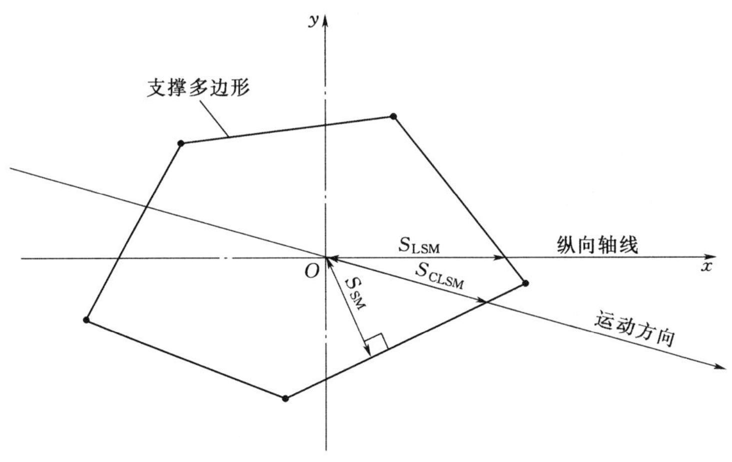

图 2.1　支撑多边形和不同的静态稳定裕度

给定的支撑多边形的 S_{SM}、S_{LSM} 和 S_{CLSM}。

Mahalingham 等（1989）定义了保守支撑多边形（CSP）作为支撑多边形的子集，以便限制 COG 的运动，在任何情况下保证支撑腿系统稳定。然而，CSP 的使用仅限于使用爬行步态的六足或更多足的机器。

上述稳定性标准均基于几何概念，S_{SM}、S_{LSM} 和 S_{CLSM} 独立于 COG 高度，不考虑运动学和动力学参数。直观上，一个非理想的稳定性步行机器应依赖于这些参数。

Messuri（1985）提出了一个更好的稳定性测量方法。他定义能量稳定裕度 S_{ESM} 为机器人绕支撑多边形的边缘滚动需要的最小势能，即

$$S_{ESM}=\min_{i}^{n_s}(mgh_i) \tag{2.1}$$

$$h_i=|\boldsymbol{R}_i|(1-\cos\theta)\cos\psi \tag{2.2}$$

式中　i——支撑多边形作为旋转轴的分段；

n_s——支撑腿的数量；

h_i——翻滚时 COG 高度的变化；

$\boldsymbol{R}_i$——从 COG 到旋转轴的矢量；

θ——R_i 与垂直平面形成的角度；

ψ——相对于水平面旋转的倾斜角。

用于计算 S_{ESM} 的几何示意图如图 2.2 所示。

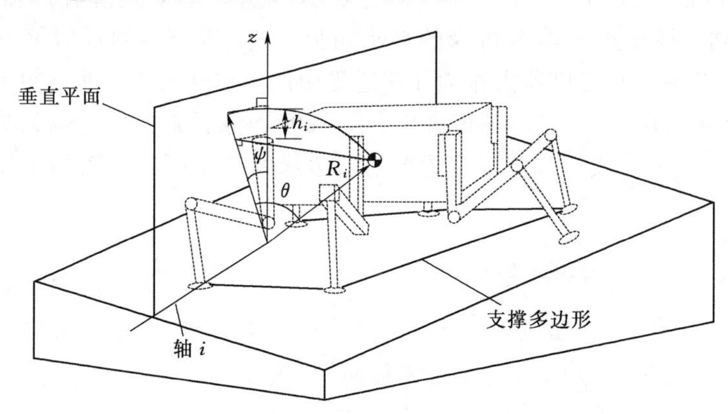

图 2.2　用于计算 S_{ESM} 的几何示意图

S_{ESM} 是一种更有效的静态稳定性量度。它给出一个对车辆所遭受的冲击能量的定性影响，同时考虑 COG 高度的影响。但是，S_{ESM} 仍然没有考虑动态效应可能会扰乱车辆稳定性。S_{ESM} 既不考虑顺应性地形的影响，也不考虑非支撑腿的稳定作用。Nagy（1991）提出，作为 S_{ESM} 的扩展，考虑顺应松软地形，即顺应能量稳定裕度 S_{CESM}，同时他也扩展 S_{ESM} 的概念，考虑了在空气中的腿部稳定作用，

即倾翻能量稳定裕度 S_{TESM}。对于大多数步行机器，S_{ESM}和 S_{TESM}重合，因为非支撑腿距离地面太远，无法增强稳定性。只有基于框架的车辆（Ishino 等，1983）才会显现出这种稳定性的优势。

最后，Hirose 等（1998）将 S_{ESM}基于机器人重量归一化，提出了归一化能量稳定裕度 S_{NESM}，定义为

$$S_{\mathrm{NESM}}=\frac{S_{\mathrm{ESM}}}{mg}=\min_{i}^{n_s}(mgh_i) \tag{2.3}$$

S_{NESM}被证明是静态稳定步行机器最有效的稳定裕度。但是，当机器行走出现动态效应时，稳定性无法准确判断。这种情况在步行机器人应用中是真实存在的，因此动态稳定裕度更适用。

2.3　动态稳定性标准

使用爬行步态的四足机器的第一个动态稳定性标准是由 Orin（1976）提出的重心投影方法。压力中心（COP）方法定义为：对于动态稳定的机器人，作用在 COG 上的力，沿着 COG 点合力方向的投影位于支撑多边形内的则稳定。因此动态稳定裕度定义为 COP 距支撑多边形边缘的最小距离，参见 Gonzalez de Santos 等（1998）的文献。COP 方法与重心投影方法在静态条件和不平坦的地形是一致的。因此它具有相同的缺点，如 2.2 节所述。

Kang 等（1997）随后将 COP 更名为有效质量中心（EMC），并将其重新定义为支撑平面上的点，此点处由地面反力引起的力和力矩均为零。注意 EMC 的定义与两足机器人文献中的称为零时刻点（ZMP）是一致的，后者是由 Vukobratovic 和 Juricic（1969）首次定义的。但是，在四足中使用 ZMP 比在两足中应用得少，因为 Yoneda 和 Hirose（1997）表示，EMC 或 ZMP 稳定性标准对于不平坦的地形是无效的（计算 ZMP，支撑多边形必须限制在一个平面上）。

一些基于力矩的稳定性标准也得到了定义，这里只介绍最有意义的。如图 2.3（a）所示的机器人和机械手系统。力和力矩作用于 COG，可能会破坏其稳定性，使系统翻滚。COG 点的动态平衡满足

$$\boldsymbol{F}_{\mathrm{I}}=\boldsymbol{F}_{\mathrm{S}}+\boldsymbol{F}_{\mathrm{G}}+\boldsymbol{F}_{\mathrm{M}} \tag{2.4}$$

$$\boldsymbol{M}_{\mathrm{I}}=\boldsymbol{M}_{\mathrm{S}}+\boldsymbol{M}_{\mathrm{G}}+\boldsymbol{M}_{\mathrm{M}} \tag{2.5}$$

下标 I、S、G 和 M 分别表示惯性、支撑、重力和操纵影响。

在翻滚期间，机器人失去了大部分的支撑足，只剩下与旋转轴一侧的足，如图 2.3（b）所示。机器人与地面之间的反作用力 $\boldsymbol{F}_{\mathrm{R}}$ 和合力矩 $\boldsymbol{M}_{\mathrm{R}}$ 是由每一个足产生的地面反作用力及绕 COG 的合力矩组成。为保持机器人稳定，合力和力矩产生绕旋转轴的力矩 $\boldsymbol{M}_i$，必须补偿破坏稳定的力和力矩来确保系统稳定。当这

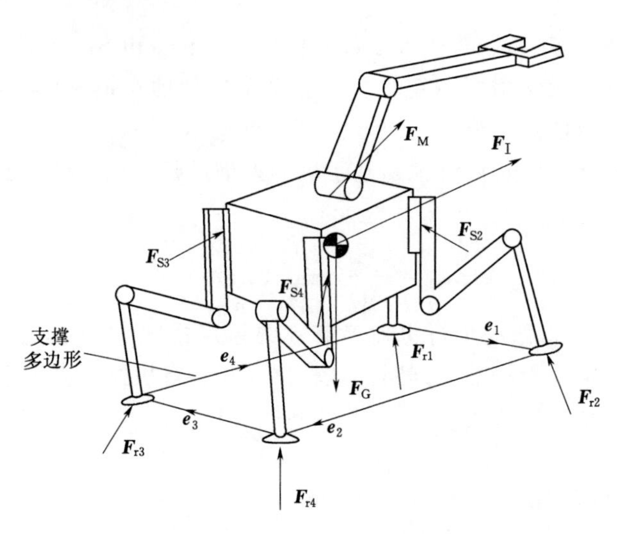

(a) 作用于机器人＋机械手系统的力

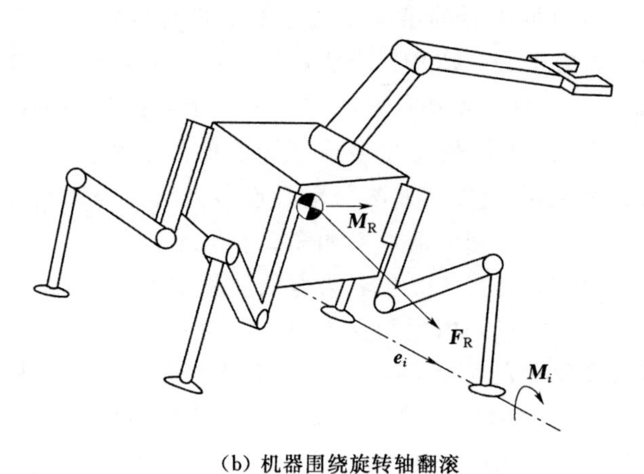

(b) 机器围绕旋转轴翻滚

图 2.3　一些基于力矩的稳定性标准的定义

种补偿不足时，即系统动态不稳定。

基于这一说法，Lin 和 Song（1993）重新界定了动态稳定裕度 S_{DSM}，作为所有在支撑多边形中每个旋转轴最小的力矩 $\boldsymbol{M}_i$，归一化为系统的重量，即

$$S_{DSM}=\min\left(\frac{\boldsymbol{M}_i}{mg}\right)=\min\left[\frac{\boldsymbol{e}_i(\boldsymbol{F}_R\times\boldsymbol{P}_i+\boldsymbol{M}_R)}{mg}\right] \tag{2.6}$$

式中　$\boldsymbol{P}_i$——从 COG 到第 i 支撑足的位置矢量；

$\boldsymbol{e}_i$——以顺时针方向绕支撑多边形的单位矢量。

如果所有力矩都是正的（即有相同的方向，与 $\boldsymbol{e}_i$ 单位相同），那么系统是稳定的。

注意，S_{DSM}可同时用于 Orin、Lin 和 Song 的动态稳定裕度标准，但在本章中，S_{DSM}是特定指 Lin 和 Song 的标准，而 Orin 的动态稳定称为 S_{ZMP}。

几年后，Yoneda 和 Hirose（1997）基于相同的判定，提出了翻滚稳定。在动态平衡系统中，假设腿部无质量，所以腿部支撑点和足部反力点重合。在他们的研究中，Yoneda 和 Hirose 使用从地面反作用力 $\boldsymbol{F}_R$ 和力矩 $\boldsymbol{M}_R$ 获得的结果，动态系统平衡定义如下：

$$-\boldsymbol{F}_R=\boldsymbol{F}_I-\boldsymbol{F}_G-\boldsymbol{F}_M \tag{2.7}$$

$$-\boldsymbol{M}_R=\boldsymbol{M}_I-\boldsymbol{M}_G-\boldsymbol{M}_M \tag{2.8}$$

因此，绕旋转轴的力矩 $\boldsymbol{M}_i$ 为

$$\boldsymbol{M}_i'=-\boldsymbol{M}_R\boldsymbol{e}_i-\boldsymbol{F}_R\times\boldsymbol{P}_i\boldsymbol{e}_i \tag{2.9}$$

请注意，式（2.9）中的力矩恰好与在式（2.6）中使用的力矩相反。

翻滚稳定性判断表明系统是动态稳定的，如果存在任何支撑足 j 在旋转方向上，则阻止系统翻滚。翻滚稳定裕度 S_{TSM} 为

$$S_{TSM}=\min\left(\frac{|\boldsymbol{M}_i'|}{mg}\right) \tag{2.10}$$

最近 Zhou 等（2000）提出了足端支撑力矩标准。其稳定裕度与 S_{TSM}完全相同，但用户可获得来自传感器的力 $\boldsymbol{F}_R$ 和力矩 $\boldsymbol{M}_R$ 的合力。因此，S_{LESM}避免了可能出现在 S_{TSM}中忽视腿部动力效应的问题。

除了基于 ZMP 和基于动量的稳定性标准，Papadopoulos 和 Rey（1996）还提出了不同的标准。力—角稳定性标准，找到从 COG 作用地面（$\boldsymbol{F}_R$）与反作用力相反—垂直力 $\boldsymbol{R}_i$作用的合力垂直于 COG 旋转轴之间的角度 α_i（图 2.4）。当该

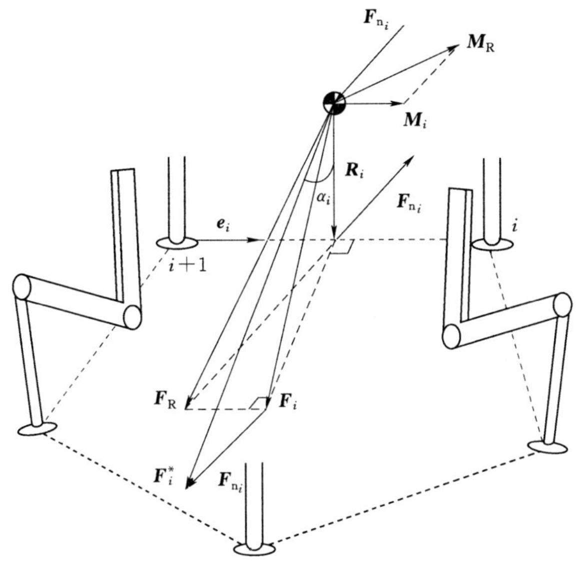

图 2.4　力—角稳定裕度的几何问题

角度变为零时，系统变得不稳定。力一角稳定裕度是最小角度乘以合力 $\boldsymbol{F}_{\mathrm{R}}$ 模块的结果，即

$$S_{\mathrm{FASM}}=\min(\alpha_i)\ \|\boldsymbol{F}_{\mathrm{R}}\| \tag{2.11}$$

后来，一些研究人员从能量角度研究了机器人的稳定性测量。静态稳定裕度的研究证明，S_{ESM}在静态条件下是最佳的（Hirose 等，1998）。当作用于机器人的唯一重要的力是重力时，一些研究提出将 S_{ESM}概念扩展到机器人动力学的其他方面，如惯性力或操纵效应。S_{ESM}计算当围绕支撑多边形的边缘旋转时，机器COG 经历的势能增加（参见 2.2 节）。因此，S_{ESM}扩展到存在的其他动态机器人时，计算 COG 经历翻滚的机械能增加，这个想法首先由 Ghasempoor 和 Sepehri（1998）提出，以测量机器人稳定性在基于轮式移动操纵中的应用。后来，Garcia 和 Gonzalez de Stantos（2005）扩大了 Ghasempoor 和 Sepehri 用于步行机器人的想法，考虑到腿部动力学作为一个不稳定的影响，将其归一化为机器人的重量。产生归一化动态能量稳定裕度 S_{NDESM}，通过模拟验证，在操纵动力和外部扰动的情况下，在不平坦的地形上准确量化了机器人的稳定性。

归一化动态能量稳定裕度定义为机器人围绕支撑多边形翻滚所需的最小稳定水平，通过机器人质量进行归一化（图 2.5），即

$$S_{\mathrm{NDESM}}=\frac{\min(E_i)}{mg} \tag{2.12}$$

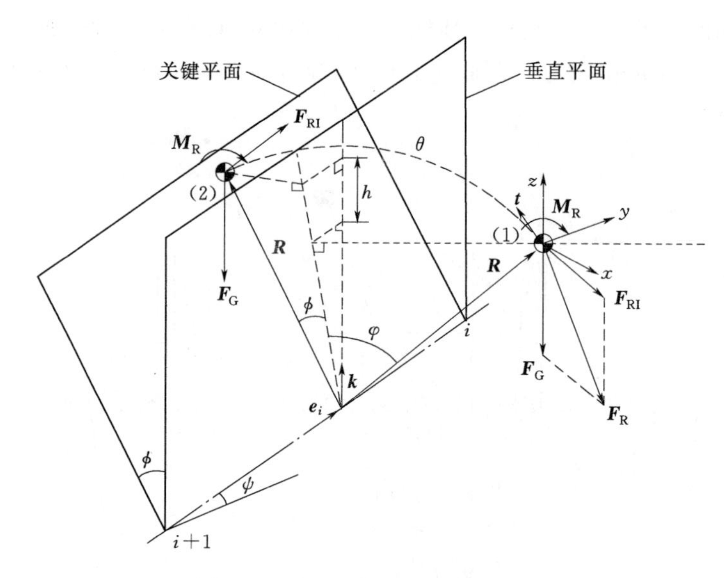

图 2.5　用于计算 S_{NDESM}的向量图

其中 E_i表示支撑多边形的第 i 侧的稳定性度量，即绕机器人支撑多边形翻滚的第 i 侧所需的机械能增量，由下式计算

$$E_i = mg|\boldsymbol{R}|(\cos\phi - \cos\varphi)\cos\psi + (\boldsymbol{F}_{RI} \cdot \boldsymbol{t})|\boldsymbol{R}|\theta + (\boldsymbol{M}_R \cdot \boldsymbol{e}_i)\theta - \frac{1}{2}I_i\omega_i^2 \tag{2.13}$$

式中 $\boldsymbol{R}$——指向 COG 位置与支撑多边形的第 i 侧垂直的正交矢量；

$\boldsymbol{F}_{RI}$——合力的非重力分量/地面作用力 $\boldsymbol{F}_R$；

I_i——绕旋转轴 i 的惯性力矩；

ω_i——COG 的角速度；

ψ——支撑多边形的第 i 侧的倾斜角度；

φ——在垂直平面内定位 COG 所需的旋转角度（图 2.5）；

ϕ——COG 从垂直平面旋转到临界平面的角度，其中作用在 COG 合力消失；

θ——两个旋转的相加。

单位矢量 $\boldsymbol{t}$ 与 COG 轨迹相切，$\boldsymbol{e}_i$是以顺时针方向绕支撑多边形的单位矢量。式（2.13）等号右侧的 $mg|\boldsymbol{R}|(\cos\phi - \cos\varphi)\cos\psi$、$(\boldsymbol{F}_{RI} \cdot \boldsymbol{t})|\boldsymbol{R}|\theta$、$(\boldsymbol{M}_R \cdot \boldsymbol{e}_i)\theta$ 表示由重力、非重力和力矩引起翻滚所需的势能，$-\frac{1}{2}I_i\omega_i^2$ 表示动能。更详细的解释参见 Garcia 和 Gonzalez de Santos（2005）的文献。S_{NDESM}是唯一考虑冲击作用，即外部干扰对机器人稳定性影响的动态稳定裕度。

上述这些是目前在步行机器控制中使用的主要稳定性判定标准。其中有些定义了相同的稳定裕度，他们之间并没有明确的差异。此外，在实际情况下判断稳定性的适应性时，例如在倾斜的地形上、存在操纵力和力矩或在腿的摆动相有惯性力时，无法直接从定义中得出。

下文介绍专门用于应对现有稳定裕度缺乏定量的信息。为此，针对不同静态和动态情况和不同的地形特征，进行稳定裕度的比较。

2.4　稳定裕度的比较研究

这项比较研究的目的是得出一个稳定裕度定性的分类，确定对于每个应用场景的适用性。用于分析的稳定裕度为 S_{SM}、S_{NESM}、S_{DSM}、S_{TSM}、S_{FASM}、S_{ZMP}（也称为 S_{EMC}）和 S_{NDESM}。机器人使用两相不连续步态行走时，在以下 6 个不同的地形和动态效应情况下分别计算上述值（3.4 节）。

（1）情况 1：没有动力的水平、平坦地形。

（2）情况 2：没有动力的不平坦地形。

（3）情况 3：在水平、平坦地形出现惯性和弹性效应时。

（4）情况 4：地形不平坦，出现惯性和弹性效应时。

（5）情况 5：在水平、平坦地形出现惯性、弹性和操纵力时。

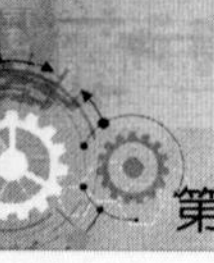

(6) 情况 6：在不平坦地形出现惯性、弹性和操纵力时。

上述 6 种情况研究代表了四足机器人的 6 个实际应用场景。由于使用各种四足机器人执行 6 种情况比较难（即在情况 1 和情况 2 中没有机器人动力，情况 5 和情况 6 存在操纵动态等），因此这一分析是通过对四足机器人仿真模拟得出的。使用在附录 B 中描述的模拟设置构建，通过使用仿真软件对不同地形剖面和不同机器人动力特性进行了探索。在模拟中使用的两相不连续步态（3.4 节）的特征，在于腿部序列和机体运动。腿部的序列为一条腿摆动的同时，另外三条腿支撑机体。四条腿均支撑在地面上时机体向前移动（机体运动）。

图 2.6 和图 2.7 分别显示了情况 1 和情况 2 的步态周期的一半，包括后腿摆动、前腿摆动和机体运动。从图 2.6 和图 2.7 可以看出，S_{SM}、S_{DSM}、S_{TSM} 和 S_{ZMP} 相同。高度不同的 COG 的裕度也相同。这与情况 1 的研究是相关的（图 2.6），当地形是水平和平坦的，这 4 个裕度不随 COG 的高度变化。这是所有 4 个标准的缺点，因为 COG 高度的增加会导致机体不稳定。而在情况 2 研究中，对于不平坦的地形（图 2.7），6 个裕度均考虑了 COG 的高度。当 S_{NDESM} 最大时刻，垂直的虚线在机体支持相内部，间隔指向区间；在水平地形上这个区间是支撑相间隔的一半。对于情况 1 这一区间与所有裕度一致。

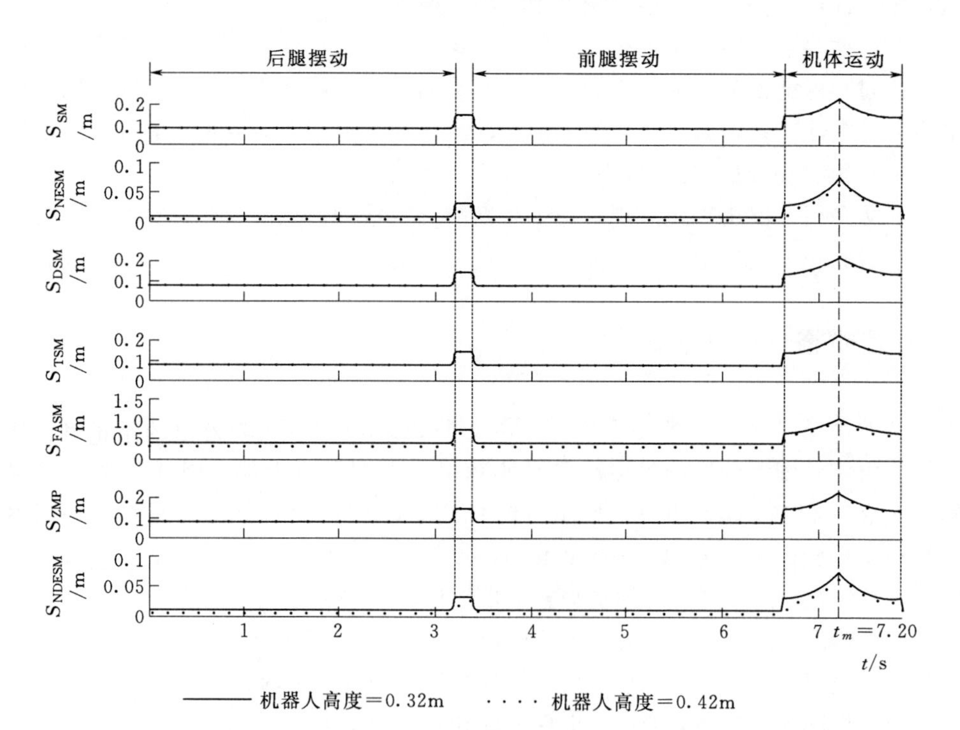

图 2.6 当系统在水平地形，不存在动力情况下的不同稳定裕度（情况 1）

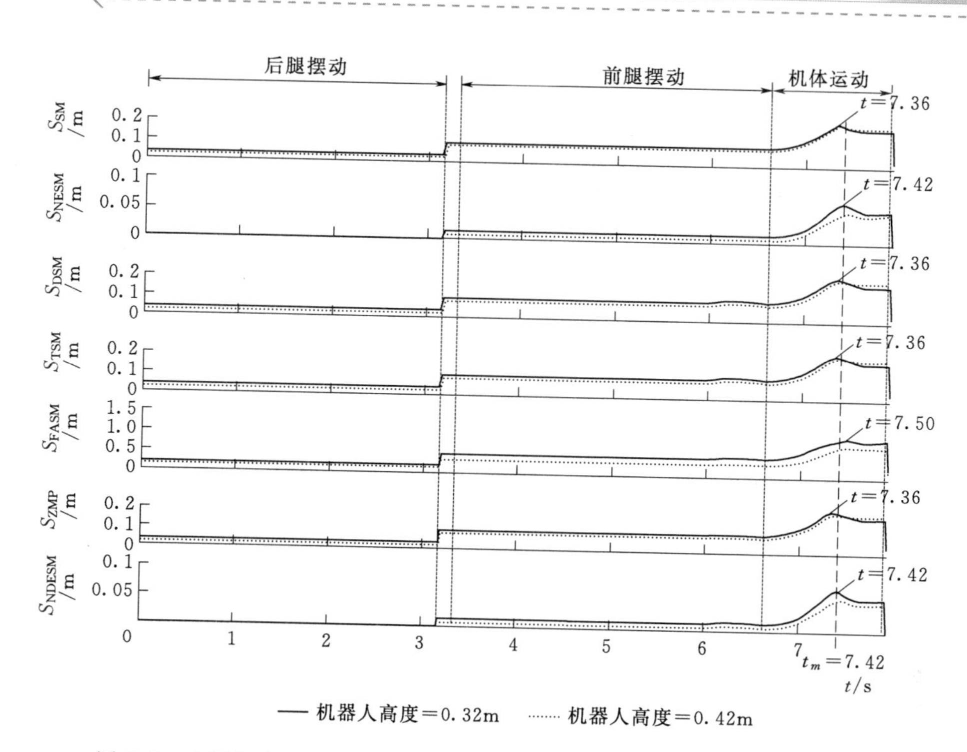

图 2.7　在倾角为 10°地形上且没有动力的情况下不同的稳定裕度（情况 2）

在水平、平坦的地形上，只有 S_{NESM}、S_{FASM} 和 S_{NDESM} 反映了机体高度增加对裕度的影响。因此，它们可以为情况 1 提供较准确的稳定性测量。

在斜面上（图 2.7），S_{NESM}、S_{FASM} 和 S_{NDESM} 的最大稳定区间与其他不同。S_{NESM} 和 S_{NDESM} 一致，S_{SM}、S_{DSM}、S_{TSM} 和 S_{ZMP} 达到最大（也是一致的）。此外，S_{FASM} 的最大值滞后于 S_{NDESM} 的最大值。要解决的主要问题似乎是情况 2 中哪一种裕度最好。Hirose 等（1998）进行了实验以确定哪个静态稳定裕度是最合适的。他们制作了一个小型的步行机器人模型，并使用一个冲击发生装置产生对机器人模型的冲击力。机器人模型被放置在倾斜的地面上，其 COG 放置在每个稳定裕度的最大位置，分别从下坡和上坡产生侧面冲击。实验得出的结论是，当 COG 被放置在最大 S_{NESM} 点时，有可能翻滚，下坡等于上坡，因此，S_{NESM} 是最合适的静态稳定裕度。S_{NESM} 测量系统可以吸收在翻滚期间产生的冲击能量。考虑到情况 2 研究与 Hirose 等进行的实验相吻合，当机器人动力可以忽略不计时，在倾斜地形上 S_{NESM} 和 S_{NDESM} 是四足机器人最适合的。

为了表明各种稳定裕度的最大时刻总是不同于最大 S_{NDESM} 和 S_{NESM}，同时考虑到 S_{SM}、S_{DSM}、S_{TSM} 和 S_{ZMP} 在这种情况下的研究是一致的，S_{NESM} 和 S_{NDESM} 也是一致的。接下来比较 S_{SM}、S_{NDESM} 和 S_{FASM} 对不同倾角地形的稳定性测量。图 2.8（a）显示了 S_{NDESM} 和 S_{SM} 最大区间作为地形倾角的函数之间的差异，图 2.8（b）显示

了最大 S_{FASM} 和 S_{NDESM} 的区间之间的差异。图 2.8（a）显示了对于不同的正倾角和负倾角的地形 S_{SM} 的最大区间总是在 S_{NDESM} 的最大区间之前。此外，对于不同倾角的地形，S_{FASM} 的最大区间始终跟随 S_{NDESM} 的最大区间，如图 2.8（b）所示。因此，只有在地形是水平或平坦的，S_{SM} 和 S_{FASM} 的最大区间与 S_{NDESM} 的最大区间是一致的。如果地形有斜坡，S_{SM} 和 S_{FASM} 始终不是最合适的稳定裕度。

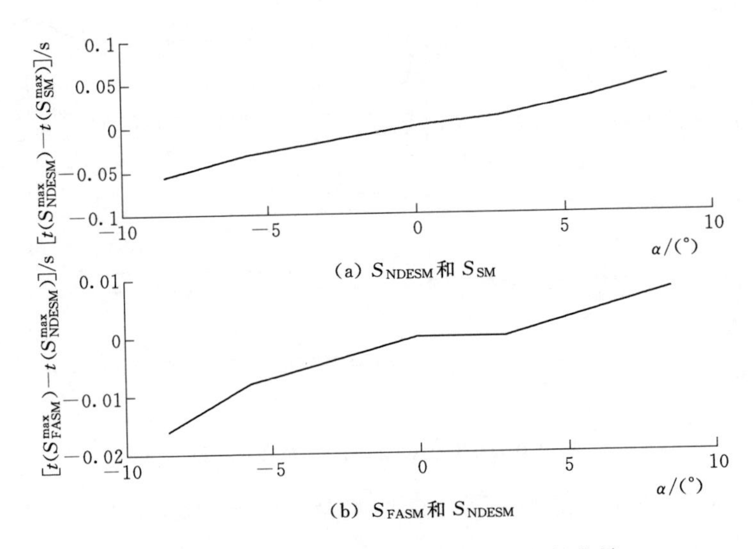

图 2.8　不同倾角地形的最大稳定区间的差异

图 2.9 和图 2.10 分别显示了在水平和倾斜的地形上行走情况 3 和情况 4 的步态周期的一半，这分别对应于机器人存在的惯性效应。关于关节弹性的弹性影响和地面接触作用也进行了介绍。

在水平地形（图 2.9），所有稳定裕度的最大稳定区间仍然重合。但 S_{DSM}、S_{TSM}、S_{FASM}、S_{ZMP} 和 S_{NDESM} 反映了由于腿部抬升，作用关节的弹性和机体运动引起的一些振荡，即腿部摆动相（摆动）和机体运动的惯性作用可以反映出来。但 S_{SM} 和 S_{NESM} 不反映这些动态效应，因为它们是静态稳定裕度。图 2.11 显示了 S_{SM} 和 S_{DSM} 曲线之间在这一点上的差异。S_{DSM} 经历了由腿部抬升和机体推进的惯性作用导致的稳定性下降，以及足部放置和机体运动的关节弹性引起的振动。

因此，当涉及惯性和弹性效应时，只有动态稳定性标准才能判断稳定性。但是，S_{DSM}、S_{TSM} 和 S_{ZMP} 也不能判断，因为没有考虑高度变化的影响。只有 S_{FASM} 和 S_{NDESM} 适用于情况 3，四足机器人在平地上行走，机器人的动态效应是不能忽略的。

图 2.10 显示了情况 4 中当地形倾斜、惯性和弹性效应变得显著时的稳定裕度研究。S_{SM} 和 S_{NESM} 不会反映由于动力效应而导致的稳定裕度减少（图 2.7），

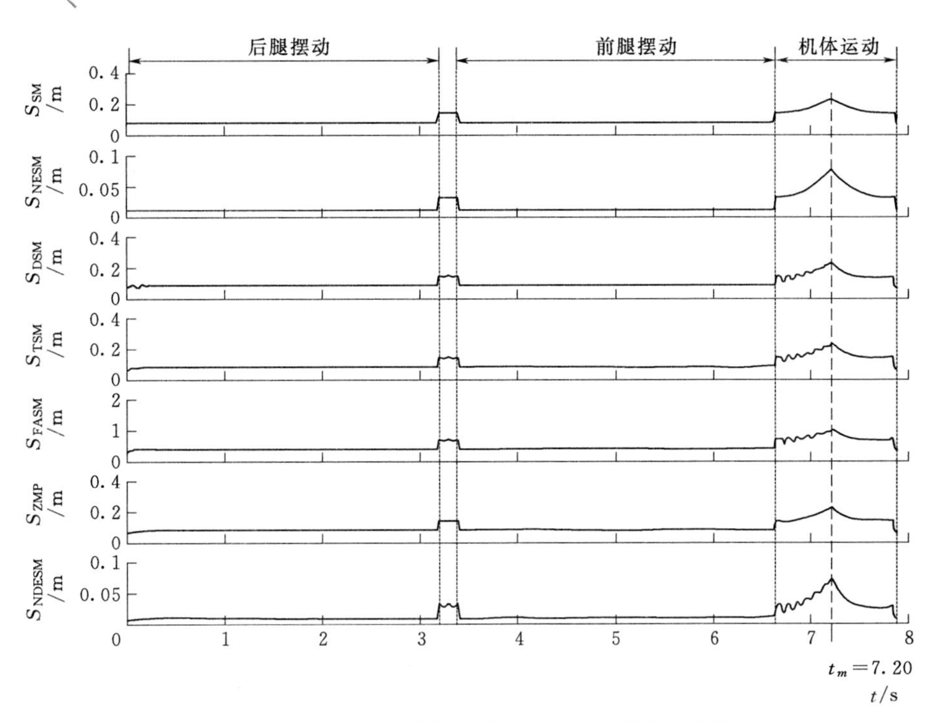

图 2.9　当水平方向产生惯性和弹性效应时，不同地形的稳定裕度（情况 3）

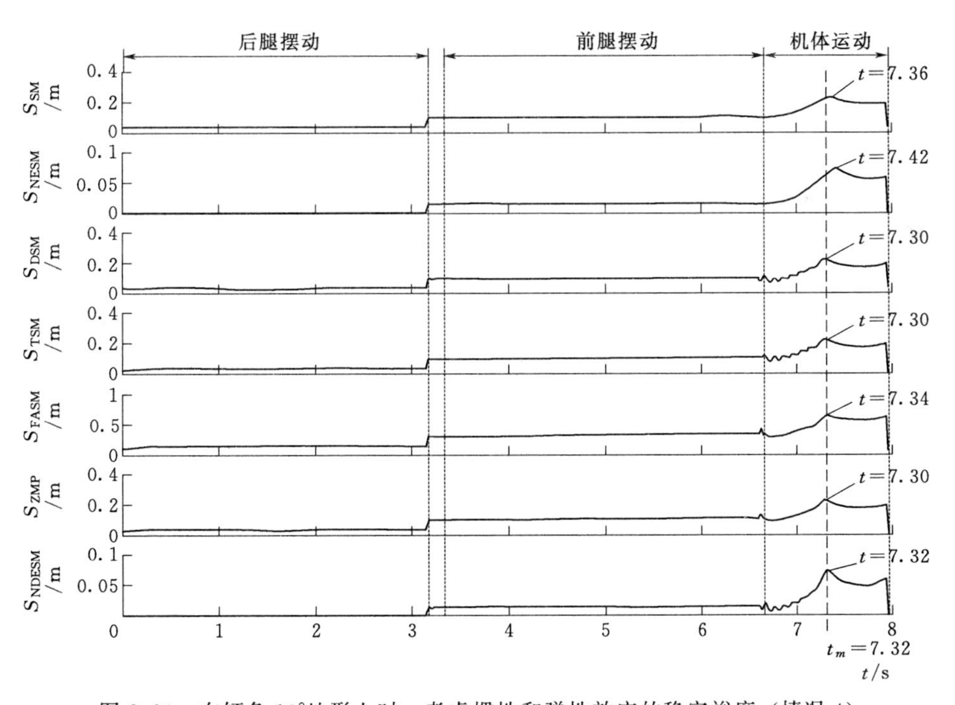

图 2.10　在倾角 10°地形上时，考虑惯性和弹性效应的稳定裕度（情况 4）

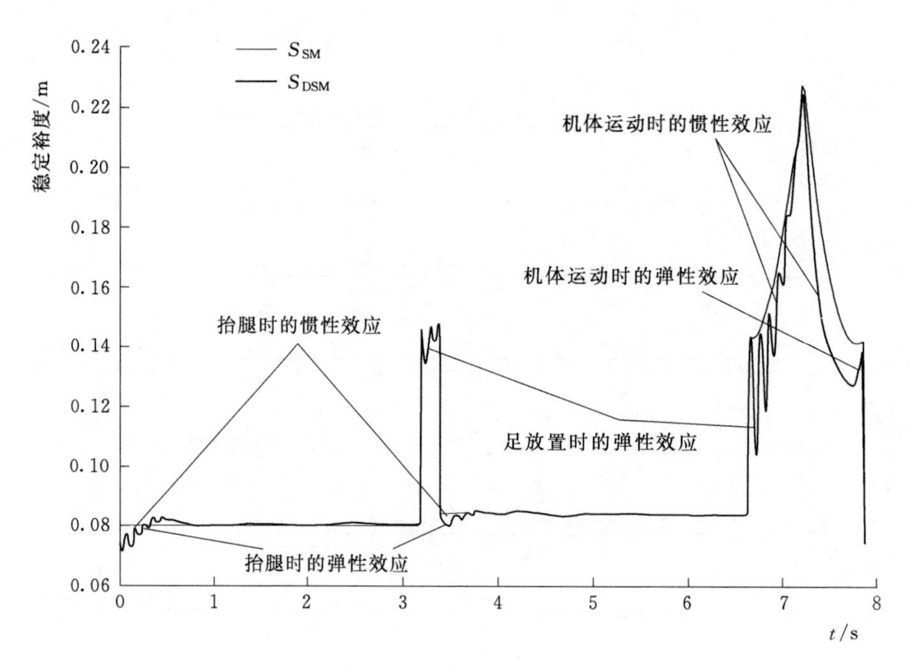

图 2.11　当惯性和弹性效应出现时在水平地形的半步态循环周期

S_{DSM}、S_{TSM}、S_{FASM}、S_{ZMP}和S_{NDESM}反映了稳定性的下降。最大稳定值S_{FASM}的发生滞后于S_{DSM}、S_{TSM}、S_{ZMP}和S_{NDESM}。同时，S_{NDESM}最大值滞后于S_{DSM}、S_{TSM}和S_{ZMP}的最大值。再次考虑到这些稳定裕度之间的差异，在不平坦的地形上行走，当动力效应显著时，应倾向于哪种稳定裕度呢？模拟了类似于 Hirose 等（1998）的实验，以确定在不平坦地形最合适的静态稳定裕度。在这种情况下，考虑到四足机器人的惯性和弹性，同时模拟与机器人运动相反的 25N 外力引起机器人跌倒。为允许数值比较，计算和测量无量纲化稳定裕度。以此为目的，S_{NDESM}除以机器人高度（$H=0.34$m），S_{DSM}除以步幅的一半（$P/2=0.5$m）。3 个无量纲的量在开始运动以前（当没有外部干扰并且机器人停止运动时）有相同的值。所有无量纲的稳定裕度给出相同的值在正常情况下似乎是合理的。图 2.12（a）显示了翻滚前后 3 个无量纲的稳定裕度（在 $t=0.1$s）。翻滚后，3 个稳定裕度变为零，因为机器人变得不稳定，无法进行任何一个稳定裕度的计算。但是，在翻滚之前，3 个稳定裕度表现不同。S_{FASM}反映出在滚动之前测量稳定性下降发生的延迟，S_{DSM}和S_{NDESM}显示从运动开始起稳定性的下降。在翻滚的瞬间S_{DSM}呈现不连续性。这在图 2.12（b）中已阐明，其中显示了 3 个稳定裕度的导数。S_{DSM}和S_{FASM}的导数突变导致了不稳定预测错误。这些不连续性似乎是由 0.02s 采样图中的数据导致的，其实并非如此。然而，稳定裕度突然变成零是因为当机器人变得不稳定时无法计算稳定裕度（支撑多边形消失）。如果稳定性裕度可以计算出

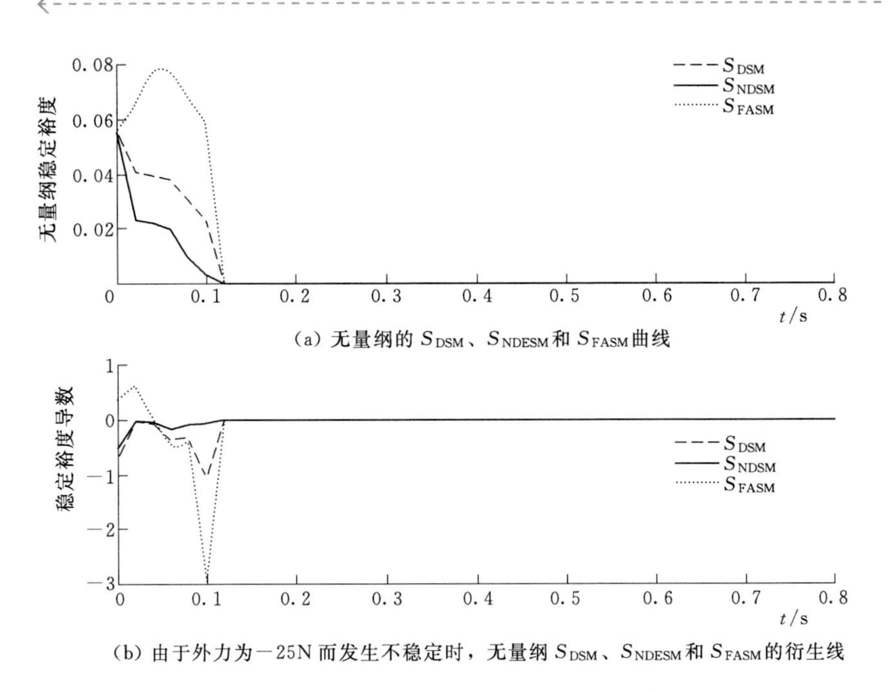

(a) 无量纲的 S_{DSM}、S_{NDESM}和 S_{FASM}曲线

(b) 由于外力为−25N 而发生不稳定时，无量纲 S_{DSM}、S_{NDESM}和 S_{FASM}的衍生线

图 2.12　翻滚前后 3 个无量纲的稳定裕度

来，S_{FASM}和 S_{DSM}肯定不会为零，如图 2.12（a）所示。图 2.12 中，S_{NDESM}连续变为零，因此不会存在预测误差。因此，S_{NDESM}在机器人稳定性测量中没有误差，可以精确地预测机器人的不稳定性。这显示了 S_{NDESM}的优势，被证明是唯一精确的稳定性测量。在 $t=0.12$s 之前的时刻，机器人开始下降，只有 $S_{NDESM}=0$，其余的稳定裕度将给出不等于零的裕度，这对机器人控制至关重要。如果以这样的方式进行机器人步态控制，即稳定裕度必须始终超过一定的值，其他稳定裕度的使用与 S_{NDESM}不同，将会在稳定裕度测量时产生错误，无法确定机器人的稳定性。

图 2.13 和图 2.14 显示了情况 5 和情况 6 的步态周期的一半，分别对应存在操作效应的机器人通过水平和倾斜的地形，同时考虑惯性和弹性效应。这两个图中操纵力均对抗运动，导致后腿处于摆动相时的稳定性下降，前腿处于摆动相时的稳定性增加。另外，S_{DSM}、S_{TSM}、S_{FASM}、S_{ZMP}和 S_{NDESM}均存在最大稳定时刻的延迟。从图 2.13 和图 2.14 中可以看出，如果操纵力增加，机器人在后腿的摆动期间可能会不稳定。这种效应 S_{SM}和 S_{NESM}无法预见。

S_{FASM}的最大区间发生在 S_{DSM}、S_{TSM}、S_{ZMP}和 S_{NDESM}最大区间之后。但是 S_{NDESM}的最大值发生时刻在 S_{DSM}之后，在 S_{FASM}之前。如图 2.15 所示，对于不同地形的倾角和不同操纵力，比较了 S_{DSM}和 S_{FASM}与 S_{NDESM}的最大区间。S_{DSM}和 S_{FASM}都与 S_{NDESM}不一致，后者对具有操作力效应的四足机器人稳定性判定最为

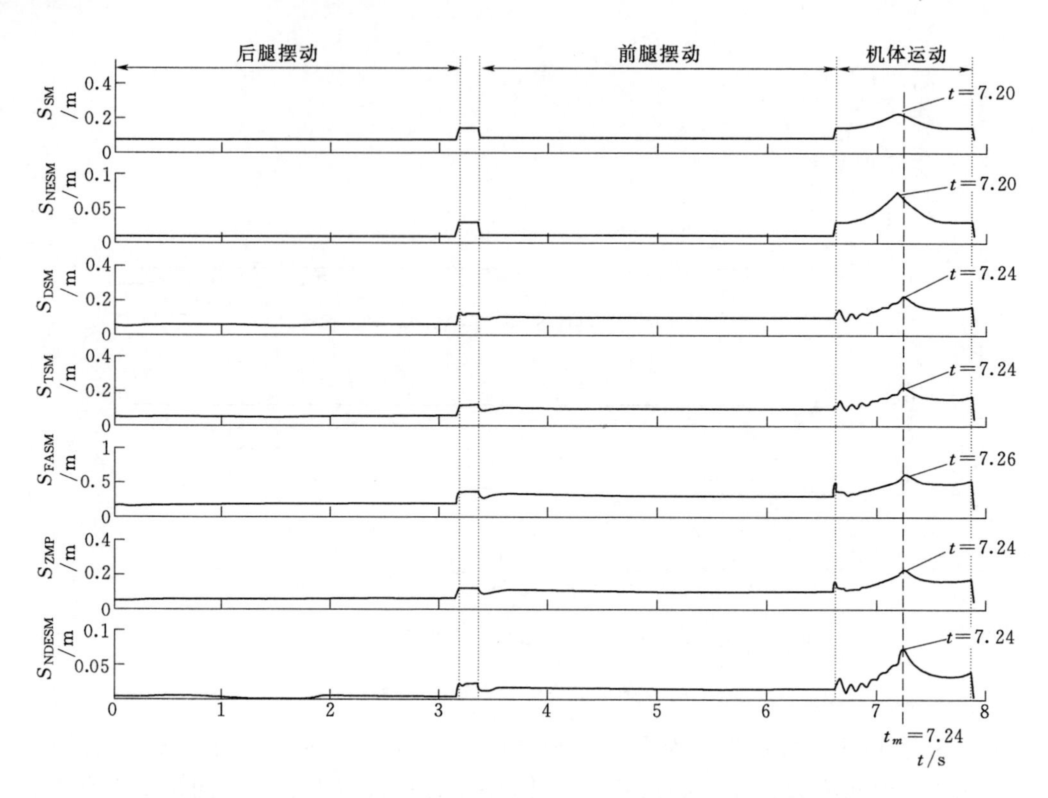

图 2.13 当在水平地形上以 20N 恒定的力反向运动，出现惯性、弹性和操纵效应增加时不同的稳定裕度（情况 5）

适用。

表 2.1 总结了稳定裕度的分类。符号“√”表示标准为“有效”，符号“×”表示“无效”，符号“*”表示“最合适”。S_{NDESM}是作为静态稳定裕度最合适的测量量。但是，其余也都是有效的。作为动态稳定裕度，S_{SM}和S_{NESM}无效。当四足步行机器人横过水平地形时，机器人的惯性是重要的。S_{FASM}和S_{NDESM}是最适合

表 2.1 稳定裕度分类

不平坦地形	机器人动力	操纵动力	S_{SM}	S_{NESM}	S_{DSM}	S_{TSM}	S_{FASM}	S_{ZMP}	S_{NDESM}
否	否	否	√	*	√	√	*	√	*
否	是	否	×	×	√	√	*	√	*
否	是	是	×	×	√	√	√	√	*
是	否	否	√	*	√	√	√	√	*
是	是	否	×	×	√	√	√	√	*
是	是	是	×	×	√	√	√	√	*

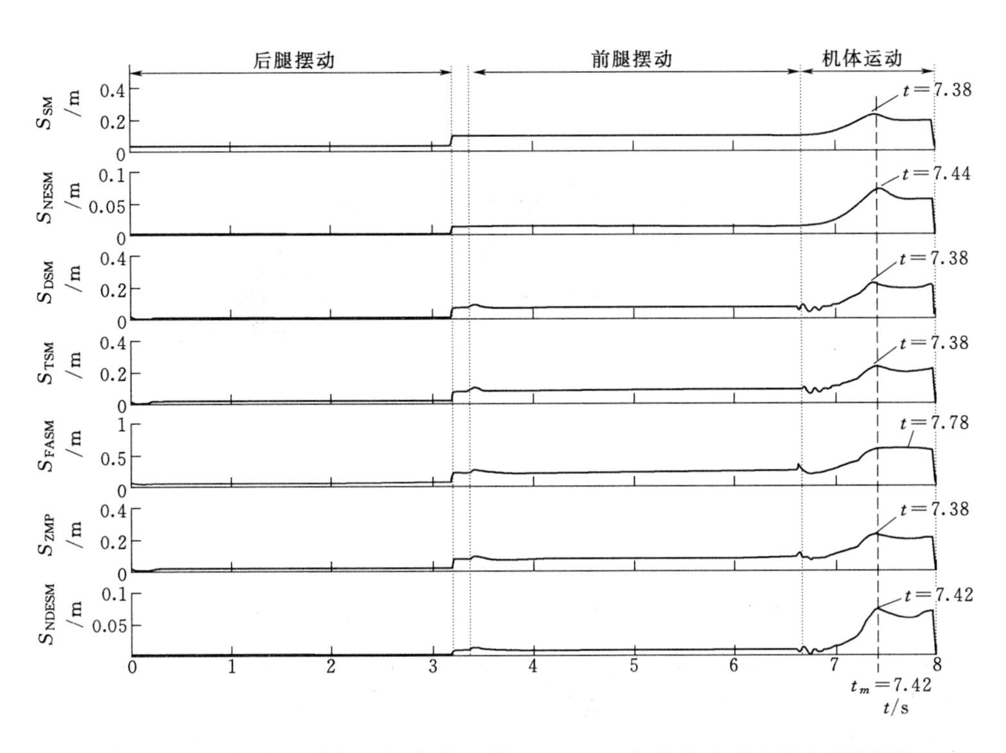

图 2.14　当在与水平面成 10°倾角的地形上，以 20N 恒定的力反向运动出现惯性、弹性等操纵效应增加时不同的稳定裕度（情况 6）

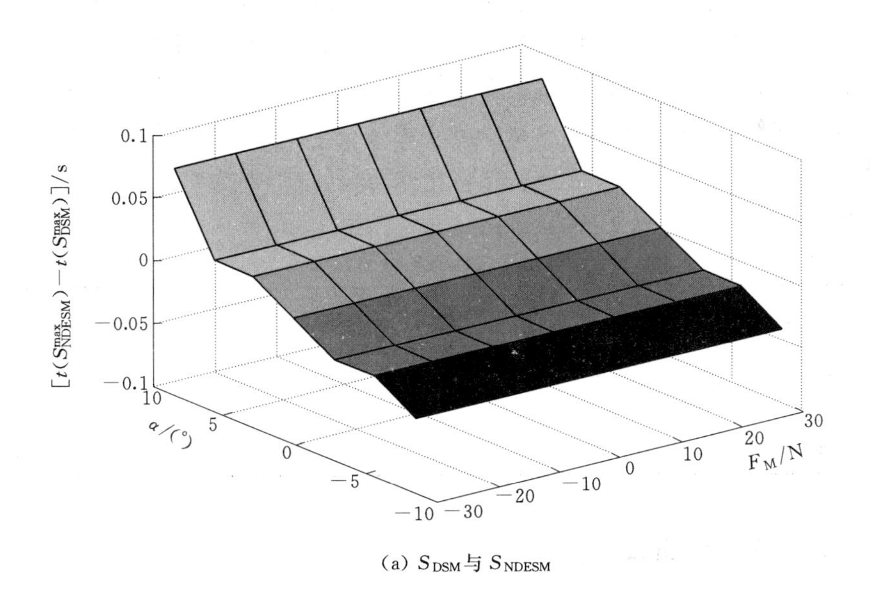

(a) S_{DSM}与 S_{NDESM}

图 2.15（一）　不同地形倾角和操纵力的最大稳定区间

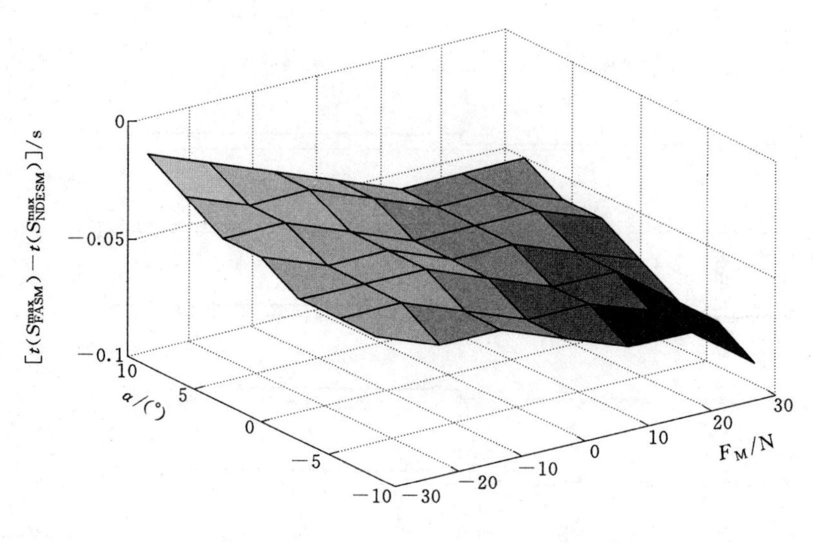

(b) S_{FASM}与S_{NDESM}

图 2.15（二）　不同地形倾角和操纵力的最大稳定区间

的测量量，但其余的动态稳定裕度也是有效的。存在其他动态效应，如操纵力和力矩时，无论在水平还是倾斜的地形上，S_{NDESM}是最适合的。作为比较研究的结果，6 种情况下只有 S_{NDESM} 最合适。本研究的另一个结论是，对于 6 种情况，S_{DSM}、S_{TSM}和 S_{ZMP}的测量值相同。

最后比较所选裕度的计算复杂性，通过计算所需的数学运算量来进行比较。表 2.2 显示了这些运算量，根据在每一步模拟所需的加法、乘法、三角运算和平方根计算，同时考虑到支撑多边形的 n 条边。在这个计算中，假设足端反作用力是已知的。S_{FASM}是最复杂的，S_{DSM}是动态裕度中最不复杂的，S_{SM}是静态裕度中最不复杂的，见表 2.2。S_{NDESM}已被证明是每一种研究情况都适用的稳定性，且计算复杂度较小。

表 2.2　　现有稳定性标准的计算复杂度

运算类型	S_{SM}	S_{NESM}	S_{DSM}	S_{TSM}	S_{FASM}	S_{ZMP}	S_{NDESM}
加法	$17n$	$33n$	$44n$	$86n$	$109n$	$67n$	$60n$
乘积	$13n$	$23n$	$39n$	$90n$	$117n$	$70n$	$57n$
三角函数	—	—	—	—	$3n$	—	$3n$
平方根	n	$2n$	$2n$	$3n$	$6n$	$2n$	$3n$

2.5　稳定性水平曲线

基于 2.2 节和 2.3 节中定义的不同稳定裕度，可以控制机器人 COG 轨迹，以保证给定的稳定性水平。为此，可以将稳定性水平曲线定义为COG位置在机体平面内的等效稳定裕度［图2.16（a）］，由机器人纵向和横向轴（x和y）和COG的位置确定。以前使用S_{ESM}和S_{NESM}（Hirose等，1998）定义了稳定性水平曲线（Messuri，1985）。考虑到2.4节中的比较研究结果，稳定性水平曲线使用S_{NDESM}获得，其已被证明是最合适的稳定裕度。稳定性水平曲线表达式为

$$S_{NDESM}(COG_x, COG_y) = C \tag{2.14}$$

其中COG_x和COG_y是COG的坐标，参照机体参考坐标系$x-y-z$（参见图2.16，C是一个常数）支撑多边形和作用在机器人上的力和力矩参考外部坐标系$x_0-y_0-z_0$是已知的。因此，要解式（2.14），S_{NDESM}必须根据外部参考坐标系的可变COG来表示，然后映射到机体参考坐标系。

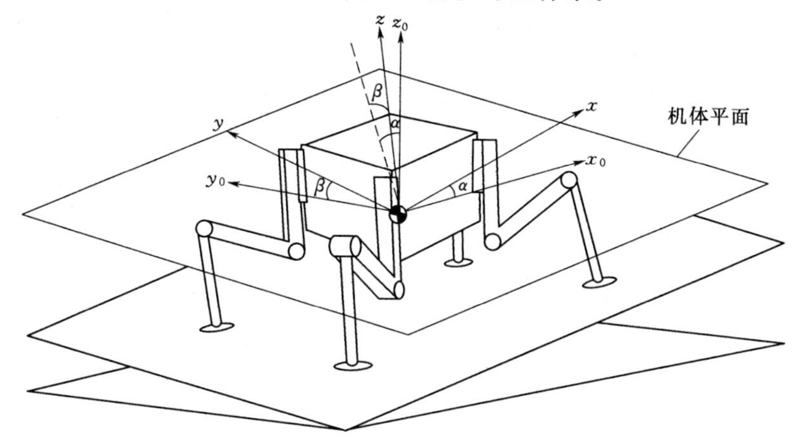

(a) 机体参考坐标系（$x-y-z$）和外部参考坐标系（$x_0-y_0-z_0$）

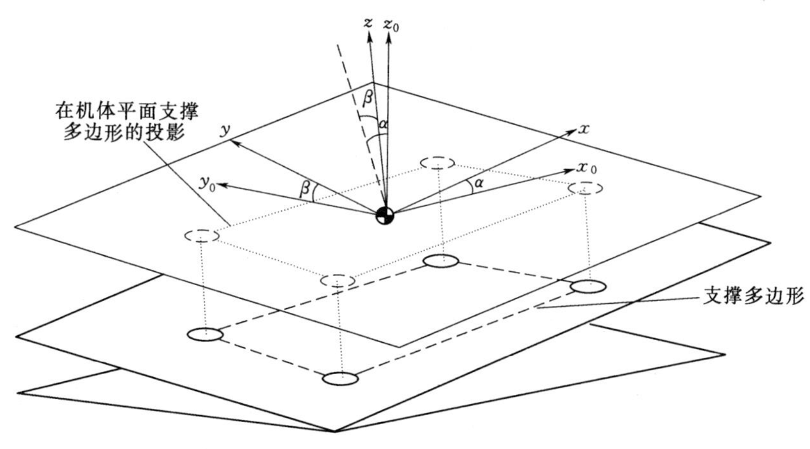

(b) 支撑多边形在机体平面上的投影

图2.16　四足支撑

机体参考坐标系在外部参考坐标系 $\mathbf{COG}_{I0}$ 下的初始位置矢量为

$$\mathbf{COG}_{I0}=(\mathrm{COG}_{Ix0}\ \mathrm{COG}_{Iy0}\ \mathrm{COG}_{Iz0})^{\mathrm{T}} \tag{2.15}$$

COG 运动到任何不同点，$\mathrm{COG}=(\mathrm{COG}_x,\mathrm{COG}_y,0)$ 在机体平面上均可以映射到外部参考坐标系，转化方程为

$$\begin{pmatrix}\mathrm{COG}_{x0}\\ \mathrm{COG}_{y0}\\ \mathrm{COG}_{z0}\\ 1\end{pmatrix}=\begin{pmatrix}\cos\alpha & \sin\alpha\sin\beta & \sin\alpha\cos\beta & \mathrm{COG}_{Ix0}\\ 0 & \cos\beta & -\sin\beta & \mathrm{COG}_{Iy0}\\ -\sin\alpha & \cos\alpha\sin\beta & \cos\alpha\cos\beta & \mathrm{COG}_{Iz0}\\ 0 & 0 & 0 & 1\end{pmatrix}\begin{pmatrix}\mathrm{COG}_x\\ \mathrm{COG}_y\\ 0\\ 1\end{pmatrix} \tag{2.16}$$

式中　α——x 轴和 x_0 轴之间的角度；

β——y 轴和 y_0 轴之间的角度［图 2.16（b）］。

要解出式（2.14）S_{NDESM} 必须用可变的 COG 坐标表示 COG_{x0}、COG_{y0}、COG_{z0}，然后通过式（2.16）映射到机体参考坐标系。因此，S_{NDESM} 需表达为机体坐标 COG_x、COG_y。

式（2.14）的解析解会产生复杂表达式。为了表达不同的情况和结果采用数值计算方法。四足在其支撑相的稳定性水平曲线如图 2.17 和图 2.18 所示，同时考虑动态效应。足端位置在机体平面上的投影用突出的“十字”表示。

图 2.17 为 30N 操纵力的机器人的稳定性水平曲线，沿 y_0 轴的力和 y_0 轴 20N・m 的操纵转矩。机器人保持静止，合力产生一绕 x 轴的力矩，因此临界平

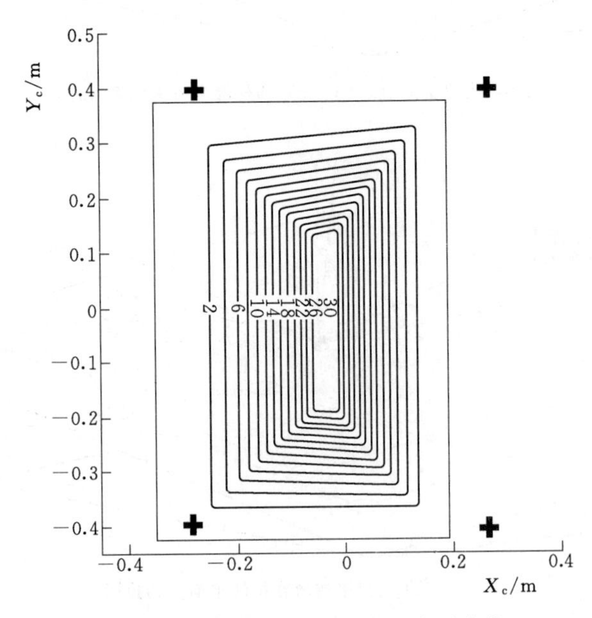

图 2.17　无初始动能的稳定性水平曲线

面与垂直平面形成一个角度 φ，机器人两侧平行于 x 轴。由于这种影响，零稳定性曲线从支撑多边形转移。同样，操纵围绕 y 轴的转矩引起临界平面与垂直平面之间的角度，机器人两侧平行于 y 轴。操纵力和转矩也可以改变稳定性水平曲线之间的梯度。

此外，绘制稳定性水平曲线如图 2.18 所示，与图 2.17 情况相同，但是当机器人运动时，由四条腿推动，此时 $v_{COG}\neq 0$。在这种条件下，存在初始动能。在图 2.18 中 COG 沿 x 轴以 0.2m/s 的恒定速度移动。结果是稳定性水平曲线在 x 方向被挤压。因此当机体移动时机器人的稳定性降低。

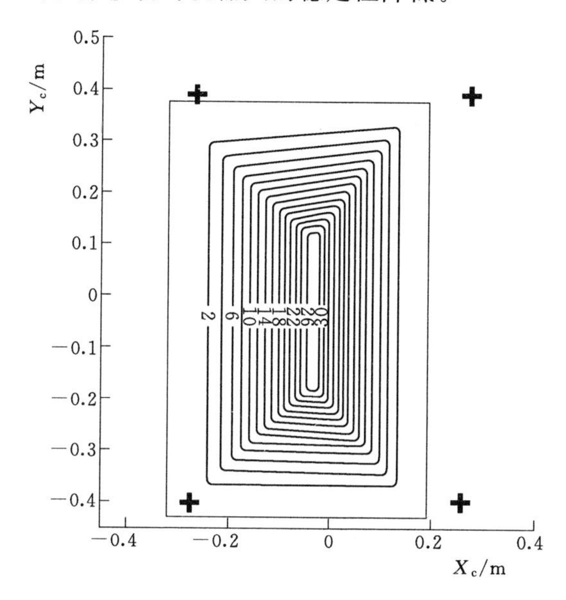

图 2.18　机体速度初始值为 0.2m/s 的稳定性水平曲线

2.6　结论

本章定义了几个行走机器人的稳定裕度，但其定义中没有直接表明它们在不同实际情况下判断稳定性的适用性。例如，在倾斜的地形上，或存在操纵力和力矩或腿部摆动动态效应时的适用性。

本章希望解决现有的稳定裕度缺乏定量信息的问题。为此，经过测量静态和动态稳定裕度，进行了不同静态和动态情况下的稳定裕度比较研究。通过分析在不同的地形平面的 6 种情况，使用两相位不连续步态的步行机器人进行模拟研究，并考虑了动态效应。这些情况涵盖了所有腿式机器人在实际工业应用中可能发生的场景。

结果表明在6种情况的稳定性研究中归一化动态能量稳定裕度是最合适的。此外，每种基于动量的稳定性标准提供了相同的稳定裕度。对所选择的裕度在其计算复杂性方面也进行了比较，以使每个实际应用都能选择适当的稳定性裕度。

对于在倾斜地形的不同动态工况下的机器人，使用适当的稳定裕度，获得了稳定性水平曲线。稳定性水平曲线计算可以控制COG的位置在机体平面内，以达到一定的稳定性水平。对于给定应用场景，正确地选择稳定裕度和用于步态控制的稳定性水平曲线，在步行机器人任务生成中至关重要。

第 3 章　周期步态的生成

3.1　简介

对腿部运动的最初研究聚焦在观察、理解和公式化自然界中发现的通用步态。这些步态的特点是腿运动顺序和立足点是周期性的，并且机体恒速运动，所有的腿同时移动，因此被称为连续步态。波浪步态是一种特殊的连续步态，哺乳动物和昆虫在低速下用波浪步态通过平滑、不规则的地形。连续波浪步态已被广泛研究。1968—1989 年（McGhee 和 Frank，1968；Zhang 和 Song，1989）用一个数学公式模型来描述腿序列，衍生推导出蟹行步态和圆弧步态，但只适用于平坦的地形条件。这些步态的理论结果是显著的，但不适用于在不平坦的地面上行走的步行机器人。因此，有人试图将这些步态应用于不规则的地形条件（Kumar 和 Waldron，1989；Jimenez 和 Gonzalez de Santos，1997）。

当由于地形不规则和陡峭，哺乳动物和昆虫不能保持连续步态时，可以将步态变为更安全的步态。这种步态的特征是腿和机体的顺序运动。机体是向前/向后推动时，所有的足固定在地面上，一条腿与其他三条腿一起转移时，机体停止；这种步态称为不连续步态。机体间歇性运动有益于真正的步行机器：它们更容易实现，而且提供比波浪步态更好的纵向稳定裕度；另外，通过一些步态参数设置，可以比波浪步态速度更快；而且，腿部依次移动适合在非常不规则的地形行走，因为每个移动的腿与地面接触前，其余的腿和机体均不动。因此这些步态具有潜在的地形适应性。

不连续步态的研究始于 20 世纪 90 年代。这种步态首先在野外机器上实施，如卡内基梅隆大学开发的 AMBLER AMBLER 有一个特殊的不连续步态，称为圆弧步态（Bares 和 Whittaker，1989）。圆弧步态是由机器的特定拓扑结构而产生的。到 20 世纪 90 年代中期，适用于哺乳动物或类昆虫机器人构型的不连续步态是基于波浪步态创建的（Gonzalez de Santos 和 Jimenez，1995）。

对于具有不可行区域的地形，例如大孔、突起或诸如地雷等危险区域，周期步态可能会遭到破坏并变为另一种步态，即根据地形条件在线选择立足点和动作序列，这种步态称为非周期性步态，也称为自由步态。因此步态可以分为周期性和非周期性两大类。不同的运动状态（抬腿、足放置和机体运动）发生在步态周期的相同时刻，则步态是周期性的。另外，通过观察机体运动，有些步态以恒定速度移动机体（连续步态），有些步态间歇地移动机体（不连续步态）。以上为书中用到的主要步态分类。更详细的分类可以在 Song 和 Waldron（1989）的论述中查阅。

本章介绍了周期性步态的构想，即连续（波浪）步态和不连续步态。非周期性步态将在下一章进行研究。除了数学推导，两种步态在稳定性、速度和可实现性进行了比较。3.2 节和 3.3 节提出连续步态。3.4 节介绍不连续的周期性步态及其特点，以及与连续步态的比较。3.5 节和 3.6 节计算不连续的蟹行步态和不连续的转弯步态。3.7 节提出了如何组合步态以遵循预设的路径轨迹。3.8 节为结论。

3.2 步态生成

在英语中，步态被定义为步行移动的一种方式或方法。在腿部运动领域，步态被定义为足部位置重复的模式（Todd，1985）。Song 和 Waldron 描述得更精确（1989）：

定义 3.1 步态是通过定义每只足抬升和放置的时间和位置，同时辅以机体的 6 自由度运动，以便将机体从一个地方移动到另一个地方。

由 McGhee 和 Frank 第一次尝试仅对于四足定义步态数学模型（McGhee，1968；McGhee 和 Frank，1968）。研究人员试图发现一种能够保持静态稳定四足步态。对于这项研究，McGhee 引入了事件序列。事件定义为足放置或足抬起。对于一个有 n 条腿的机器人，足的放置由事件 i 表示，而足 i 的抬升由事件 $i+n$ 表示。从而，步态表示为 2－4－5－7－3－1－8－6 的事件序列，创建 $2n$ 个不同的事件。如果两个事件发生在同一时刻，步态称为奇异步态，即不是完全有序的步态，或非奇异的步态。可能的非奇异四足步态的数量是 $2n$ 个事件的排列，即数量是 $2n!$。考虑从给定的事件序列开始的事件序列的数量，其结果是 $N=(2n-1)!$。对于四足 $N=5040$（McGhee，1968）。

N 表示足部事件的可能排列次数。然而，为了维持静态稳定性，机器人必须至少保持 3 条腿支撑，即只有 1 条腿在摆动。这意味着在腿 i 抬升之后（事件 $i+n$）腿的放置必须发生（事件 i）。这个特征将稳定组合的数量减少到 $N=(n-1)!$，对于四足结果仅产生 6 个事件序列，如图 3.1（b）所示，并在图 3.1（c）～图 3.1（h）中示出。在这个例子中，运动循环开始于足 4 的运动。腿数在图 3.1（a）中示出。将腿从前到后编号，通常将右腿记为偶数，左腿记为奇数。

Tomovic（1961）将一个 n 腿机器人每个支持模式至少涉及 $n-1$ 个接触点的步态定义为爬行步态。因此，在图 3.1 中的步态是爬行步态：总是有 3 个足在

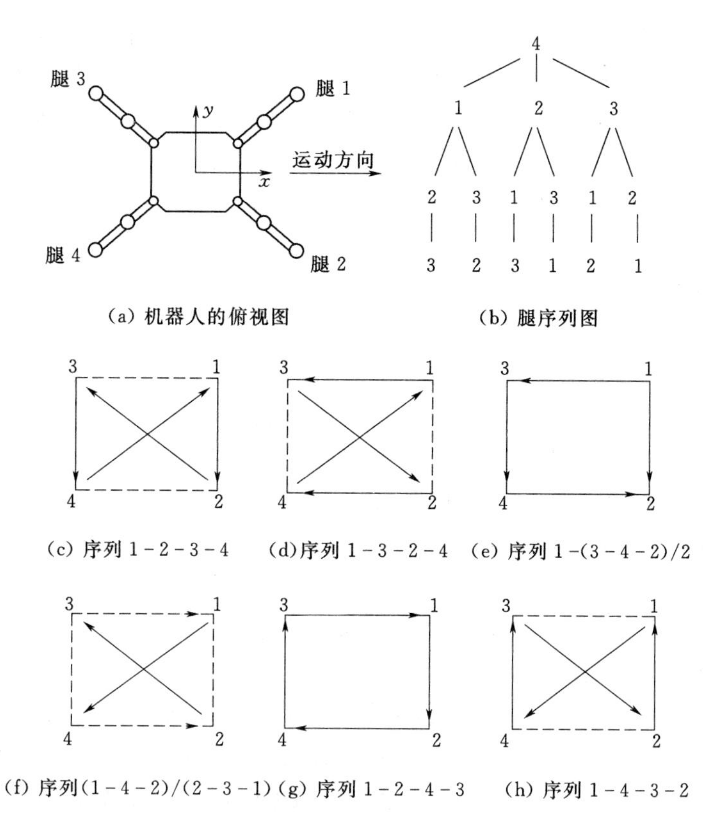

(a) 机器人的俯视图 (b) 腿序列图

(c) 序列 1-2-3-4 (d) 序列 1-3-2-4 (e) 序列 1-(3-4-2)/2

(f) 序列(1-4-2)/(2-3-1) (g) 序列 1-2-4-3 (h) 序列 1-4-3-2

图 3.1 四足步态

支撑。爬行步态可以是奇异或非奇异的。奇异步态是非奇异步态的极限状态。因此，图 3.1 中的事件序列适用于奇异和非奇异步态。在这种情况下，一个奇异步态意味着一个足的放置和下一条腿的抬升发生在序列中的同一时间。

在这项研究的几年后，Hirose 等（1986）发现这 6 个事件序列可以应用于四足转弯步态的实现。它们分为$\pm x$ 型、$\pm y$ 型（分别用于沿 x 和 y 轴的运动）和$\pm o$ 型（用于围绕 z 轴旋转机体的步态），其中“+”表示向前运动，“−”表示反向运动［图 3.1（c）～图 3.1（h）］。

McGhee 和 Frank（1968）研究了 6 种静态稳定的爬行步态的定义，并表明最佳静态稳定裕度是通过一个规则（每个支撑足按相同的相位）的、奇异的$+x$ 爬行步态来实现的［图 3.1（f）］。这种爬行步态有时称为缓慢爬行步态。这是一种独特的步态，用于四足低速移动，因此被称为标准步态。请注意，缓慢爬行步态没有一般的定义，但是对于四足机器人来说缓慢爬行步态与爬行步态是同义词。

在 20 世纪 70 年代初，Bessonov 和 Umnov（1973）通过对六足机器人的研究工作也得出同样的结论。他们通过数值试验发现一个具有周期性、规则性、对称性（任何左右两侧成对的事件恰好相差半个周期）的步态，其具有最佳静态稳定性。四足机器人采用这种步态时，足由后向前运动迈步，在机体每一侧都有一系列的迈步，使任何左右成对的事件偏移一半的步态周期。由于这种步态的腿部波浪式的运动，因此称为波浪步态。对四足机器人的这种步态在下一节解释。

3.3　连续步态

本节介绍波浪步态，连续步态最广泛应用于自然和四足机器人。定义时，假定使用无质量腿的理想机器（第 2 章）。步态定义如下：

定义 3.2　腿 i 的占空系数 β_i 是该腿处于支撑相的时间与步态周期的比。如果所有腿的 β_i 相同，则步态是规则的。

定义 3.3　腿 i 的相位 ϕ_i 是腿 i 放置落后于腿 1 的放置的归一化时间（腿 1 通常被认为是参考腿）。

定义 3.4　步幅 R 是足在支持相相对机体移动的距离。R 必须在由 R_x 和 R_y 定义的腿部工作空间内。

定义 3.5　步幅间距 P 是相邻腿步幅中心之间的距离。P_x 是相邻腿步幅中心之间的距离，P_y 是对侧腿步幅中心之间的距离（图 3.2）。

定义 3.6　步态的步长 λ 是机体的重心 COG 在一个步态周期中所移动的距离。如果步态是周期步态，则

$$\lambda=\frac{R}{\beta} \tag{3.1}$$

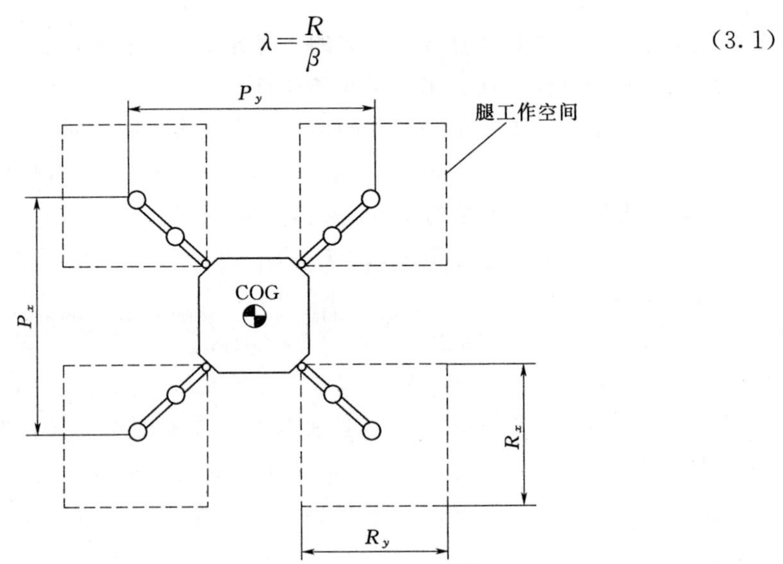

图 3.2　步幅定义示意图

通过以上定义，假设腿部工作空间不重叠，即 $R \leqslant P$，$+x$ 型波形步态定义为

$$
\begin{cases}
\phi_1 = 0 \\
\phi_2 = \dfrac{1}{2} \\
\phi_3 = \beta \\
\phi_4 = F\left(\beta - \dfrac{1}{2}\right)
\end{cases}
\tag{3.2}
$$

其中 F 是分数函数。

定义 3.7 定义实数 X 的分数函数 $Y=F(X)$ 为

$$
Y = \begin{cases}
X \text{ 的分数部分} & (X \geqslant 0) \\
1 - |X| \text{ 的分数部分} & (X < 0)
\end{cases}
\tag{3.3}
$$

McGhee 和 Frank（1968）在 2.2 节证明了波浪步态的 S_{LAM} 是最优的，即

$$
S_{LSM} = \left(\beta - \frac{3}{4}\right)\lambda \quad \left(\frac{3}{4} \leqslant \beta < 1\right)
\tag{3.4}
$$

式（3.4）中，$\frac{3}{4} \leqslant \beta < 1$ 是维护静态稳定的必需条件。每条腿的支撑相至少为3/4步态周期，对于一个波浪步态，在任何给定的时间内至少有 3 条腿处于支撑相。式（3.2）可以通过使用步态图更好地理解。步态图是描绘足接触地面或在空中（由虚线表示）的时间的方法（由实线表示），还可显示腿支撑和摆动变化的时间。实线部分的起点是足放在地上的时刻，终点是腿抬升的时刻。图 3.3 所示为四足机器人的波浪步态图，记录了抬腿和放腿序列，以及腿支撑相和摆动相的持续时间。

考虑到波浪步态是对称的，步态的定义可以通过定义机器人的一侧腿部相位来简化。对于另一侧，腿部相位增加半周期时间。ϕ_1 总是定义为零。因此，六足动物的波浪步态可以定义为

$$
\phi_3 = \beta, \quad \phi_5 = 2\beta - 1 \quad \left(\beta \geqslant \frac{1}{2}\right)
\tag{3.5}
$$

Sun（1974）归纳了这个方程，即一个 $2n$ 条腿机器人的波浪步态定义为

$$
\phi_{2m+1} = F(m\beta) \quad \left(m = 1, 2, \cdots, n-1; \ \frac{3}{2n} \leqslant \beta \leqslant 1\right)
\tag{3.6}
$$

Zhang 和 Song（1989）定义了波浪转弯步态和旋转步态。1990 年，他们还定义了蟹行步态（Zhang 和 Song，1990）。在蟹行步态中，机器人机体的移动线与机体的纵向轴线形成恒定的蟹行角。这些方程衍生于四足，并形成了步行机器人的波浪步态。本章不包括这些步态的描述，但鼓励感兴趣的读者学习参考文献中的材料。后文将只关注不连续步态。

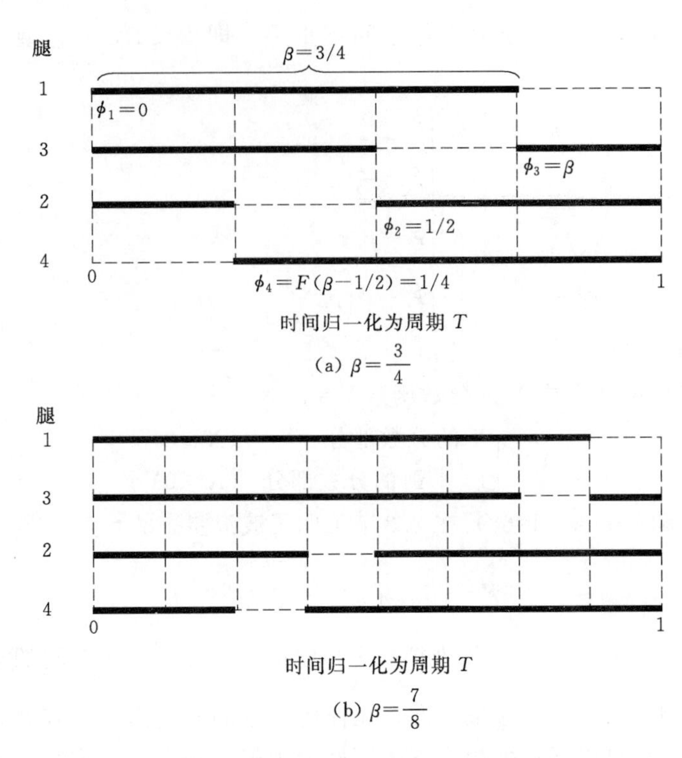

图 3.3　四足机器人的波浪步态图

3.4　不连续步态

不连续步态的特征在于腿和机体的运动顺序（Gonzalez de Santos 和 Jimenez，1995）。一条腿被摆动，所有其他腿处于支撑并停止。在所有腿支撑的同时，机体移动，此时足端位置不变。

生成四足的不连续周期性步态时，应该考虑以下问题：

(1) 如果一条腿在支撑相可达到工作空间的后运动极限，这条腿应该转换成摆动相，并放置在其前运动极限。

(2) 机体向前移动，所有的腿都在地面上。机体向后运动时，至少有一条腿应该保持在其后运动极限，才能执行摆动相进入下一个腿部运动。

(3) 当前摆动腿的对侧不相邻的腿（CNA）应该在该摆动腿放置之后放置。COG 停留在 CNA 腿与摆动腿连接线的另一侧（图 3.4），这样才可以抬起另一条腿，同时保持机体的稳定性。

(4) 腿的序列应该是周期性的，以便通过若干步态周期的组合跟随路径。

在本节中，机体采用步态沿着纵向 x 轴移动，并且保证机体的静态稳定性。

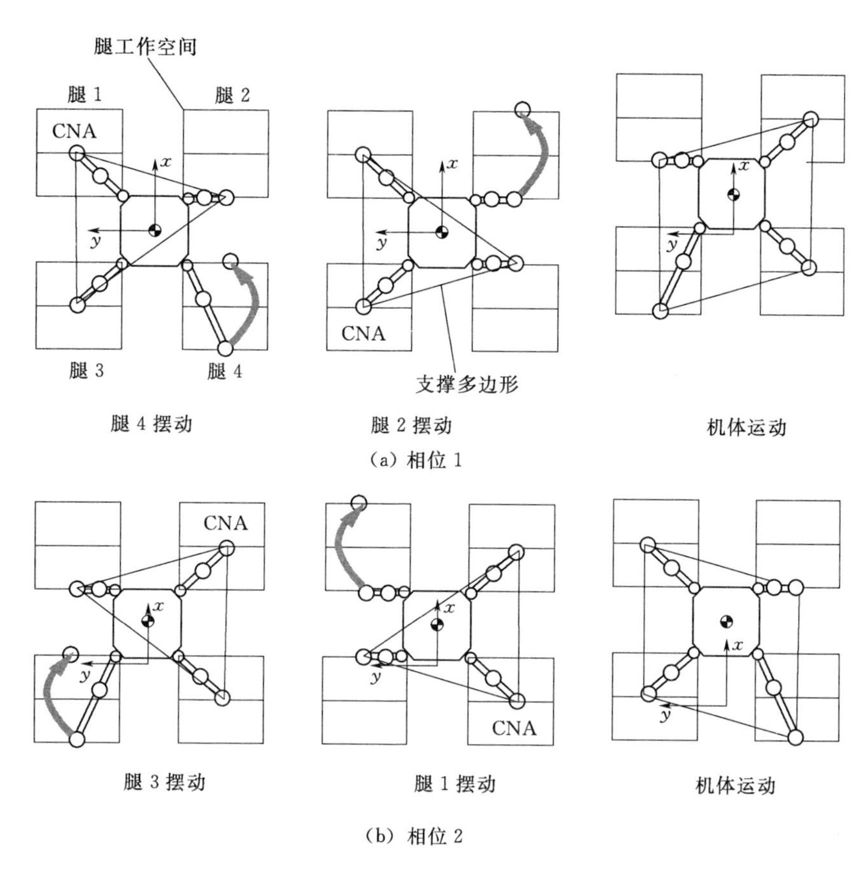

图 3.4　两相不连续步态的连续步态模式

这意味着 COG 的垂直投影总是在支撑多边形内部。采用 S_{LSM} 纵向稳定裕度进行稳定性度量。

3.4.1　两相不连续步态

从 3.2 节已知，四足机器人有 4! 个不同的非奇异动作序列，这些序列必须与腿部位置相结合定义稳定的步态。可行的解决方案非常多。为了减少数量，找到一个使机器人稳定的序列，需要考虑一些其他限制。假设 1 是每个周期有一定数量的机体运动。首先假设两个机体运动循环即两相。在这种情况下，两条腿在每相结束后必须在其运动空间后部，这些腿将顺序地向它们的前运动极限摆动。因此，每条腿都会移动其步幅的长度，足点放置的数量急剧减少。假设腿按照在图 3.1 (f) 所示的标准步态序列摆动，即后腿先摆动，然后前腿摆动，在这些腿部运动之后，机体向前推进了一半。在这个动作结束时，所有没有移动的腿必须位于它们的后运动极限。要完成上述动作，这些腿需要留在身体运动之前的工作空间中，即那些点是其他两条腿现在所在的点的对应点。图 3.4 显示 4-2-B-3-1-B 的运动序列，是不连续步态，是后续研究的基础。B 代表机体运动事件。地球参考系（x，y）有助于说明每个腿和机体运动引起的 COG 的绝对移动量。

1. 不连续步态的纵向稳定裕度

纵向稳定裕度 S_{LSM}（2.2 节）由两个对侧不相邻的足的连线确定，如图 3.4 所示。对于图 3.4 中的所有情况，对角线是从其工作空间中间的一个足到达最接近 COG 的运动学极限的足。如图 3.4 所示，纵向稳定裕度（COG 的投影和沿 x 轴的对角线之间的距离）对于所有情况都是相同的，其值由在原点对角线横坐标的绝对值给出。当腿 4 处于摆动相时，其值为

$$S_{LSM_D}=\left|-y_2\frac{x_3-x_2}{y_3-y_2}+x_2\right| \tag{3.7}$$

其中（x_2,y_2）和（x_3,y_3）是对角线的端点，即定义对角线足的位置。在摆动相的腿 4 的这些点的值，即构成图 3.4 中第一个机器人的姿势，是（$-P_x/2$，$P_y/2$）和（$P_x/2-R_x/2$，$-P_y/2$），其中 P_x 是 x 轴方向的步幅间距，P_y 是 y 轴方向的步幅间距，R_x 和 R_y 是腿部工作区尺寸，这就定义了步幅（参见图 3.2 参数定义）。将这些值代入式（3.7）得

$$S_{LSM_D}=\frac{R_x}{4} \tag{3.8}$$

四足机器人波浪步态的纵向稳定由式（3.4）给出，其中 λ 由式（3.1）定义。把式（3.1）代入式（3.4）得出用于波浪步态的 S_{LSM} 为

$$S_{LSM_C}=\left(\beta-\frac{3}{4}\right)\frac{R_x}{\beta}\quad\left(\frac{3}{4}\leqslant\beta\leqslant 1\right) \tag{3.9}$$

因此假定 S_{LSM_C} 值在零和 $R_x/4$ 之间，而不连续步态 S_{LSM_D} 恒定为 $R_x/4$。因此，不连续步态具有比波浪步态更大的纵向稳定裕度，如图 3.5 所示，表明 S_{LSM} 正比于步幅 R_x。这是不连续步态的主要优势。接下来将研究对速度的影响。

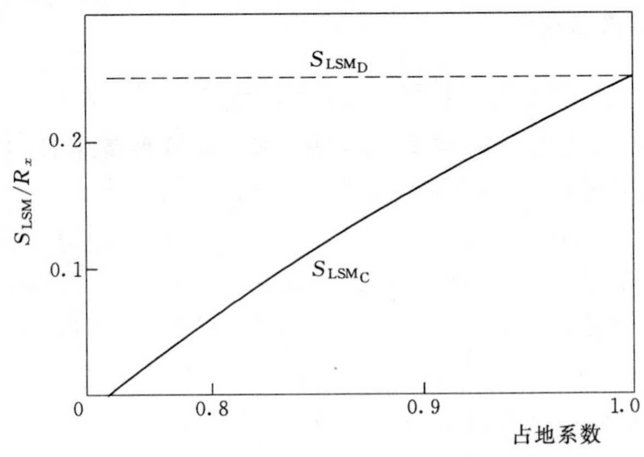

图 3.5　波浪步态（实线）和不连续步态（虚线）的 S_{LSM}

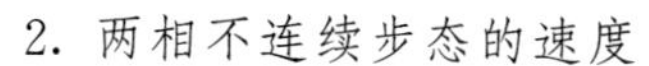

2. 两相不连续步态的速度

执行不连续步态机器人的平均速度由步幅 R_x 和周期 T 确定。在不连续步态中，周期由每条腿的子相时间和机体运动时间的总和确定。考虑到足的摆动描述了在一个垂直平面矩形轨迹的循环时间，T_D 为

$$T_D = 4(t_L + t_F + t_P) + 2t_{BP}$$

式中　t_L——腿抬升时间；

t_F——腿向前运动时间；

t_P——腿放置时间；

t_{BP}——每个子相的机体推进时间。

腿抬升高度为 h，腿步幅为 R_x，x 和 z 轴足端的速度分别为 V_x 和 V_z，则 T_D 为

$$T_D = 4\left(\frac{h}{V_z} + \frac{R_x}{V_x} + \frac{h}{V_z}\right) + 2\frac{R_x}{2V_x} = \frac{8hV_x + 5R_xV_z}{V_xV_z} \tag{3.10}$$

在连续步态中，一个步态周期中一条腿的支撑相时间是 $t_s = \beta T_C$，摆动相时间为 $t_t = (1-\beta)T_C$，其中 T_C 是步态周期。考虑到连续步态与不连续步态的足端具有相同的轨迹，足的摆动相时间为

$$t_t = \frac{2h}{V_z} + \frac{R_x}{V_x}$$

因此

$$T_C = \frac{1}{1-\beta}\left(\frac{2h}{V_z} + \frac{R_x}{V_x}\right) \tag{3.11}$$

式（3.10）和式（3.11）表示了每种步态的步态周期。因此，要计算步态速度，还应已知机体一次运动时循环的位移。这个位移对于波浪步态是 λ，对于不连续步态是 R_x；因此，连续（波浪）步态的速度 v_C 和不连续步态速度 v_D 分别为

$$v_C = \frac{\lambda}{T_C} = \frac{\lambda(1-\beta)V_xV_z}{2hV_x + R_xV_z} \tag{3.12}$$

$$v_D = \frac{R_x}{T_D} = \frac{R_xV_xV_z}{8hV_x + 5R_xV_z} \tag{3.13}$$

为便于计算，假定 $V_z = V_x = V$，$h = R_x/K$。在这种情况下，图 3.6 所示为四足机器人两种步态的速度，归一化 V 是占地系数 β 和参数 K 的函数，K 表明 h 和 R 之间的关系。从图 3.6 可知，不论任何 K 值，占地系数较小时，波浪步态的速度大于不连续步态，占地系数较大时则小于不连续步态。图 3.6 的曲线还验证了 $v_D = v_C$。该曲线定义了波浪步态与不连续步态速度参数相同时的边界。相同步态参数下，高占地系数的波浪步态比不连续步态更慢、更不稳定（图 3.5）。

这项研究涉及步态最高速度或最大 S_{LSM} 的确定；但在选择合适的步态时，还应考虑其他的步态特征。例如，如果机器人携带操作员或乘客，则连续步态比

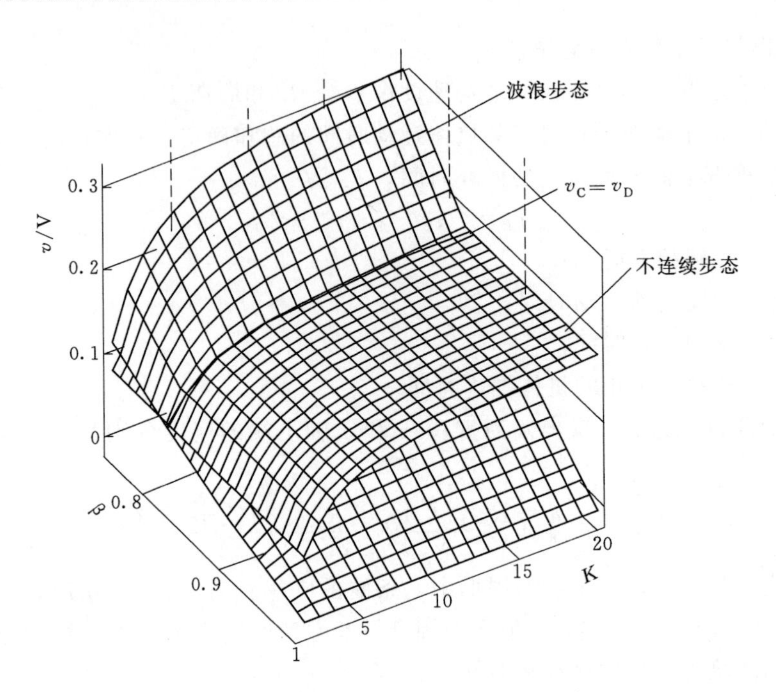

图 3.6　波形步态和不连续步态的速度

机体动作颠簸的不连续步态更舒适。

注意，在这个理论研究中，采用了用于轴和机体运动速度的矩形轮廓，这意味着无限加速。如果轴和机体加速度较高，速度和 S_{LSM} 应接近理论值。在这种情况下，高加速度会导致机器上较大的力从而危及其稳定性。而不连续步态中，所有足都在地面上移动机体，因此，稳定性非常高。如果机器人旋转，唯一不稳定的影响就是支撑边界的一边。在这种情况下，应该使用第 2 章提到的动态稳定性量度。

3. 两相不连续步态的步态图

图 3.7 所示为两相不连续步态和波浪步态的步态图。同时显示腿的子相和机体运动。这个图的形状与带有如下占地系数的波浪步态的步态图形状相同。

$$\beta = \frac{8h/V + 3hK/V}{10h/V + 4hK/V} \tag{3.14}$$

当 $K=2$ 时，$\beta=7/9$。

注意，步态图显示了腿部提供支撑以及腿部摆动的时刻。此外，在波浪步态中，机体连续移动经过的时间可通过机体移动距离与步幅 λ 归一化。而对于不连续步态，机体在两个间隔之间动作，因此移动距离与机体运动的数量成正比。本节中的波浪步态与非连续步态之间的比较是基于相同的步态图进行的，如图 3.7 所示。注意，步态图应该以 $\phi_1=0$ 作为步态［图 3.7（b）］的开始。然而，不连

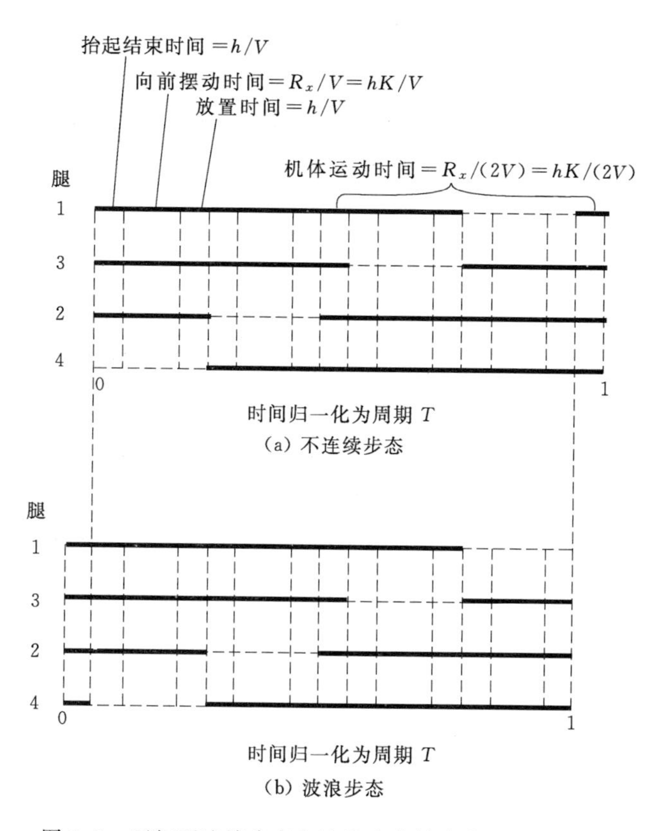

图 3.7　两相不连续步态和波浪步态的步态图（$\beta=7/9$）

续步态［图 3.7（a）］的步态图从腿 4 转移开始的。尽管在已绘制的图中所示有一点延迟，但在两种情况下步态图是相同的。

3.4.2　四相不连续步态

如上所述，为了产生有效的不连续步态，在开始摆动相之前需要将腿定位在其后部运动极限。对于两相步态，每次机体运动后，两条支撑腿都放置在其运动极限的末端。同理也可以生成这样的步态，当一个周期结束，只有一条腿停留在其运动极限的末端。这需要每个周期执行 4 次机体运动（4 个阶段），因为每一次机体运动，只有一条腿处于其运动极限的末端。

这个步态的步态图有点类似于两相步态图，但每次机体位移在每条腿运动结束时增加两个额外的位移。这个步态的速度与两相步态是相同的，因为时间和总位移相等。这种步态的 S_{LSM} 为

$$S_{\mathrm{LSM}_4}=\frac{R_x}{8} \tag{3.15}$$

因此，S_{LSM_4} 比式（3.8）两相步态的 S_{LSM} 差。

当相数增加时，即单次腿部运动、多次机体运动时，S_{LSM} 变差，而平均速度保持不变。总之，两相不连续步态提供了任何不连续步态的最佳 S_{LSM}，而速度不取决于相数。

3.5　两相不连续的蟹行步态

不连续的蟹行步态涉及改变足端位置并移动机体，使其运动方向保持与机体纵轴定义的蟹行角度一致。为产生两相不连续的蟹行步态（TPDC），使用与上述相同的腿部和机体运动序列，即标准步态的序列，但腿和机体轨迹发生变化。足端位置如图 3.8 所示。腿部和机体运动改变 S_{LSM}；因此，机器人有最大的蟹行角。执行蟹行步态的不同可能性取决于初始腿部位置。

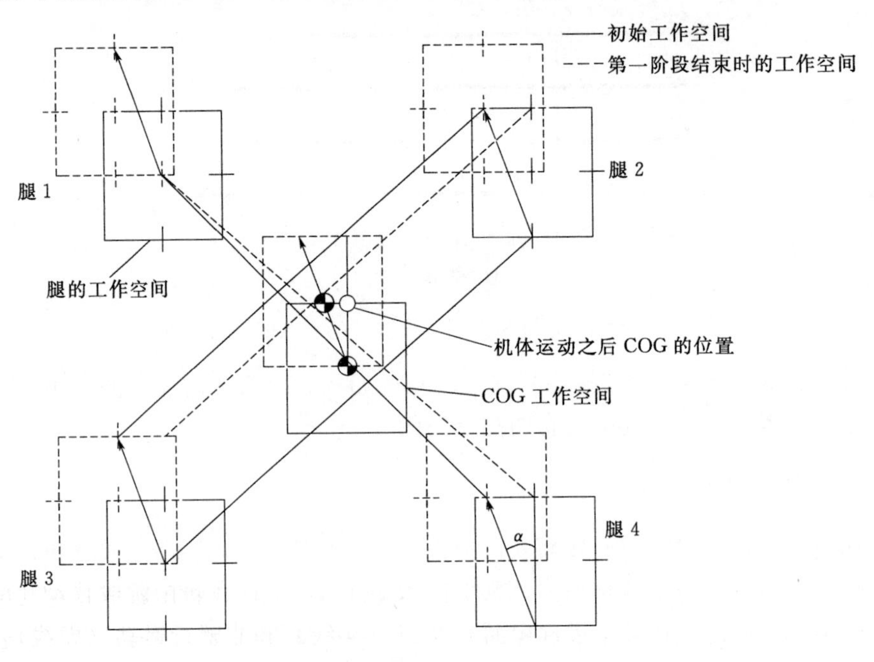

图 3.8　两相不连续蟹行步态的立足点和工作空间

3.5.1　初始位置无变化的 TPDC 步态

蟹行步态的一般公式计算需要遵循指定的蟹行角度轨迹的足端位移。显然，新的足端位置必须位于腿部工作区内，且腿执行尽可能大的迈步，将立足点放在工作空间边界。因此，沿着 y 轴的足的放置将被限制在其最大值，由 $|R_y/2|$ 给出，沿 x 轴的位移将与 y 轴位移相关。图 3.9 说明了两种可能的情况。步幅或

足的位置增量的分量 L_x 和 L_y 定义为

情况 A：

$$\begin{cases} L_x = R_x \\ L_y = R_x \tan\alpha \end{cases} \quad \left(|R_x \tan\alpha| \leqslant \frac{R_y}{2}\right)$$

情况 B：

$$\begin{cases} L_x = \left|\dfrac{R_y}{2}\cot\alpha\right| \\ L_y = \mathrm{sign}(\alpha)\dfrac{R_y}{2} \end{cases} \quad \left(|R_x \tan\alpha| > \frac{R_y}{2}\right)$$

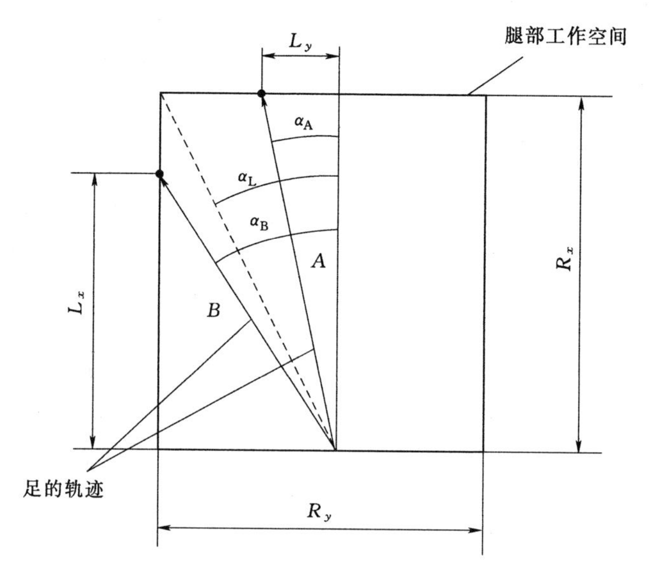

图 3.9　不连续蟹行步态的足的轨迹
（情况 A 和情况 B）

图 3.8 所示为在情况 A 中 TPDC 步态使用轨迹定义的工作位置序列。对于蟹行角 α，每个腿在运动周期内移动（R_x，$R_x\tan\alpha$），机体在每个阶段移动 [$R_x/2$，$(R_x/2)\tan\alpha$]。图 3.8 显示了确定蟹行步态（实线）和非蟹行运动（虚线）稳定裕度的对角线。第一条腿的运动，即腿 4，在两种情况下（蟹行和非蟹行步态）S_{LSM}是相同的；但是当腿 2 移动时，对于蟹行步态运动，S_{LSM}减小。在机体运动后腿 3 移动，S_{LSM}更低于非蟹行运动。最后，当腿 1 移动时，S_{LSM}大于非蟹行步态（在图中考虑了蟹行角）。

图 3.10 所示为不连续蟹行步态的稳定裕度。其中：$P_x=0.55\mu$m，$P_y=0.55\mu$m，$R_x=0.25\mu$m，$R_y=0.25\mu$m，α 取值为 $-45°\sim45°$。腿 2 摆动中呈现最小的 S_{LSM}为正蟹行角。将腿的位置值代入式（3.7），当腿 2 在摆动过程中，α 满

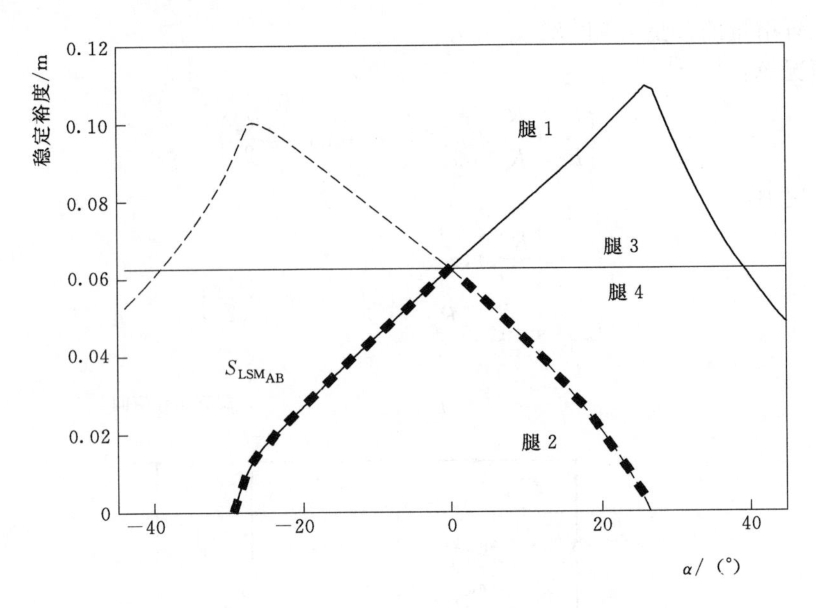

图 3.10　不连续蟹行步态的稳定裕度

足情况 A 约束，则稳定裕度为

$$S_{LSM_{A+}}=\frac{R_x(P_y-2P_x\tan\alpha)}{4(P_y-R_x\tan\alpha)} \tag{3.16}$$

考虑到负蟹行角，当达到最小 S_{LSM}时腿 1 正在摆动。在这种情况下，S_{LSM}的值为

$$S_{LSM_{A-}}=\frac{P_yR_x+2P_xR_x\tan\alpha-R_x^2\tan\alpha}{4P_y} \tag{3.17}$$

运动周期内的 S_{LSM_A} 是处于摆动相的不同腿获得的稳定裕度最小值，如图 3.10 中的粗虚线所示。

当蟹行角 α 满足情况 B 约束时，无论 α 为正还是为负，S_{LSM}的表达式为

$$S_{LSM_{B+}}=\frac{-P_yR_x-P_xR_y+P_yR_y\cot\alpha}{2\times(2P_y-R_y)} \tag{3.18}$$

$$S_{LSM_{B-}}=\frac{-2P_yR_x-2P_xR_y+R_xR_y-2P_yR_y\cot\alpha}{8P_y} \tag{3.19}$$

在现有参数下，图 3.10 所示允许蟹行角 α 落在−30°～26°范围内。

3.5.2　初始位置变化的 TPDC 步态

为了实现四足机器人稳定地达到最大蟹行角，需将支撑腿的足轨迹通过工作空间的中心。这与如图 3.11 所示的初始足位置的放置等效。

在腿 2 和腿 4 摆动相之后，机体将沿 x 轴和 y 轴移动半个步态周期。然后，

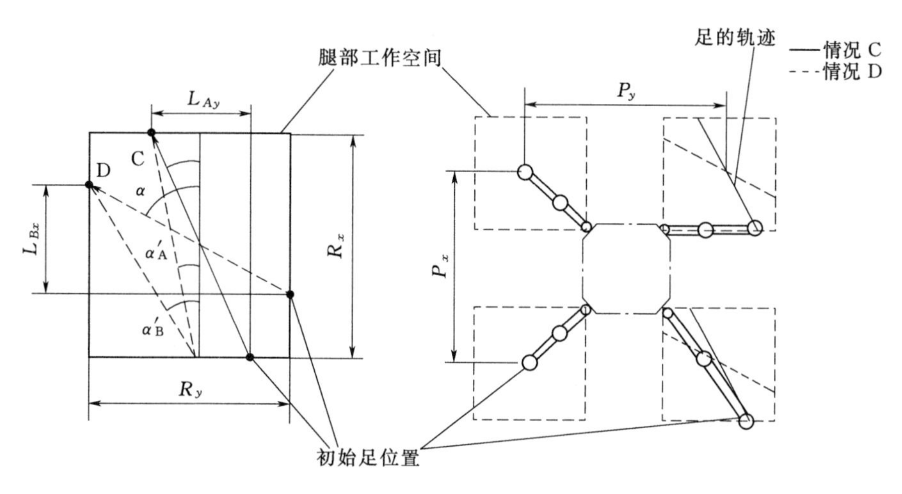

图 3.11　不连续蟹行步态的足轨迹和初始足位置

腿 1 和腿 3 停留的位置与腿 2 和腿 4 开始循环时所在的位置相同；因此，这些腿不需要完成初始足端位移。这种步态的初始腿部布置如图 3.11 所示。

L_x 和 L_y 定义为步幅，初始足位移为在机体参考坐标系中的 D_x 和 D_y，其可以计算为

情况 C：

$$\begin{cases} L_x = R_x \\ L_y = R_x \tan\alpha \\ D_x = 0 \\ D_y = -\dfrac{R_x}{2}\tan\alpha \end{cases} \qquad (|R_x \tan\alpha| \leqslant R_y)$$

情况 D：

$$\begin{cases} L_x = |R_y \cot\alpha| \\ L_y = \text{sign}(\alpha) R_y \\ D_x = \dfrac{R_x}{2} - \left|\dfrac{R_y}{2}\cot\alpha\right| \\ D_y = -\text{sign}(\alpha)\dfrac{R_y}{2} \end{cases} \qquad (|R_x \tan\alpha| > R_y)$$

图 3.12 所示为右腿初始位置变化时两相不连续步态的稳定裕度，通过足轨迹定义的 S_{LSM} 与 α。当 α 为正时，最小 S_{LSM} 出现在腿 2 或腿 3 处于摆动相时；当 α 为负时，而对应于腿 1 和腿 4。重复 3.5.1 节计算，在每一种情况下 S_{LSM} 的表达式为

$$S_{\text{LSM}_{C+}} = \frac{R_x(P_y - P_x \tan\alpha)}{2(2P_y - R_x \tan\alpha)} \tag{3.20}$$

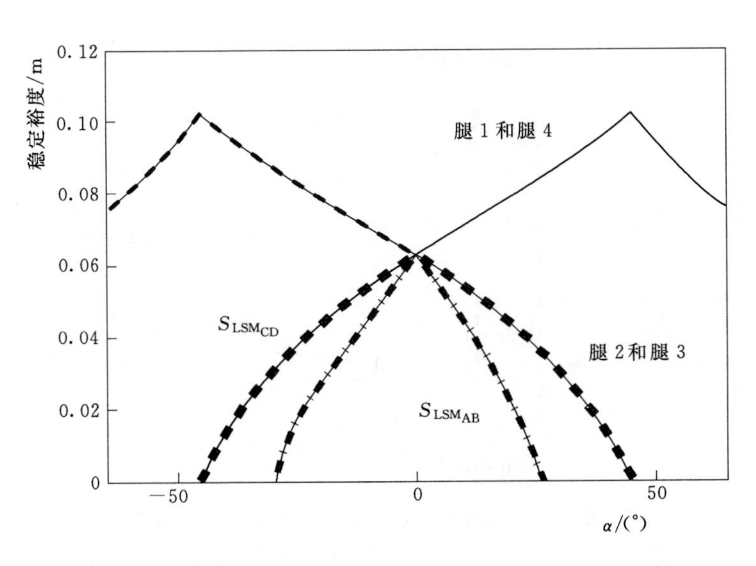

图 3.12　右腿初始位置变化时两相不连续步态的稳定裕度

$$S_{LSM_{C-}}=\frac{R_x(P_y+P_x\tan\alpha)}{2\times(2P_y+R_x\tan\alpha)} \tag{3.21}$$

$$S_{LSM_{D+}}=\frac{-P_xR_y+P_yR_y\cot\alpha}{2\times(2P_y-R_y)} \tag{3.22}$$

$$S_{LSM_{D-}}=\frac{-R_y(P_y\cot\alpha+P_x)}{2\times(2P_y-R_y)} \tag{3.23}$$

图 3.12 中，步态周期的 S_{LSMC_D} 以粗虚线表示。情况 A 和情况 B 的 $S_{LSM_{AB}}$ 的 S_{LSM} 在虚线处已经重叠。

3.5.3　不连续步态策略

本节主要介绍如何组合步态来跟踪给定轨迹。在这项研究中，为了简便，在机体参考坐标系中，最初和最后一个循环的腿部位置，在所有考虑的步态中是相同的。因此，在步态周期结束时，组合不同的步态是很简单的。

前文已经分析了不连续蟹行步态的不同方案。两相不连续步态与零蟹行角不连续步态是一致的。步态的选择和使用取决于工作空间的约束。图 3.10 和图 3.12 显示了每个步态模式实现的 S_{LSM} 和最大蟹行角。且每个图显示了一种模式下由足轨迹定义两种不同的情况。从一个轨迹切换另一个轨迹发生在曲线斜率突变的点。随着初始位置的变化，TPDC 比没有角度变化 TPDC 模式（其初始位置限制在−30°～26°之间）可实现的蟹行角更大（−45°～4°）。此外，情况 C 和情况 D（粗实线）表现出比情况 A 和情况 B（虚线）更大的 S_{LSM}，如图 3.12 所示。因此，初始位置带角度变化的 TPDC 步态呈现出更好的 S_{LSM} 并可实现更大的蟹行角，但这是以额外的腿部动作为代价，在步态开始要定位其右腿的初始位置。

如果机器人从两相步态初始位置开始蟹行轨迹，可以避免腿部初始化问题。在这种情况下，初始运动及腿 4 和腿 2 的第一步可以由一个初始迈步代替。移动腿 4 和腿 2，然后从它们的两相位初始位置依次移动腿 4 和腿 2 到情况 C 或情况 D 最终摆动腿的位置。图 3.11 显示了这些点和在每种情况的初始步骤中腿 2 和腿 4 应该跟随的轨迹（分别为蟹行角 α_A' 和 α_B'）。当腿 4 开始摆动相时，剩下的腿被放置在不连续的两相步态保持点上；因此，两个步态 S_{LSM} 重合；当腿 2 开始摆动相时，剩下的腿被放置在对应于情况 C 或情况 D 的点处。因此，执行此初始步骤时 S_{LSM} 不会改变，以避免腿部初始化。

类似地，从蟹行步态变为两相步态（无蟹行角），需要新的右腿初始化，但可以避免第一步直接进入两相步态最终转移腿的位置。对于第一步，在腿 4 摆动的过程中，根据所讨论的情况，其余腿位于它们在情况 C 或情况 D 时的位置。因此，S_{LSM} 等同于已完成轨迹的 S_{LSM}。当腿 2 改变为摆动相时，其余腿留在它们相应的两相初始位置上；所以对于两相案例 S_{LSM} 是相同的。

综上，对于情况 C 或情况 D 初始迈步的 S_{LSM} 总是相等的，并且这两种情况都比情况 A 和情况 B 的 S_{LSM} 大。因此，如果机体要跟随轨迹运动至少两个步态周期，建议使用情况 C 或情况 D 来执行初始和终止迈步。只有当步态周期短于两次运动时情况 A 和情况 B 才有用。

上文显示了从两相步态到蟹行步态运动变化时 S_{LSM} 的变化。当机器从蟹行步态变成另一种步态时，可以以类似的方式显示，初始迈步的 S_{LSM} 等于两种连接步态中较小的 S_{LSM}。

3.6　不连续转弯步态

蟹行步态使机器人的机体沿着直线轨迹组合不同的蟹行步态，使机器轻松跟随复杂的轨迹成为可能（3.7 节）。但是，有时步行机器人需要沿着非直线轨迹并保持机体与该轨迹相切，或使身体围绕其垂直轴旋转。执行这些运动的步态称为转弯步态。

典型的曲线轨迹是圆，机器人沿着这条曲线的步态称为圆形步态。不连续四足圆形步态，像蟹行步态，S_{LSM} 与半径相关并减小。当机器人的轨迹是一个大半径圆时，机体转的角度较小，稳定性变化很小。当圆半径较小，机体转角较大时，稳定性变化显著。当半径为极限值时，机器绕机身坐标系的 z 轴旋转，即零转弯半径，这种步态也称为旋转步态（Zhang 和 Song，1989）。这两个步态必须分开研究。

3.6.1　圆形步态

为了达到将不同的步态连接起来跟踪轨迹的目标，在步态周期中，初始腿位置和最终腿位置在机体参考坐标系中应该是一样的，这些位置也与上面讨论过的步态相同。

1. 轨迹定义

机器人转向步态的轨迹应为圆形，但为了简单起见，将理论轨迹近似为直线段轨迹。因此，机体轨迹分段组成，两端点位于半径为 R 的理想圆形轨迹上。在每个阶段结束时，这些分段将跟随机体 COG。这些直线运动与机体绕 z 轴旋转结合，以保持机体纵向轴线与圆形轨迹相切。图 3.13 所示为一个不连续圆形步态的机体轨迹。这种方法描述的轨迹方法对于步行机器的许多应用是足够的。

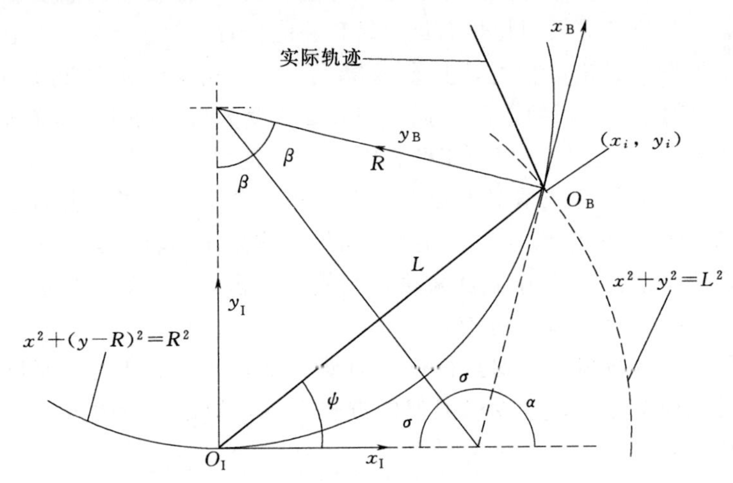

图 3.13　一个不连续圆形步态的机体轨迹

如果图 3.13 所示的坐标系（x_I, y_I）是开始阶段的机体参考坐标系，坐标（x_i, y_i）代表在当前阶段结束时机体 COG 的位置点。这点由半径为 R 的理想轨迹的交点确定，通过

$$x^2+(y-R)^2=R^2 \tag{3.24}$$

以机体坐标系的原点为中心，以 L 为半径的圆周定义为

$$x^2+y^2=L^2$$

其中 L 是每段中的机体位移。

同时解以上两个方程，得

$$\begin{cases} x_i=\pm\dfrac{L}{2}\sqrt{\left(4-\dfrac{L^2}{R^2}\right)} \\ y_i=\dfrac{L^2}{2R} \end{cases} \tag{3.25}$$

当 COG 放在点（x_i，y_i）上时，机体应该旋转大约 α 角度。此时，机体的纵轴将与轨迹相切并可重复先前的过程。

参考图 3.13，有下列方程式

$$\begin{cases}\beta=\varphi\\ \beta+\sigma=\dfrac{\pi}{2}\\ 2\sigma+\alpha=\pi\end{cases} \tag{3.26}$$

因此，机体旋转的角度为

$$\alpha=2\beta$$

其中

$$\beta=\arcsin\frac{L}{2R} \tag{3.27}$$

这些参数定义了机器人的运动。

不连续圆形步态与不连续蟹行步态的腿的相位相同。这种圆形步态应满足两个条件。首先，腿部位置必须靠近两相步态位置并保持稳定。其次，在一个步态周期开始和结束时，腿部位置在机体参考坐标系中必须相同。通过选择接近 $R_x/2$ 的 L 来满足第一个条件，这是不连续零蟹行步态机体在一个相位中的位移。为满足第二个条件，在初始参考坐标系（x_I，y_I）腿位置，必须放置在参考坐标系具有相似部位的位置，在步态周期结束时（x_B，y_B）。

在每个阶段，机体均平移 $L=(x_i,y_i)$ 并绕角度 α 旋转。因此，将（x_B，y_B）转换为（x_I，y_I）的齐次矩阵为

$$^{I}\boldsymbol{A}_{B}(\alpha,x_i,y_i)=\begin{pmatrix}\cos\alpha & -\sin\alpha & x_i\\ \sin\alpha & \cos\alpha & y_i\\ 0 & 0 & 1\end{pmatrix} \tag{3.28}$$

在机体完成一次步态周期之后，腿 4 和腿 2 应放置在机体参考坐标系步态初始点位置，即 $\boldsymbol{P}_{04}(x_{04},y_{04})$ 和 $\boldsymbol{P}_{02}(x_{02},y_{02})$。因此，为了计算在第一参考坐标系中的这些位置，必须进行两次齐次变换，因此，腿的位置变为

$$\left.\begin{aligned}\boldsymbol{P}_4&={}^{I}\boldsymbol{A}_{B}(\alpha,x_i,y_i)\,{}^{I}\boldsymbol{A}_{B}(\alpha_i,x_i,y_i)\boldsymbol{P}_{04}\\ \boldsymbol{P}_2&={}^{I}\boldsymbol{A}_{B}(\alpha,x_i,y_i)\,{}^{I}\boldsymbol{A}_{B}(\alpha_i,x_i,y_i)\boldsymbol{P}_{02}\end{aligned}\right\} \tag{3.29}$$

在这种情况下，机体需要移动长度 L 并旋转角度 α。这个运动是通过移动立足点来实现的，参考坐标系（x_I，y_I）转换到参考坐标系（x_B，y_B），这表明机体位置在机体运动之后。这种机体运动的齐次转化为

$$\begin{aligned}&{}^{B}\boldsymbol{A}_{I}(\alpha,x_i,y_i)=\\ &{}^{I}\boldsymbol{A}_{B}^{-1}(\alpha,x_i,y_i)=\begin{pmatrix}\cos\alpha & \sin\alpha & -x_i\cos\alpha-y_i\sin\alpha\\ -\sin\alpha & \cos\alpha & x_i\sin\alpha-y_i\cos\alpha\\ 0 & 0 & 1\end{pmatrix}\end{aligned} \tag{3.30}$$

现在腿 3 和腿 1 必须放在他们的新位置。注意，当机体处于第二阶段的开始时，为了将机体参考坐标系中的步态初始位置推算到参考坐标系中，它只需要执行一个变换${}^{I}\boldsymbol{A}_{\mathrm{B}}(\alpha,x_i,y_i)$。当腿动作序列完成时，机体必须使用变换${}^{I}\boldsymbol{A}_{\mathrm{B}}^{-1}(\alpha,x_i,y_i)$进行移动和旋转。不连续圆形步态的算法可归纳如下：

(1) 步骤 1：将腿 j 放在每个 j 的初始位置 $\boldsymbol{P}_{j0}$ 上。计算 α、x_i 和 y_i。

(2) 步骤 2：将腿 4 放在 $\boldsymbol{P}_4={}^{I}\boldsymbol{A}_{\mathrm{B}}(\alpha,x_i,y_i){}^{I}\boldsymbol{A}_{\mathrm{B}}(\alpha,x_i,y_i)\boldsymbol{P}_{04}$ 上。

(3) 步骤 3：将腿 2 放在 $\boldsymbol{P}_2={}^{I}\boldsymbol{A}_{\mathrm{B}}(\alpha,x_i,y_i){}^{I}\boldsymbol{A}_{\mathrm{B}}(\alpha,x_i,y_i)\boldsymbol{P}_{02}$ 上。

(4) 步骤 4：机体运动，将腿 j 放在 $\boldsymbol{P}_j={}^{I}\boldsymbol{A}_{\mathrm{B}}^{-1}(\alpha,x_i,y_i)\boldsymbol{P}_j\ \forall j$。

(5) 步骤 5：将腿 3 放在 $\boldsymbol{P}_3={}^{I}\boldsymbol{A}_{\mathrm{B}}(\alpha,x_i,y_i)\boldsymbol{P}_{03}$ 上。

(6) 步骤 6：将腿 1 放在 $\boldsymbol{P}_1={}^{I}\boldsymbol{A}_{\mathrm{B}}(\alpha,x_i,y_i)\boldsymbol{P}_{01}$ 上。

(7) 步骤 7：机体运动，将腿 j 放在 $P_j={}^{I}\boldsymbol{A}_{\mathrm{B}}^{-1}(\alpha,x_i,y_i)\boldsymbol{P}_j\ \forall j$。

2. 稳定裕度

图 3.14 所示为步行机器的 S_{LSM}，不连续圆行步态具有与以前示例相同的参数。腿 3 确定一个步态周期的 S_{LSM}，圆形半径小于 1m 时机器变得不稳定。

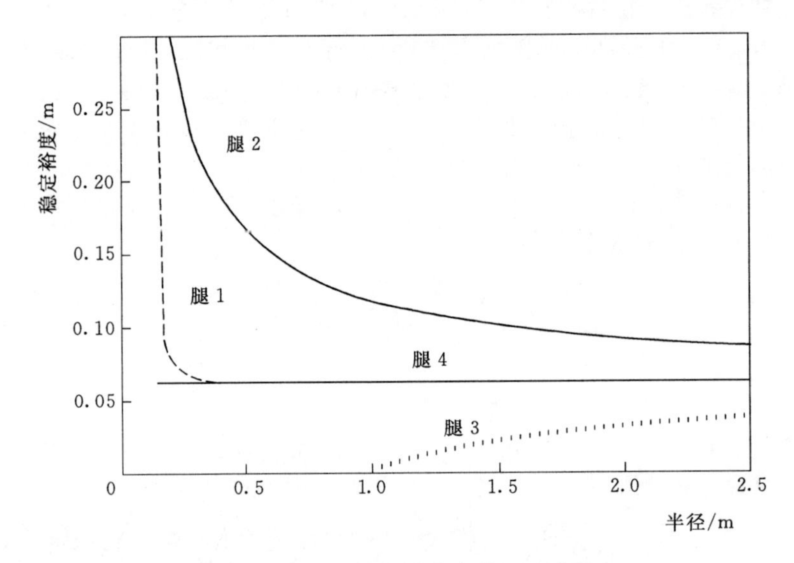

图 3.14　不连续圆形步态的 S_{LSM} 曲线

在这个步态循环中，应该区分旋转角度的正负，由旋转矢量符号表示。腿的相位与两种情况类似，但坐标取决于转弯角度的符号。例如，图 3.13 显示正向旋转，x_i 和 y_i 为正；但是对于负向旋转，y_i 为负，而 x_i 为正。右侧和左侧的腿的位置不对称；因此，S_{LSM}取决于旋转方向的符号。在小半径的圆弧下旋转角度的影响很明显，腿的位置差异是十分明显的。对于大半径圆周，腿的位置差异微不足道。对于小半径正圆周和负圆周 S_{LSM} 曲线相似，略有差异。一个显著的差异是处于对角线位置的腿在摆动相获得的曲线相似。因此，负圆周 S_{LSM} 曲线由腿 2 确定，此曲线与腿 3 正圆周的 S_{LSM} 曲线相似。

3.6.2　旋转步态

上述阐明了小半径圆形会使步态变得不稳定。机器人要执行小半径圆形步态，腿相位序列必须改变。由于圆形步态不稳定半径的范围较短，因此考虑旋转步态，这意味着围绕 z 轴的机体旋转，并将该步态视为该范围的独特步态。

1. 相位序列

在以前的步态研究中，必须维持腿部在步态周期之后机体坐标位置相同。在旋转步态中也有这一条件。图 3.15（a）显示了在开始（虚线）和结束（实线）的第一阶段的腿部位置。第一阶段结束时机器人的腿部工作空间旋转 $\alpha/2$。腿 4 和腿 2 依次放置在它们的位置上，然后机体旋转，但其旋转不会将左腿放置在第一阶段结束的正确位置（与两相不连续相同的位置步态）。要把这些腿放在它们的位置上，还需要另外两个腿的动作（腿 1 和腿 3）。因此，在不连续旋转步态中一个阶段是由 4 条腿的运动决定，而不是 2 条腿的运动，如同之前的步态一样。注意摆动腿的立足点必须在初始腿部工作区内（旋转机体之前）。因此，腿部步幅应小于真正的腿部工作空间。为了澄清这一点，腿 2 实际的腿部工作空间在图 3.15 中以实线描绘。

图 3.15（b）显示了第二阶段的初始位置（实线）和最终位置（虚线）。4 条

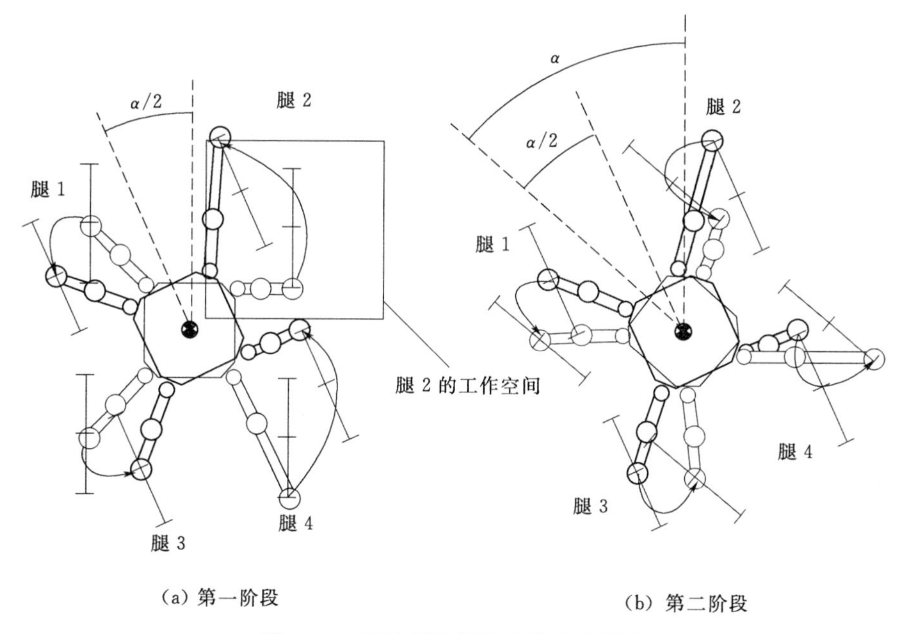

（a）第一阶段　　（b）第二阶段

图 3.15　不连续旋转步态的步态形式

腿必须位于结束机体旋转之前的最终位置。

计算第一阶段结束时腿的位置，通过应用齐次矩阵 $\boldsymbol{I}_{AB}$ 将 z 轴旋转 $\alpha/2$（$\alpha/2$，0，0）到两相步态第一阶段结束时腿的位置。一个机体步态周期通过的角度 α 是关于整个轨迹旋转角度 β 的约数，即 $\alpha=\beta/n$，其中 n 是完成轨迹所需的步态周期数。α 应考虑稳定性。

在已知的位置，必须指定腿的序列来定义步态。图 3.15 的几何分析显示了在这种情况下普通的腿部序列，以前步态中使用的 4－2－3－1 是不稳定的。分析 4！个可能序列，可以找到几个稳定的步态。例如，腿序列 3－4－2－1 对于第一阶段是稳定的，腿序列 1－2－4－3 对于第二阶段是稳定的。这两种腿序列将在以下部分分析。

2. 稳定裕度

图 3.16 显示了上述定义的旋转步态每条腿在其摆动子阶段的 S_{LSM}。第一阶段的腿 4 呈现负向旋转最小的 S_{LSM}，对于正向旋转，S_{LSM} 在第二阶段由腿 2 呈现。这两个裕度决定了步态周期的 S_{LSM}（沿完整步态周期的最小值），如图 3.16 实线所示。Leg$i$（j）表示沿着 j 阶处于摆动相腿 i 的 S_{LSM}。步态周期的 S_{LSM} 用粗虚线显示，粗点线是减少腿部运动的步态的 S_{LSM}。

正负旋转步态的 S_{LSM} 分别为

$$S_{LSM+}=\frac{P_yR_x\cos\frac{\alpha}{2}-(P_x^2+P_y^2-P_xP_y)\sin\frac{\alpha}{2}}{4\cos\frac{\alpha}{4}\left(P_y\cos\frac{\alpha}{4}-P_x\sin\frac{\alpha}{2}\right)} \tag{3.31}$$

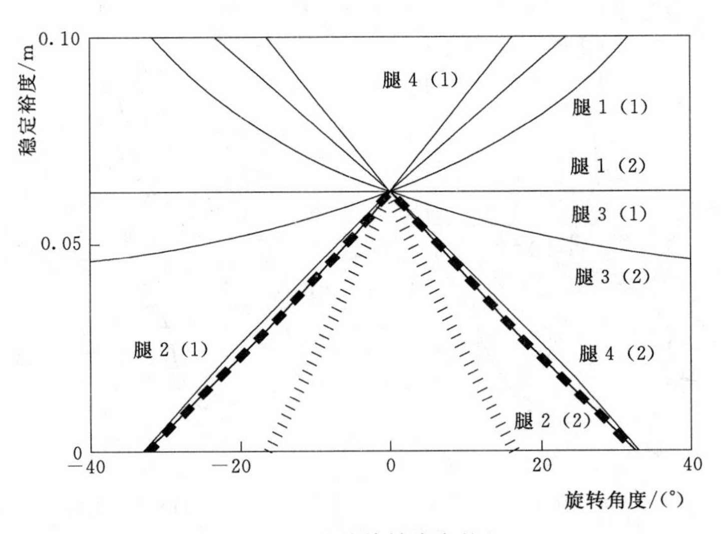

图 3.16　不连续旋转步态的 S_{LSM}

$$S_{\mathrm{LSM}-}=\frac{P_yR_x\cos\frac{\alpha}{2}+(P_x^2+P_y^2-P_xP_y)\sin\alpha}{4\cos\frac{\alpha}{4}\left(P_y\cos\frac{\alpha}{4}-P_x\sin\frac{\alpha}{4}\right)} \tag{3.32}$$

3.6.2 节显示了不连续旋转步态可能的稳定序列为 3－4－2－1－1－2－4－3，即腿 1 执行两次连续运动。如果第一阶段的腿 1 放置在其第二阶段位置，则可避免额外的动作。如果旋转运动由几个步态周期组成，相同的做法可以应用于腿 3，最后的腿序列可以为 3－4－2－1－2－4。这个新序列的 S_{LSM}公式为

$$S_{\mathrm{LSM}_{R+}}=\frac{P_yR_x\cos\alpha-(P_x^2+P_y^2-P_xR_x)\sin\alpha}{4\cos\frac{\alpha}{2}\left(P_y\cos\alpha+P_x\sin\frac{\alpha}{2}\right)} \tag{3.33}$$

为正旋转。

$$S_{\mathrm{LSM}_{R-}}=\frac{P_yR_x\cos\alpha+(P_x^2+P_y^2-P_xR_x)\sin\alpha}{3(P_y+P_y\cos\alpha-P_x\sin\alpha)} \tag{3.34}$$

为负旋转。

图 3.16 的虚线显示了减少腿部运动数量的旋转步态 S_{LSM}。但这种步态每一个周期的 S_{LSM}和最大旋转角度都较小。从图 3.16 可以得出结论，减少腿部运动的旋转步态适用于小于±16°的旋转角度，但对于较大的角度，采用全旋转步态较为方便。注意，所有数据都依赖于几何特征。

3.7 不连续步态的路径跟踪

考虑到不连续步态的推导，周期性的立足点允许关节连续运动来跟踪轨迹。本节考虑使用蟹行步态和转弯步态两者来跟踪轨迹。

研究人员广泛研究了轮式机器人的路径规划和跟踪，并且已经设计了许多不同的轨迹来增强机器人的机动性、加速性等。使用 β－Splines、Bezier 曲线和 clothoids－平面曲线，它的曲率是长度的线性函数。在本章的方法中，考虑采用数值解决方案。任何一种数学函数都可以用于定义路径。

3.7.1 蟹行步态的路径跟踪

不连续蟹行步态的定义保证足和 COG 的工作空间大小相等，腿部轨迹和 COG 轨迹相同并且彼此平行。假设 COG 在所需的路径上，机体的纵向轴线与参考系统路径 x 轴对齐。如果路径由 $y=p(x)$ 给出，则应在每个步态周期中尽可能地将 COG 放在这个轨迹上。考虑到这一点，必须保持 COG 在其工作空间的范围内。因此，定义新的 COG 位置为路径函数 $p(x)$ 与 COG 工作区间的边界交点。

要找到新的COG位置，第一步是测试腿需要跟随什么类型的轨迹。图3.9显示了如何区分两条轨迹的角度。

$$\alpha_L = \arctan \frac{R_y}{2R_x} \tag{3.35}$$

如果COG位于x_m处，并且轨迹穿过COG工作区前端，则轨迹需满足

$$\alpha_A = \arctan \frac{p(x_m + R_x) - p(x_m)}{R_x} \leqslant \alpha_L \tag{3.36}$$

即腿将执行A型轨迹。否则，腿执行B型轨迹（图3.9）。

如果实现A型轨迹，则新的COG位置是$[x_m + R_x, p(x_m + R_x)]$。机体将从初始位置$[x_m, p(x_m)]$沿直线前进到这个位置。然后重复此步骤。

当COG必须遵循B型轨迹时，路径穿过COG边界侧面限制。要发现这个交点，可以使用连续二等分方法。该方法计算方程$f(x)=0$在区间$[x_1, x_2]$的一个根，其中$f(x_1)f(x_2)<0$。为了定位这个根，区间$[x_1, x_2]$在点$x'=(x_1+x_2)/2$处是二等分的。如果$|x_1 - x_2| \leqslant \varepsilon$，其中ε是极小正数，则$x'$是根。否则如果$f(x_1)f(x') \leqslant 0$，$[x_1, x']$中可能包含根。如果不是，$[x', x_2]$包含根并验证$f(x')f(x_2) \leqslant 0$。该过程在包含$x'$的区间内重复，直到满足$|x_1 - x_2| \leqslant \varepsilon$。

这种迭代方法很简单，确保能够找到方程的根，但是如果ε太小，迭代次数可能很多。这个数字也决定了方程的准确性。对于步行机器，精度为0.5cm就够了，即$\varepsilon = 0.005$m，该算法几次迭代就可完成，没有大的计算负担。

上述方法计算出方程$f(x)=0$的根，但本书目的是计算$p(x)$与通过点$[x_m, p(x_m + R_y/2)]$或$[x_m, p(x_m - R_y/2)]$的水平线的交点，这取决于与路径相交的横向极限。如果x轴的坐标系统变换为横向极限位置，可以应用平分法。这个轴转换相当于根的计算功能。

$$f(x) = p(x) - p(x_m) - \frac{\alpha_A}{|\alpha_A|} \frac{R_y}{2} \tag{3.37}$$

式中　x_m——COG的横坐标值；

α_A——足轨迹角的估计值，可以通过式（3.36）计算。

新的COG位置已知，执行机器人运动的步骤算法见3.5节。

3.7.2　转弯步态的路径跟踪

不连续转弯步态是在3.6节定义的，特点是点(x_i, y_i)和角度α_i。点(x_i, y_i)是在一个阶段或半周期结束时新的位置COG，α是机体在每个阶段中必须旋转的角度，以保持机体纵轴与所需路径相切。新的COG位置在距离当前COG位置L的路径上。因此，该点同时是定义的路径函数的解。

$$y = p(x) \tag{3.38}$$

距离当前 COG 位置为 L 的点的方程式为

$$(x-x_m)^2+[y-p(x_m)]^2=L^2 \tag{3.39}$$

用牛顿解决非线性方程组的方法计算解决方案。该方法解非线性方程组

$$\left.\begin{aligned} f(x,y)=0 \\ g(x,y)=0 \end{aligned}\right\} \tag{3.40}$$

条件是解的初始近似值（x_0, y_0）可用。这个方法可以在任何基本数值方法教科书中找到。通常，该过程通过几次迭代可得准确的解值，提供足够接近于真正解的初始近似值。

式（3.38）和式（3.39）应用牛顿法求解，应写成

$$\left.\begin{aligned} f(x)=y-p(x)=0 \\ g(x)=(x-x_m)^2+[y-p(x_m)]^2-L^2=0 \end{aligned}\right\} \tag{3.41}$$

该解决方案为 COG 提供了新的位置，使机体纵轴与路径相切，机体的旋转角度由新 COG 点路径的导数 $p'(x_m)$ 给出。

该方法需要初始近似解。粗略的方法是用目前的 COG 位置。更好的方法是，在距离 L 处的路径的切线方向上选择一个点，即 $[(x_m+L/2)\cos\alpha_T, y_m+(L/2)\sin\alpha_T]$，其中 $\alpha_T=\arctan[p'(x_m)]$。使用粗略方法，该算法平均收敛于 20 次迭代，而第二种方法可以通过 2 次迭代求得。

3.7.3　路径跟踪示例

为了说明上述方法，分别模拟了一些不连续蟹行步态和不连续转弯步态的路径跟踪。用于说明这两种情况的函数为

$$p(x)=\frac{1}{3}\sin\left(\frac{\pi}{2}x\right)^2 \tag{3.42}$$

图 3.17 所示为使用不连续蟹行步态的路径跟踪。叠加在期望和真实路径上的矩形表示机器人的 COG 工作空间。相对于定义的机体工作区，真正的 COG

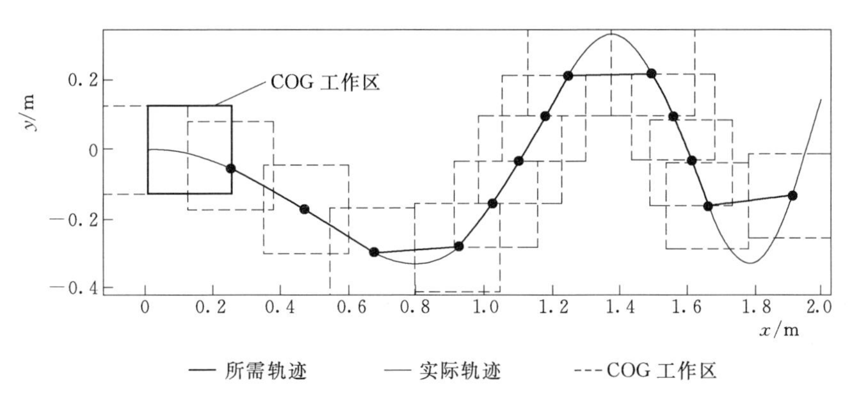

图 3.17　使用不连续蟹行步态的路径跟踪

工作空间前置一半。图 3.17 以实线表示该机器人的第一个姿态。当执行 A 型轨迹时，机体被推进。因此，每一个连续的机体工作空间相切。当执行 B 型轨迹时，机体工作区连续重叠。

图 3.18 所示为使用不连续转弯步态的路径跟踪，在这种情况下，画出每个阶段结束时的机体位置。因此，图 3.18 中每个步态周期有两个机体图。

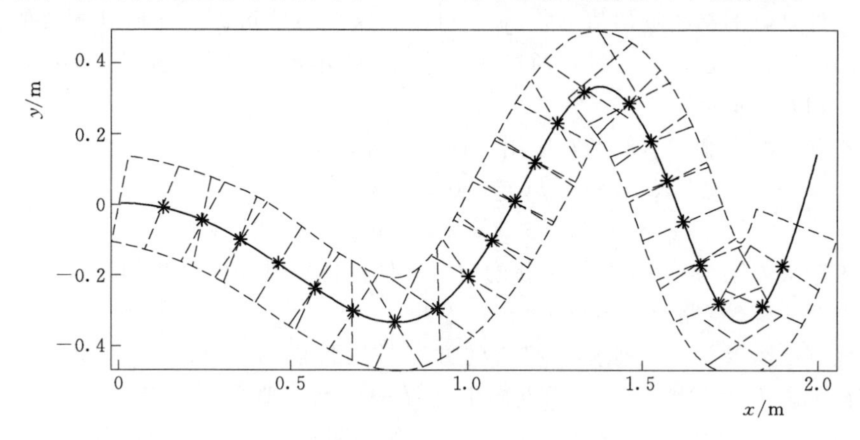

图 3.18　使用不连续转弯步态的路径跟踪

例子中的路径使用蟹行步态和转弯步态均可以实现良好的跟踪。当然，由其衍生的一个变化很大的路径，可能需要蟹行角或旋转角，这使得机体不稳定。在这种情况下，机器人必须采用不同的步态。对于蟹行步态，机器人需要改变其腿部轨迹（例如情况 C 或情况 D)。对于转弯步态，机器人可能需要使用旋转步态。

3.8　结论

本章对步行机器的连续和不连续的周期性步态进行研究和比较。指出不连续步态相对其他步态有一些优点。这些优势可以提高稳定性，简化在实际机器控制的实现，比中等和大占地系数的波浪步态可实现高速度等。连续步态表现出平滑的机体运动，而不连续的步态使机体摇摆。

了解了不连续步态的重要性后，研究了蟹行步态和转弯步态的几种变化。对不连续蟹行步态的 4 种方法进行了研究。它们的稳定性和效率不同，应选择最适合方法的策略。

转弯步态，根据转弯半径分为圆形步态和旋转步态，并进行分析。不连续蟹行步态和圆周步态，使用相同的腿序列，在步态周期的开始和结束腿的位置也相同。这样就可以组合不同的步态跟踪轨迹。

当使用与其他步态相同的腿部动作序列时，旋转步态失去稳定性，但是使用相同的立足点可定义一个新的腿部动作序列。这样，旋转步态也可以与蟹行步态和圆周步态一起使用跟踪定义的路径。本书考虑了两种不同的腿部动作序列用于旋转步态，以优化腿部运动的数量。

3.7 节提出了使用不连续蟹行步态和转弯步态的一些方法来跟踪预定义的路径。本章提出的步态已经在 SILO4 步行机器人上验证。

第4章　非周期步态的生成

4.1　简介

第3章介绍的周期步态具有重要优点，很快就推广使用了。但是，它们也有显著的缺点，其固定的形式妨碍了适应性。

如第1章所述，步态算法的一个问题是在给定路径上的导航。周期步态可以遵循直线或圆形轨迹，但通过连接分段轨迹用来跟踪复杂路径较为麻烦。这是因为周期步态需要某些初始足端位置（在机体参考坐标系中）来执行运动，而这些位置取决于轨迹。虽然已经提出了几种解决方案来组合不同的周期步态（第3章），一个具有完全适应性的步态应该能够找到足够的立足点和合适的腿部摆动顺序，可从任何初始条件开始跟随任何轨迹。

周期步态的另一个限制是它们对包含禁区的地形无效，比如步行机器不适合支撑的区域。禁止区域是一致的，例如不规则地形上的壕沟或垂直边缘。通过非常崎岖的地形时，一个具有完全适应性的步态应该是能够改变它的支撑点，甚至腿部动作序列，避免踩踏这些区域。

自步行机器人肇始以来，这些问题激发了自由步态的研究（Kugushev和Jaroshevskij，1975）。采用自由步态时，腿的序列立足点和机体动作以不固定、灵活的方式进行规划，是轨迹、地面特征和机器状态的函数。因此，当在具有禁区的地形中需要保证机动性时，自由步态比周期步态和自适应步态更有效。

迄今，已经有大量的四足机器人和六足机器人的自由步态。为满足运动和稳定性限制，由于具有更多可能的选择（立足点、机体动作等），自由步态已经证明可以有效控制六足机器人（Wettergreen和Thorpe，1992；Salmi和Halme，1996）。对于四足机器人，自由步态算法更容易进入锁死状态，即出现不能共同满足这些基本限制的情况。相对于六足机器人，四足机器人可行的自由步态数量小得多。试验结果表明，在含有禁区的崎岖地形下，实现四足机器人的有效运动仍然需要更多努力。

产生自由步态有两种方法，即基于规则的自由步态和基于搜索的自由步态。两种方法都经过大量的仿真测试，对四足机器人和六足机器人自由步态得出了许多结论。

基于规则的方法是，由程序员设计规则来规划机器人的动作（Hirose，1984；Shih和Klein，1993；Chen等，1999b；Bai等，1999），通常基于自学习（Maes和Brooks，1990）或者源于自然界的生物机制（Dean等，1999）。这些规则包含了关于机器人如何移动以实现有效运动的特定知识。例如，Hirose（1984）提出了慎思法，采用几何方法来限制和选择立足点，可以保持标准步态序列（3.2节）。当标准步态序列不可行时，Bai（1999）等通过后续工作综合了这一序列并产生替代的腿部动作序列。基于规则的算法用于四足机器人存在缺点，如其表述复杂，这意味着必须强制使用过度简化的模型。例如，使用纵向稳定裕度（第2章）（Hirose，1984；Bai等，1999；Chen等，1999b）简化规划。但是这对于具有任意腿部轨迹和蟹行角的真实机器人来说，在不规则地形上行走是不实用的。

在基于搜索的方法中，在模拟中不同序列的机器人动作盲目生成和测试，以确定它们是否会产生可行的机体运动（Pal和Jayarajan，1991；Wettergreen和Thorpe，1992年；Chen等，1999a；Eldershaw和Yim，2001；Pack和Kang，1999）。由于大量的机器人动作序列是可行的，搜索方法必须找到有效的运动规划。虽然以搜索为基础的一些自由步态提供了一个独立于腿数量的简单策略，但可能会阻碍其应用于四足机器人。例如，对机器人动作选择的数量必须严格限制，避免运动序列无法控制。一些作者（Pack和Kang，1999；Pal和Jayarajan，1991）考虑了3个或4个候选立足点用于每个足端放置。对于四足机器人，这是一个严重的限制，应该仔细计划立足点实现足够的腿部序列，同时保持稳定。

许多精心策划的自由步态，其典型的缺点是难以结合异常细致的规划动作和反应行为，以满足在实际环境中的应用。已经在六足机器人（Brooks，1989；Dean等，1999）和八足机器人（Bares和Wettergreen，1999）中成功测试了自由步态，其中稳定性限制可以以一种非常简单的方式实现（即考虑腿的状态，摆动或支撑，但忽视其位置）。其立足点规划不像四足机器人对稳定性和序列条件有严格限制。基于节律模式发生器的反应步态（Fukuoka等，2003；Lewis和Bekey，2002）在控制四足机器人结果方面产生了令人深刻的印象。然而，没有纯粹的基于反应步态的方法是成功的，例如无法在存在禁止单元的崎岖地形上精确地立足。

本章介绍新的自由步态，可以用于真正的四足机器人全方位移动，并通过不规则地形（Estremera和Gonzalez de Santos，2002）。这些步态可以规划机器人不同部分的动作，实现机体遵循直线或圆形轨迹的静态稳定运动。建议采用基于规则的算法以产生灵活的腿部序列并选择足够的立足点，以提高机动性和地形适应性。自由步态可以通过更先进的软件模块组合执行有效的路径跟踪。另外，一

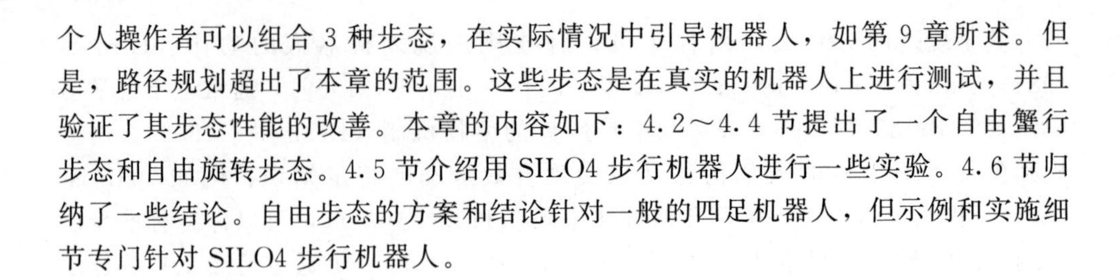

个人操作者可以组合 3 种步态，在实际情况中引导机器人，如第 9 章所述。但是，路径规划超出了本章的范围。这些步态是在真实的机器人上进行测试，并且验证了其步态性能的改善。本章的内容如下：4.2～4.4 节提出了一个自由蟹行步态和自由旋转步态。4.5 节介绍用 SILO4 步行机器人进行一些实验。4.6 节归纳了一些结论。自由步态的方案和结论针对一般的四足机器人，但示例和实施细节专门针对 SILO4 步行机器人。

4.2　自由蟹行步态

如上所述，这种新的自由步态是使真实机器人能够通过不平坦地形的高效步态。静态稳定控制被认为可简单控制的步行机器，其配备慢速致动器和最少的传感器集合。此外，步行机器人的许多潜在应用（1.5 节），如需要重型和慢速移动的机器，可以考虑静态稳定控制。原则上选择非周期自由步态是因为可随时改变轨迹，具备在带禁止区域的崎岖地形上行进的能力。不连续步态（3.4 节）也是较好的候选方案，因为它们具有地形适应的内在特征，且容易实现。不连续步态下，机体的一条腿处于摆动阶段而机体仍然静止。这简化了步态的规划，因为避免了腿部协调问题。立足点的选择只是确定立足点的 x 分量和 y 分量的问题，因此在此选择中没有时间限制。这意味着从旧的支撑点到新的立足点，摆动时间是无关紧要的。例如，超过预期时间的摆动，机器人的稳定性不会受到损害。同样，在腿部摆动过程中，永远不会离开它们的工作空间，不管它持续多长时间。通过步态规划算法，新立足点 z 的分量也可以忽略，可以在执行摆动过程中通过使用简单的接触传感器确定。

这里提出的自由步态来自于 Hirose（1984）所提出的算法，特别是用于立足点搜索的方法。腿部序列规划遵循 Bai（1999）等提出的方法，采用标准腿部序列为默认选择。当需要使用较低运动裕度提升腿时，可以采用灵活的腿部序列。

步态由序列规划器（负责施加某些腿部顺序标准来协调足迹搜索和腿部抬升）、立足点规划器、机体运动规划器和腿抬升规划器模块完成。附加稳定性约束算法的一般原理如图 5.10 所示。在描述步态模块之前，定义一些基本概念。

4.2.1　步行机器的模型和基本概念

步态生成采用四足步行机器的简化二维模型。假定重心位于机体的几何中心，即机体参考坐标系的原点；假设无质量的腿。机体假定为水平运动。通过在控制回路中使用倾角仪、反应姿态控制器来保证机体旋转至水平。足端工作区由两个水平面和任意形状垂直表面界定，相邻腿的工作空间可以重叠。例如，在

SILO4 的情况下，腿部工作区被视为包含在腿的真实工作区的半圆柱（图 4.1）。

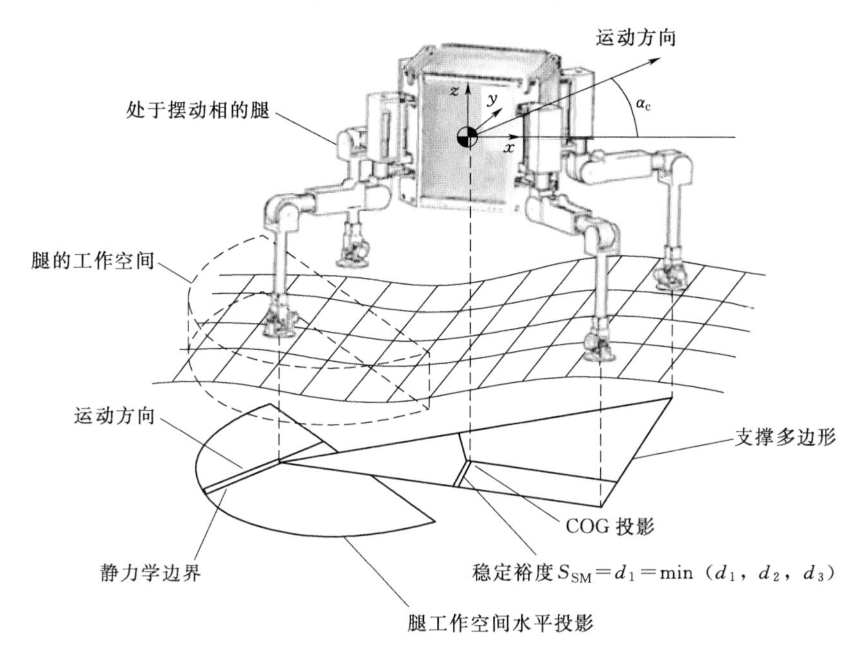

图 4.1　静态稳定步行机器人示意图

机器稳定性采用静态稳定裕度 S_{SM} 测量（2.2 节）。该算法保持静态稳定裕度大于给定的最小值 S_{minSM}，作为在实际工况下提高性能的方式并应对模型缺陷。如果满足该条件，则机器是稳定的。正如上文所述（Hirose，1984；Bai 等，1999；Chen 等，1999b；Pack 和 Kang，1999），采用纵向稳定性裕度 L_{LSM}（2.2 节）以简化算法。因此，静态稳定裕度的使用可以认为是此算法的第一个改进。McGhee 和 Iswandhi（1979）介绍了腿的运动学裕度 KM，其定义为给定腿在运动方向相反的方向上，立足点与其工作区边界之前的距离。图 4.1 说明了这些基本概念和定义。

1. 推导自由步态的术语

（1）LT：腿在摆动相。

（2）NLT：下一条腿去摆动相。

（3）KM_{min}：支撑腿的最小运动裕度。

（4）LKM_{min}：具有最小运动裕度的腿。

（5）LKM_i：腿部具有第 i 小的运动裕度。

（6）S_{SM}^{min}：运动期间要求的最小稳定裕度。

2. 蟹行步态的四种类型

每种类型允许机体参考坐标系 x 轴与轨迹形成一定角度，这个角度 α_c 称为蟹行角，不同类型的步态定义为：

（1）类型 X+：当 $315° < \alpha_c < 45°$时。

（2）类型 X－：当 $135° < \alpha_c < 225°$时。

（3）类型 Y+：当 $45° < \alpha_c < 135°$时。

（4）类型 Y－：当 $225° < \alpha_c < 315°$时。

3. 各腿的区分

这些域是通过考虑四足机器的对称性来选择的。当步态选择为蟹行角的函数之后，区分各腿的术语为：

（1）FRL：右前腿。

（2）FLL：左前腿。

（3）RRL：右后腿。

（4）RLL：左后腿。

根据这个定义，两条腿可以分为并行（两个右腿或两个左腿）或对侧；而且，与蟹行角无关，两条腿可分为相邻或不相邻。

4.2.2　地形模型和地形适应

Hiros（1984）描述的 H 型地形用于创建模拟环境。H 型地形定义为可以实现无障碍规则行走的地面，但包含洼地（孔或沟）。为了使用二维步态规划，应考虑如下可选立足点的可能性：

（1）立足点高度。立足点高度是指机器人参考坐标系中介于工作空间的上限和下限之间的，这个立足点是可行的。在这种情况下，立足点就是一个允许的地形点，直接通过不连续步态解决了地面适应性问题。

（2）立足点低于可适应空间的下限，即立足点被放在一个洞里。在这种情况下，这个立足点被认为是禁止的地形点。

（3）立足点高于可适应空间的上限，即立足点被放置在地形的隆起处。在这种情况下，地形被视为障碍，因为机器人没有任何部分可通过它。

对于可能的立足点分类，前两种可能是在实用的地形上正常运行，步态生成器需要的唯一关于环境的信息。第三种可能性代表不切实际的地形，需要更高的自主能力改变机器人的轨迹，避免这样的地区。

地形分为方形单元，标记为禁止或允许的立足点。此时，机器人需要知道关于禁止单元完整的地图。然而，在每次腿摆动时，只有包围在腿部工作空间中的立足点被探索，因此只能提前规划一条腿的立足点。这实际上相当于通过使用传感器探索一个特定的腿（位于一个靠近地形区域）可能的立足点。这样的执行感官系统对实现任务是非常重要的。

当选择新的立足点时，摆动足垂直抬起，放置在立足点之上，即在其 x 坐

标和 y 坐标上，并沿垂直轨迹降低。当接触传感器指示足端已触及地形表面时该轨迹停止。知道支撑点的相对高度（如果可能，或使用外部获得的地形信息）并采用独立的高度控制器调节机体垂直运动，使其保持在地形上有利的高度。

4.2.3　腿部序列规划

腿部序列规划器确定应该抬起的下一条腿和立足点应该满足的条件，以方便执行腿部序列。这些条件将决定摆动腿立足点搜索区域的形状。考虑两个基本标准并合并在一起，形成最终算法。

1. 标准 N：自然序列

在第一个标准中，腿部序列是基于波浪步态使用的标准步态规划的序列（3.2 节）。Hirose（1984）对自由步态采用了这一序列，也用于两相不连续步态（3.4.1 节）。选择这个腿部序列的主要原因是可以实现最佳的速度和稳定性。这个腿部序列和与之匹配的机体运动称为自然序列，即以下列方式定义的周期序列：RRL 摆动→FRL 摆动→机体运动→RLL 摆动→FLL 摆动→机体运动。

给定一条腿处于摆动相 LT，规划的新立足点满足这个顺序要求的条件。这些序列条件如下［图 4.2（h）］：

（1）条件 N1：如果 LT 是后腿，则其新的立足点必须允许在其放置后，同侧其他腿能立即稳定提升。

（2）条件 N2：如果 LT 是后腿，其立足点必须在机体运动长度 $KM_{\min}$ 之后，能够稳定地提升对侧后腿。计算 $KM_{\min}$，不考虑对侧后腿的 KM，因这条腿在 LT 放置后立即提升（Hirose，1984）。

（3）条件 N3：如果 LT 是前腿，其立足点必须有利于为对侧后腿满足搜索条件 N1 和 N2。在应用条件 N3 之前，必须进行检查以确定机体运动需要抬起对侧后腿到处于静态稳定的 LT 是否小于 $KM_{\min}$。如果没有，搜索失败，因为对方后腿不能稳定地抬起，而与 LT 的立足点无关。这个条件将在 4.2.4 节进一步描述。

（4）条件 N4：新立足点的 KM 必须大于 $KM_{\min}$。此条件确保 LT 的放置不会导致全局 KM 减少。

如果找到满足这些条件的立足点，那么自然序列的下一条腿将被标记为新的 LT。

2. 标准 K：运动裕度

在第二个标准中，（McGhee 和 Iswandhi，1979）基于腿部运动裕度选择腿部序列，并试图在静态稳定下抬起具有较低 KM 的腿，以增加支撑腿的 $KM_{\min}$。

假设机器有一条腿在摆动阶段 LT。为最大化支撑腿的最小运动边界，具有最低运动裕度的腿首先应该能够抬起。所以，将分配 NLT=$LKM_{\min}$，并根据当前 LT 和 NLT 的任务分配，对 LT 的立足点施加如下条件：

（1）条件 K1：如果 LT 和 NLT 是同侧腿且 LT 是后腿，则立足点必须允许在 LT 放置后，NLT 可立即稳定抬起［图 4.2（a）］。把同侧腿放在一个相似的相位，根据标准 N 已经被证明是有用的（4.2.3 节）。

（2）条件 K2：如果 LT 和 NLT 是同侧腿，LT 是前腿，那么 LT 的立足点必须能够在机体运动后长度 $KM_{\min}$，稳定地提升 NLT［图 4.2（b）］。结合条件 K1，这个条件有助于带来对侧腿之间的相位差异。

（3）条件 K3：如果 LT 和 NLT 是后腿，则 LT 的立足点必须允许机体运动长度 $KM_{\min}$后，NLT 稳定抬起［图 4.2（c）］。这种情况将有利于后腿摆动时的机体运动，有利于产生对侧腿相位之间的差异。

（4）条件 K4：如果 LT 和 NLT 是前腿，则立足点必须允许 LT 放置后，NLT 立即稳定抬起［图 4.2（d）］。

（5）条件 K5：如果 LT 和 NLT 是前腿，则 LT 的立足点必须允许在机体运动长度 $LTKM_{\min}$后，将 LT 的同侧腿稳定抬起［图 4.2（e）］。这是一个可选约束，有助于避免锁死，如果与 K4 矛盾则被忽略。

（6）条件 K6：如果 LT 和 NLT 不相邻，LT 是后腿，则搜索失败，一条新腿被定义为 NLT［图 4.2（f）］。这是因为不管 LT 如何选择立足点 NLT 均不能稳定抬起。

（7）条件 K7：如果 LT 和 NLT 不相邻，LT 是前腿，机体运动需要提升 NLT（其仅取决于剩下两条腿的位置）比 $KM_{\min}$短，序列规划器不会施加任何条件，则采用 K8 搜索立足点［图 4.2（g）］。

（8）条件 K8：无论如何，立足点的 KM 必须大于 LT 的 KM。当 NLT 开始摆动相时，此条件保证了 $KM_{\min}$的增加。

为避免锁死，设计一组条件 K1～K8，在模拟中已经证明有助于过渡到 4.2.3 节描述的自然序列。

如果在这些条件下寻找立足点失败，那么第二个最小 KM 的腿就被标记为 NLT，即它被分配 NLT＝LKM_2 重复搜索立足点。如果立足点搜索仍然失败，那么考虑到 NLT＝LKM_3，重复该过程。当发现有效立足点，则执行 LT 的摆动，并且 NLT 被抬起，规划器标记为新的 LT，此策略减少了腿锁死的可能性。LT 的立足点可能处于各种不同的搜索区域，见 4.2.4 节。

3. 完整算法

步态算法将使用标准 N 作为腿部序列的起点并搜索立足点。为了获得高速，采用自然序列。这个标准通常适用于以下情况：

（1）初始足端位置接近于两相不连续步态的足端位置。

（2）运动方向接近机体参考坐标系的纵轴或横轴。

（3）有少量禁区或没有禁区。

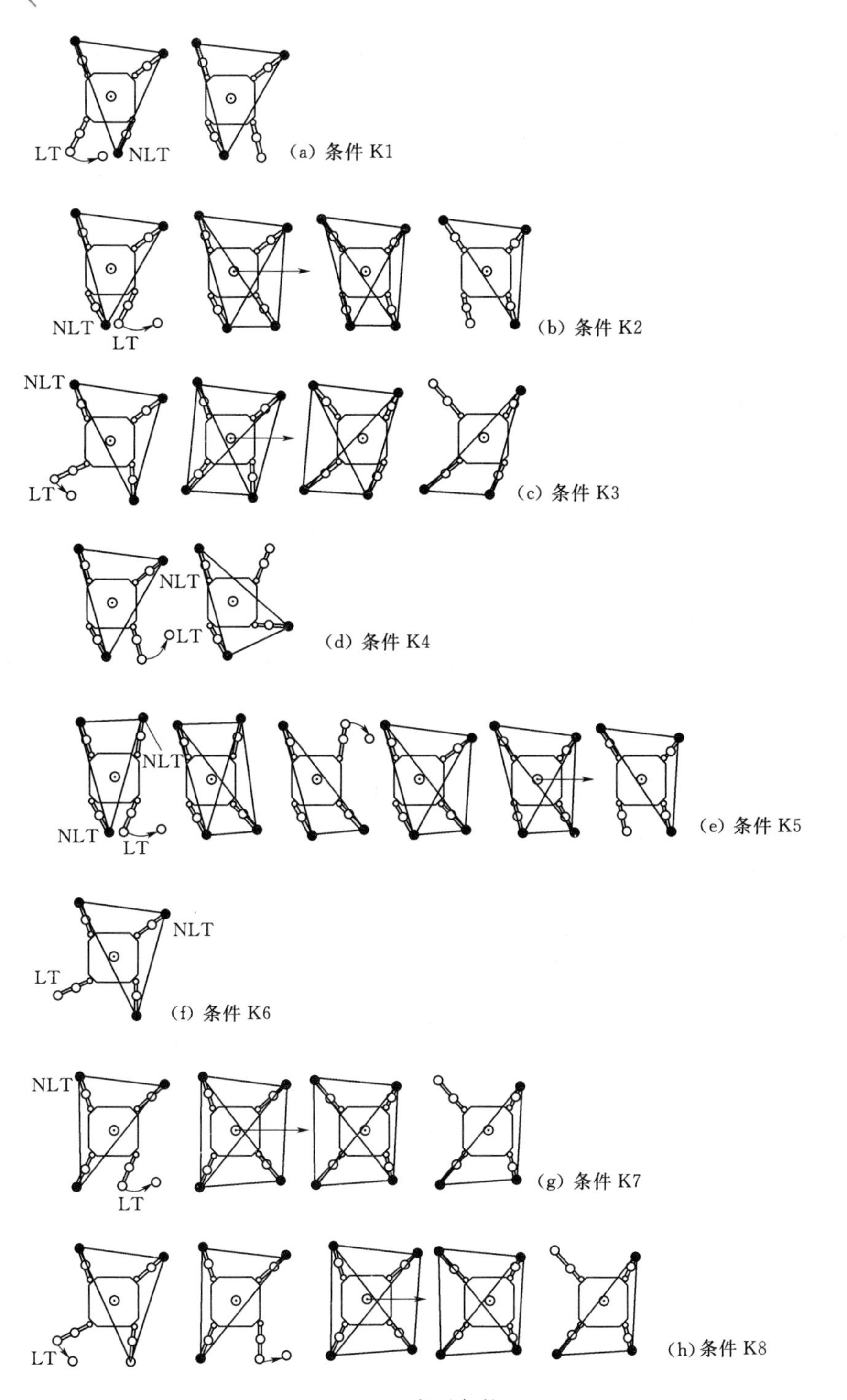
LT
NLT
(a) 条件 K1
NLT
LT
(b) 条件 K2
NLT
LT
(c) 条件 K3
NLT
LT
(d) 条件 K4
NLT
NLT
LT
(e) 条件 K5
NLT
LT
(f) 条件 K6
NLT
LT
(g) 条件 K7
LT
(h)条件 K8

图 4.2　序列条件

如果该标准失败，如下一条腿不能被抬起或条件 N1～N4 不能满足任何立足点，则使用标准 K 和条件 K1～K8 寻找新的立足点。第二个标准是在更多情况下有效的，并能够搜索更多的可行选择，减少锁死的可能性。如果没有发现正确的立足点，则步态是锁死的，算法失败。尽管这种方法结合使用了两种排序标准，但没有分离的步态，也没有像（Bai 等，1999）中描述的那些状态，包括完整的预定义腿部抬起和放置的序列。两个标准 N 和 K 只表示关于序列规划的两个不同观点。两个标准用来找到每一个立足点，或者标记每一个新的摆动腿，它们只表示探索不同可能性的顺序。

4.2.4　立足点规划

立足点选择必须满足由顺序规划器定义的基本条件，确切的立足点由立足点规划器计算。为了做到这一点，立足点规划器界定了一个有效的区域来放置足，称为有效搜索区（ESZ）。下面部分将描述立足点规划器如何根据所施加的条件，通过序列规划器定义 ESZ，并使用最终算法完成立足点搜索。

1. 立足点搜索和序列条件

本部分描述为了满足序列条件而限制摆动腿的 ESZ 方式。受到由 Hirose（1984）引入的对角线原理的启发，3 个立足点区域用于约束可能的立足点。根据立足点满足的序列条件，采用以下一个或多个区域：

（1）区域 A：该区域定义为 LT 放置平面的一部分，允许立即抬起相邻腿 NLT。这种限制将有利于连续的腿部摆动，它们之间没有机体动作。满足该条件的区域是通过两条直线 A1 和 A2 确定的（图 4.3）。

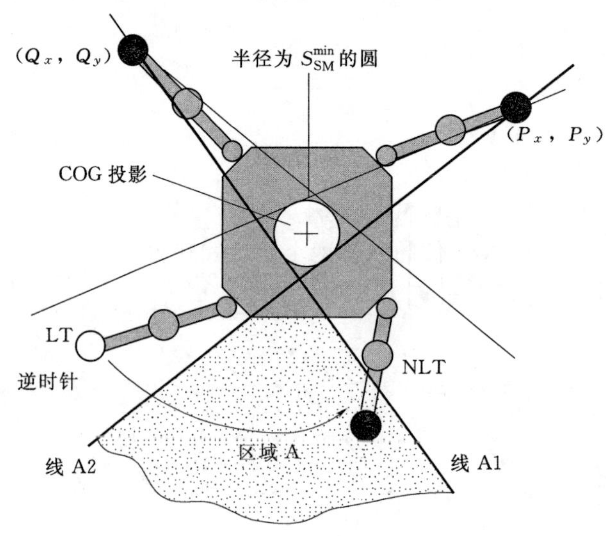

图 4.3　线 A1、线 A2 和区域 A 的定义（顶视图）

这些线中的每一条线通过给定点（r_x, r_y）且距离点（c_x, c_y）为 S_{SM}^{min}。因此，从函数 L_A 可以获得这些线的方程为

$$y = L_A(r_x, r_y, c_x, c_y, s, x) = \frac{(r_x - c_x)(r_y - c_y)}{(r_x - c_x)^2 - SM_{min}^2} + \frac{sS_{SM}^{min}\sqrt{(r_x - c_x)^2 + (r_y - c_y)^2 - SM_{min}^2}}{(r_x - c_x)^2 - SM_{min}^2}(x - r_x) + r_y \tag{4.1}$$

其中 x 是独立变量，参数 s 可以是 +1 或 −1，表示实现上述定义的两种不同方案。为了确定线 A1 和线 A2 的参数，定义腿的顺时针关系和逆时针关系。

定义 4.1　如果它符合以下可能之一：FLL⇒FRL，FRL⇒RRL，RRL⇒RLL，RLL⇒FLL，则两个相邻腿之间的关系 L1⇒L2 为顺时针方向。反之，在以下情况下，两条腿之间关系为逆时针方向：FLL⇒RLL，RLL⇒RRL，RRL⇒FRL，FRL⇒FLL。

有了这些前提，限制区域 A 的直线可以定义如下：

线 A1：该线通过 LT 不相邻腿的支撑点（P_x, P_y），并且距离 COG 投影 S_{SM}^{min}。该线的方程式为

$$y = L_A(P_x, P_y, 0, 0, s, x)$$

$$s = \begin{cases} 1, & \text{LT⇒NLT 是逆时针的} \\ -1, & \text{LT⇒NLT 是顺时针的} \end{cases} \tag{4.2}$$

线 A2：该线穿过 NLT 不相邻的腿的支撑点（Q_x, Q_y），并且距离 COG 投影 S_{SM}^{min}。其公式为

$$y = L_A(Q_x, Q_y, 0, 0, s, x)$$

$$s = \begin{cases} 1, & \text{LT⇒NLT 是顺时针的} \\ -1, & \text{LT⇒NLT 是逆时针的} \end{cases} \tag{4.3}$$

线 A1 和线 A2 将平面分为两个半平面，区域 A 是不包含 COG 的平面的交集。线 A1 和线 A2 分别为

$$\begin{cases} y_1 = m_1 x + b_1 \\ y_2 = m_2 x + b_2 \end{cases} \tag{4.4}$$

区域 A 可以从满足 b_i 条件的以下两个表达式获得

$$\begin{cases} y < m_1 x + b_1 \cdots, & b_1 < 0 \\ y > m_1 x + b_1 \cdots, & b_1 > 0 \\ y < m_2 x + b_2 \cdots, & b_2 < 0 \\ y > m_2 x + b_2 \cdots, & b_2 > 0 \end{cases} \tag{4.5}$$

（2）区域 B：该区域定义为 LT 放置平面的一部分，满足在由限定蟹行角的方向上，机体运动长度 M 后，相邻的腿 NLT 可抬起。因此，这个区域的摆动腿放置将有利于腿摆动相之间的机体位移。这个区域受到两条线 B1 和 B2 的限制，

类似于线 A1 和线 A2，但通过机体运动长度为 M 后距离 COG 点的距离 S_{SM}^{min}（图 4.4）的点。这一点称为 COG_B，由下式给出

$$\left.\begin{aligned} COG_{Bx} &= M\cos\alpha \\ COG_{By} &= M\sin\alpha \end{aligned}\right\} \tag{4.6}$$

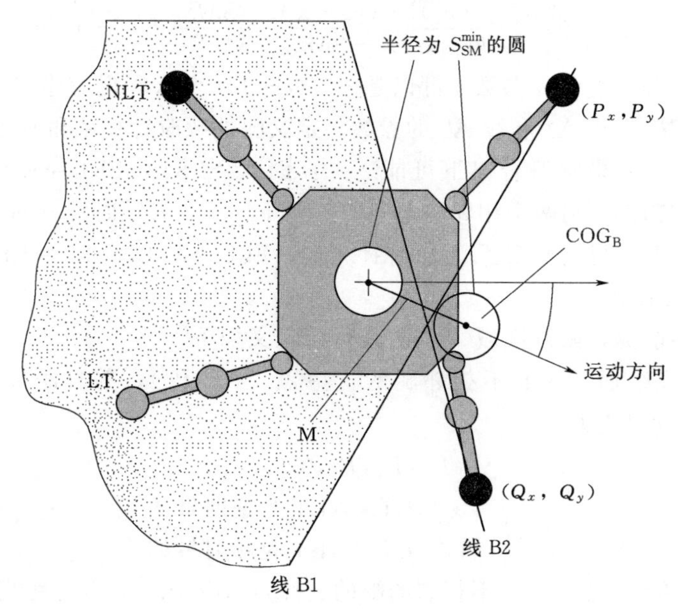

图 4.4　线 B1、线 B2 和区域 B 的定义（顶视图）

对于这些前提，线 B1 和线 B2 分别为

线 B1：

$$\begin{gathered} y = L_A(P_x, P_y, COG_{Bx}, COG_{By}, s, x) \\ s = \begin{cases} 1, & \text{LT⇒NLT 是逆时针的} \\ -1, & \text{LT⇒NLT 是顺时针的} \end{cases} \end{gathered} \tag{4.7}$$

线 B2：

$$\begin{gathered} y = L_A(Q_x, Q_y, COG_{Bx}, COG_{By}, s, x) \\ s = \begin{cases} 1, & \text{LT⇒NLT 是顺时针的} \\ -1, & \text{LT⇒NLT 是逆时针的} \end{cases} \end{gathered} \tag{4.8}$$

其中 (P_x, P_y) 和 (Q_x, Q_y) 分别是不相邻腿的立足点 LT 和 NLT。如式 (4.4) 给定，线 B1、线 B2 和区域 B，由满足条件 b_i 的两个表达式确定为

$$\begin{cases} y < m_1 x + b_1 \cdots, & b_1 < COG_{By} - m_1 COG_{Bx} \\ y > m_1 x + b_1 \cdots, & b_1 > COG_{By} - m_1 COG_{Bx} \\ y < m_2 x + b_2 \cdots, & b_2 < COG_{By} - m_2 COG_{Bx} \\ y > m_2 x + b_2 \cdots, & b_2 > COG_{By} - m_2 COG_{Bx} \end{cases} \tag{4.9}$$

(3) 区域C：该区域被定义为在机体运动之后前足放置区域的起始点，对于不相邻腿的ESZ获得N1和N2条件（4.2.3节）。因此，这个区域约束LT的ESZ立足点的获得，有利于后续其他腿的立足点搜索。为了找到区域C，若前腿T处于摆动相（图4.5），假设一个立足点 $P_T=(P_{Tx},P_{Ty})$ 并计算以下参数：

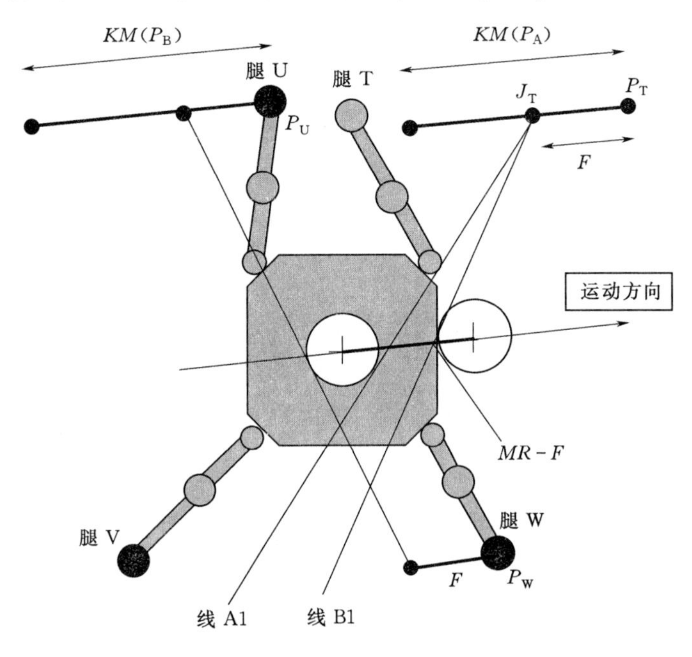

图4.5　定义区域C的点PA的计算

1) F：允许后腿V静态稳定抬起的机身最小位移。这个距离是腿U和腿W的立足点的函数（P_U 和 P_W），由下式给出

$$F=\sqrt{\left(D_C\cos\alpha-\frac{P_{Uy}-P_{Ux}m}{\tan\alpha-m}\right)^2+\left(D_C\sin\alpha-\tan\alpha\frac{P_{Uy}-P_{Ux}m}{\tan\alpha-m}\right)^2} \tag{4.10}$$

其中

$$D_C=\sqrt{(\tan^2\alpha+1)\left(\frac{S_{SM}^{\min}\sqrt{m^2+1}}{\tan\alpha-m}\right)^2} \tag{4.11}$$

$$m=\frac{P_{Uy}-P_{Wy}}{P_{Ux}-P_{Wx}} \tag{4.12}$$

2) MR：腿T（放置在 P_T 中）和腿U的最小运动裕度。

3) J_T：当腿V可以抬起时，前腿T被放置的点，即

$$\begin{cases}J_{Tx}=P_{Tx}-F\cos\alpha\\J_{Ty}=P_{Ty}-F\sin\alpha\end{cases} \tag{4.13}$$

现在，假设腿T放置于 J_T，可以计算线A1：LT＝V和NLT＝W；线B1：

LT=V，NLT=U 和 $M=MR-F$。区域 C 的极限由点 P_T 形成，计算线 A1 和线 B1 的重叠。两条线都通过点 J_T，因此为满足这一点条件，它们的斜率必须相等。这些点是以下等式的解

$$\frac{(x-F_x)(y-F_y)\pm S_{SM}^{\min}\sqrt{(x-F_x)^2+(y-F_y)^2-SM_{\min}^2}}{(x-F_x)-S_{\min}^2}$$
$$=\frac{(x-MR_x)(y-MR_y)}{(x-MR_x)^2-SM_{\min}^2}\pm\frac{S_{SM}^{\min}\sqrt{(x-MR_x)^2+(y-MR_y)^2-SM_{\min}^2}}{(x-MR_x)^2-SM_{\min}^2} \tag{4.14}$$

其中

$$\begin{cases}MR_x=MR\cos\alpha\\MR_y=MR\sin\alpha\end{cases} \tag{4.15}$$

矩形工作空间这个方程的解在图 4.6 给出，其中 $\alpha_C=0$，$KM(P_B)=0.3\text{m}$，$S_{SM}^{\min}=0.08\text{m}$，$F=0.1\text{m}$。当 MR 等于腿 U 的 KM 时，由式（4.14）可以得到曲线 S1；当 MR 等于立足点 P_T 的 KM 时可以得到曲线 S2。区域 C 受这两个解的限制，如图 4.6 所示。

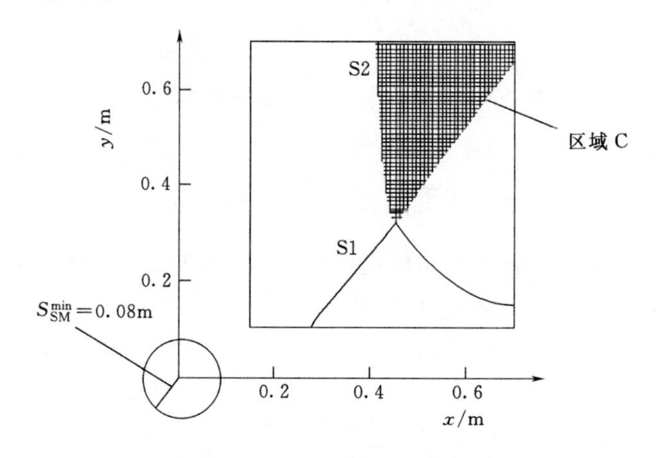

图 4.6　用于矩形工作区的区域 C

定义了这些区域后，由序列规划器限制的立足点条件（4.2.3 节）转化为限制区域。使用区域 A 限制摆动腿 LT 的立足点，使另一条腿立即抬起成为可能（条件 N1、K1 和 K4）。类似地，使用区域 B 可以保证机体运动长度 $KM_{\min}$ 后，另一条腿可以（条件 N2、K2、K3、K5）抬起。这些区域分别与由 Hirose (1984) 提出的对角线原则（DP）的Ⅱ和Ⅰ有关，但也有一些差异。首先，Horse 定义 DP Ⅰ和 DP Ⅱ考虑纵向稳定裕度，而所描述的区域是考虑到预定义绝对稳定裕度设计的，更适合真正的步行机器。第二，Hirose 使用 DP Ⅰ和 DP Ⅱ仅用于后腿，而区域 A 和区域 B 定义用于相邻腿的所有组合。最后，Hirose 描述

了线和半平面，本章描述的区域实际是摆动腿放置的区域，可保证当另一条腿被抬起时机器的静态稳定性。这对于腿部布置有工作区重叠分布时更为通用。

区域 C 的含义与区域 A 和区域 B 的含义不同。以上已经看到，当考虑到标准 N 时，后腿的立足点必须满足两个条件，这两个条件是不相容的。这些条件由依靠前腿立足点的区域 A 和区域 B 给定。因此，当寻找其对侧后腿的立足点时，前置立足点可以确定两个条件的兼容性或不兼容性。Horse（1984）使用通过 COG 的投影并且平行于运动方向（DP Ⅲ）的线限制前腿的立足点。但是，如果使用绝对裕度，则在一些 Hirose 描述的区域的前腿的放置位置，搜索对侧后腿的立足点时区域 B 成为无效解决方案。此外，DP Ⅲ不能确保 DP Ⅰ和 DPⅡ应用于后腿的兼容性。通过使后腿找到合适的立足点同时满足条件 N1 和条件 N2，C 区被定义为前立足点限制区。

2. 立足点搜索算法

使用以下 5 个约束完成立足点选择。前 4 个约束条件将定义新立足点的 ESZ，而第 5 个约束条件将寻找唯一的解（图 4.7）。

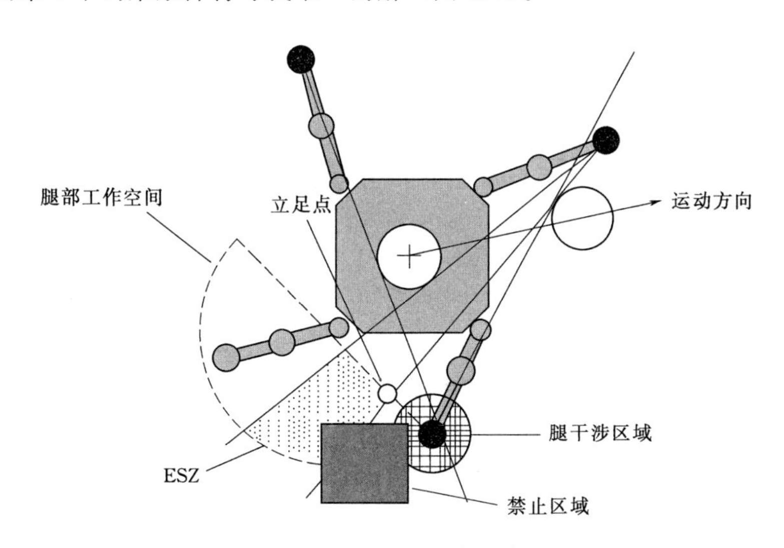

图 4.7　立足点搜索约束

（1）约束 E1：立足点必须在腿部工作空间内。因此，工作空间的水平投影将定义为 ESZ 的边界。

（2）约束 E2：立足点必须满足序列规划器制定的条件，以允许在随后的步态周期中抬起其他腿。这些条件列在 4.2.3 节，并适用于本节上述立足点限制区域的形成。如果多余 1 个条件被采用，ESZ 将被限制在相应的限制区域。

（3）约束 E3：立足点不能被放置在禁区内。因此，机器人的控制器应该能够访问由附加的传感器系统所提供的许可/禁止单元的数据，例如在 4.2.2 节解释的。

（4）约束 E4：立足点必须避免双腿之间的碰撞。

应该测试整条腿以避免碰撞，但简单起见只考虑其中 LT 和相邻的足和膝盖的碰撞。

（5）约束 E5：立足点必须提供最大的 KM。要找到最大 KM 的立足点，有必要搜索所有的由约束 E1～E4 定义的 ESZ。为了完成搜索，将工作空间的水平投影分为离散点矩阵，并选择满足约束 E2、E3 和 E4 的点。立足点由约束 E5 给出，选择具有最大 KM 的点。用于将腿摆动到新立足点的完整程序，其中包括序列规划器和立足点规划器的算法，如算法 4.1～4.3 中所总结。

算法 4.1　立足点搜索

IF There is a leg lifted, LT, THEN
  SET NLT=leg that goes after LT in the natural sequence
  SET J=1
  Find a foothold for LT using CRITERION N
  WHILE A valid foothold has not been found AND $J<4$
    SET $NLT=LKM_J$
    Find a foothold for LT using CRITERION K
    J=J+1
  ENDWHILE
  IF A valid foothold has been found THEN
    Placc LT in the foothold
    Mark NLT as the new LT
  ELSE
    PROCEDURE FAILS
  ENDIF
ENDIF
EXIT

算法 4.2　标准 N

IF LT is a front leg THEN
  IF the leg non - adjacent to LT can be lifted with
    stability $>S_{SM}^{min}$ after a body motion of length $<KM_{min}$
    THEN SET constraint E2=Area C, KM foothold $>KM_{min}$
  ENDIF
ELSEIF LT is a rear leg THEN
  SET $NLT2$=rear leg contralateral to LT
  SET constraint E2=Area A ∩ Area B(considering $NLT2$)
  KM foothold $> KM_{min}$

```
ENDIF
Find a foothold accomplishing Constraints E1 - E5
EXIT
```

算法 4.3　标准 K

```
IF LT is a front leg THEN
  IF NLT is a front leg THEN
    SET NLT2=leg collateral to LT
    SET constraint E2=Area A ∩ Area B(considering NLT2)
    KM foothold > KM of NLT
    Find a foothold accomplishing constraints E1 - E5
    IF A valid foothold has not been found THEN
      SET constraint E2=Area A,KM foothold > KM
      of NLT
    ENDIF
  ELSEIF NLT is collateral to LT THEN
    SET constraint E2=Area B,KM foothold > KM of NLT
  ELSEIF NLT is non - adjacent to LT AND NLT will be able to go to
    transfer phase with stability > S_SM^min after a body motion of
    length < KM_min THEN
    SET constraint E2=KM foothold > KM of NLT
  ELSE
    EXIT
  ENDIF
ELSEIF LT is a rear leg THEN
  IF NLT is a rear leg THEN
    SET constraint E2=Area B,KM foothold > KM of NLT
  IF NLT is collateral to LT THEN
    SET constraint E2=Area A,KM of foothold > KM of NLT
  ELSEIF NLT is non - adjacent to LT THEN
    EXIT
  ENDIF
ENDIF
Find a foothold accomplishing Constraints E1 - E5
EXIT
```

4.2.5　机体运动规划

研究腿部序列和立足点后，有必要定义机体运动和腿部提升方法来充分表征步态。机体运动是以迭代的方式进行的。如果满足以下条件，机体在每次算法迭代时移动一小段距离：

（1）所有的腿都在支撑阶段。

（2）所有的腿都能够推动机体，而不会达到其运动极限。因此，算法4.4显示机体运动规划器的伪代码。

算法4.4　机体运动规划器的伪代码

```
IF All legs are in support phase AND KM_min > d THEN
    Move the body a short distance d
ENDIF
```

当一条腿被序列规划器标记为LT，但稳定性条件仍然不允许这条腿的摆动时，机体运动自然出现。

4.2.6　足抬升规划

足抬升规划器是当所有的腿都在其支撑相时，负责调整哪一条腿抬起的模块。该算法步骤如下：

（1）考虑以下腿的有序列表：被腿部序列规划器标记的腿（如果存在）、LKM_1、LKM_2、LKM_3、LKM_4。

（2）找到列表中的第一条腿LL，它能够执行摆动相，使得在KM_{min}为零之前有大于S_{SM}^{min}的稳定裕度。如果没有腿满足这个条件，步态是锁死的。

（3）如果腿LL可以抬起并保证稳定性在S_{SM}^{min}以上，则抬起腿LL。

因此，由腿部序列规划器标记的腿是首先考虑要抬起的腿。但是，这条腿可能会由于蟹行角的变化失去稳定执行摆动的能力。如在初始情况下，没有用于抬起的腿。在这些情况下，考虑其他腿的抬起，以运动裕度升序给出顺序。足抬升规划器的伪代码见算法4.5。

算法4.5　抬起规划器的伪代码

```
IF All legs are in support state THEN
  IF The sequence planner has marked a leg as LT AND LT will be
    able to go to transfer phase with stability > S_SM^min after a
    body motion of length < KM_min
  THEN SET LL=LT
  ELSE
    SET N=1
    WHILE N<=4
      IF LKM_N will be able to go to transfer phase with
        stability > S_SM^min after a body motion of length < KM_min
```

```
        THEN SET LL=LKM_N
        BREAK WHILE
      ELSE
        N=N+1
      ENDIF
    ENDWHILE
  ENDIF
  IF leg LL can be lifted currently with stability > S_SM^min
    THEN Lift leg LL
  ENDIF
ENDIF
EXIT
```

4.3　自由转弯步态

本节提出了一种从自由蟹行步态得出的转弯步态。在这个转弯步态中，机体参考坐标系围绕给定点跟踪圆形的轨迹。直线轨迹可以被认为是转动半径无限大的转弯步态。所以，用来规划步态的方法应该在半径足够大的转弯步态中也有效。但是，必须重新定义某些概念和定义。定义轨迹的参数（应由操作者或优先的层级给出）如下：

(1) 转弯中心 TC：机体圆形轨迹的中心，在机体参考坐标系中定义其分量。

(2) 转弯方向 TD：显然转弯的方向是顺时针或逆时针。

(3) 转弯半径 TR：转弯中心 TC 到机体参考坐标系原点的距离。

(4) 转弯中心角 θ_{TC}：由通过 COG 和 TC 的线段和机体参考坐标系 x 轴形成的角度。

(5) 转弯蟹形角 α_T：机体参考坐标系原点轨迹的切线和 x 轴形成的角度。沿着轨迹保持此角度恒定。

$$\alpha_T=\begin{cases}\theta_{TC}+\dfrac{\pi}{2}, & \text{如果是顺时针转向}\\ \theta_{TC}-\dfrac{\pi}{2}, & \text{如果是逆时针转向}\end{cases}\tag{4.16}$$

此外，运动学裕度必须重新定义。

(6) 足端运动裕度角 μ_T：到达腿工作空间的边界之前，一条腿的立足点以相反方向绕 TC 到 TD 扫过的角度（图 4.8）。

应该根据 μ_T 的定义重新定义一些其他概念（KM_{min}、LKM_i 等）。另外，对

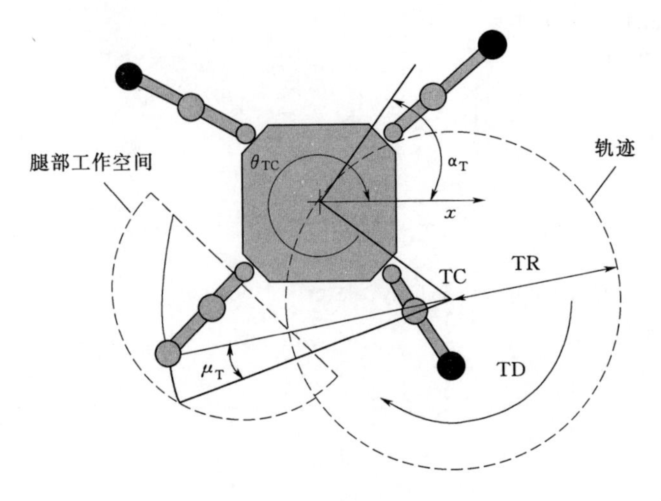

图 4.8　运动裕度角

于自由的蟹行步态一些描述必须重新制定以产生转弯步态。这些修改将在接下来的两节中进行描述。

4.3.1　腿部序列、机体运动和腿部抬起

所有用于自由蟹行步态（4.2.3 节、4.2.5 节和 4.2.6 节）腿部规划序列、机体运动和腿抬起的方法，对自由转弯步态也是有效的，并用 μ_T 代替 KM。步态的类型和每条腿的职责，例如右、左、前和后，确定是 α_T 的函数，而不是 α_C 的函数。如果 4.2.5 节的条件满足，那么在每次算法迭代时，机体以固定的很短的距离绕 TC 旋转。为了完成这个动作，腿必须在相反方向位置旋转。

4.3.2　立足点规划

用于规划自由蟹行步态的新立足点的方法必须部分适用于转弯步态。在 4.2.4 节立足点限制区域 B 和区域 C 的描述将重新定义为区域 BT 和区域 CT，它们可以用于转弯步态。

(1) 区域 BT：该区域相当于区域 B，假定该区域 COG 位于 COG_{BT} 点，结果是 COG 在运动方向上以角度 ν 绕转向中心旋转（图 4.9）。由下式给出

$$\left.\begin{aligned} COG_{BTx} &= TC_x - TR\cos(\theta_{TC} - \nu) \\ COG_{BTy} &= TC_y - TR\sin(\theta_{TC} - \nu) \end{aligned}\right\} \tag{4.17}$$

可以在式（4.7）和式（4.8）中通过插入新的 COG 位置来确定线 BT1 和线 BT2。类似地，可以从式（4.9）中获得区域 BT。

(2) 区域 CT：用于确定区域 CT 的流程与描述区域 C 相似，具有以下差异：

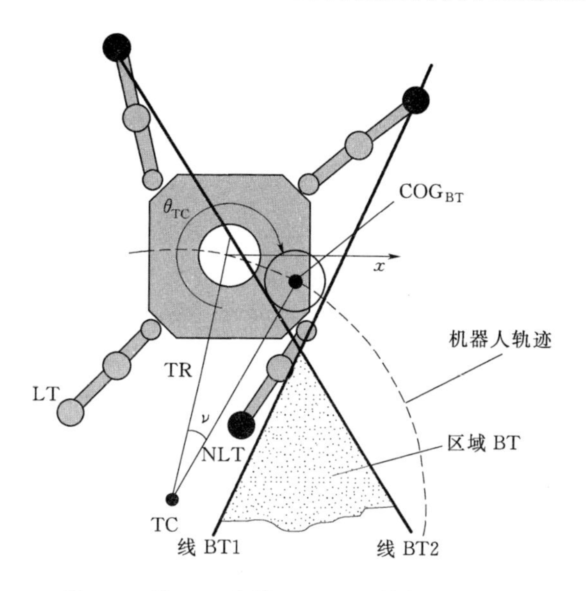

图 4.9　线 BT1 和线 BT2 以及转弯步态中的区域 BT 的定义

1）φ：稳定地抬起后腿 V 时机体所需的最小角位移（图 4.10）。要做到这一点，COG 必须移至 COG_{CT} 点，由下式定义

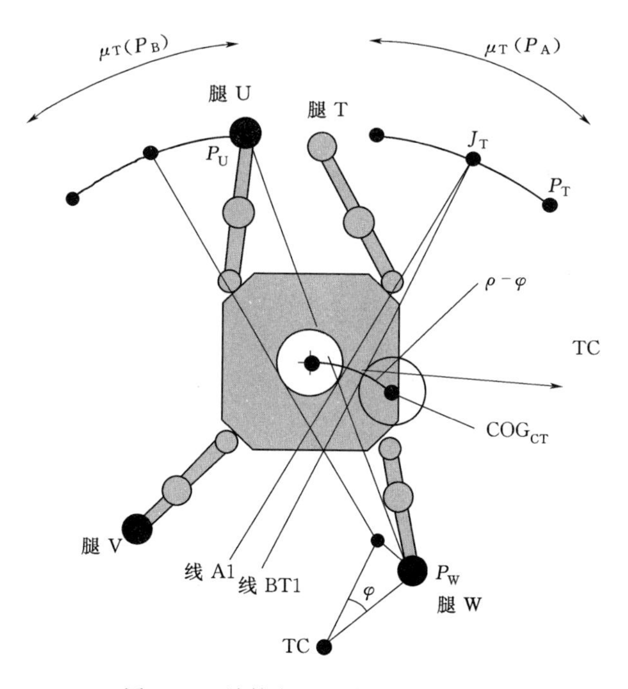

图 4.10　计算定义区域 CT 的点 PA

$$\left.\begin{aligned}\mathrm{COG}_{\mathrm{CT}x}&=\frac{(\mathrm{TC}_x-mk)}{1+m^2}+\frac{d_{t1}\sqrt{(\mathrm{TC}_y-mk)^2+(1+m^2)(\mathrm{TC}_x+k^2-\mathrm{TR}^2)}}{1+m^2}\\ \mathrm{COG}_{\mathrm{CT}y}&=m\mathrm{COG}_{\mathrm{CT}x}+k+\mathrm{TC}_y\end{aligned}\right\}\quad(4.18)$$

其中

$$k=P_{\mathrm{U}y}-mP_{\mathrm{U}x}+d_{t2\mu\mathrm{Tmin}}\sqrt{m^2+1}-\mathrm{TC}_y \quad(4.19)$$

$$\begin{cases}d_{t1}=d_{t2}, & \text{如果转向方向是顺时针的}\\ d_{t1}=-d_{t2}, & \text{如果转向方向是逆时针的}\\ |d_{t1}|=1\end{cases}\quad(4.20)$$

m 可从式（4.12）得到。选择参数 d_{t1} 的符号，使解决方案满足以下条件之一：

$$\begin{cases}m\mathrm{COG}_{\mathrm{CT}x}+b>\mathrm{COG}_{\mathrm{CT}y}, & \text{如果 } P_{\mathrm{U}y}-mP_{\mathrm{U}x}<0\\ m\mathrm{COG}_{\mathrm{CT}x}+b<\mathrm{COG}_{\mathrm{CT}y}, & \text{如果 } P_{\mathrm{U}y}-mP_{\mathrm{U}x}>0\end{cases}\quad(4.21)$$

一旦确定点 $\mathrm{COG}_{\mathrm{CT}}$，角度为

$$\varphi=\arccos\frac{\mathrm{TR}^2-\mathrm{TC}_x\mathrm{COG}_{\mathrm{CT}x}-\mathrm{TC}_y\mathrm{COG}_{\mathrm{CT}y}}{\mathrm{TR}^2}\quad(4.22)$$

2）ρ：腿 T（放置在 P_{T}）和腿 U 的最小 μ_{T}。

3）J_{T} 点坐标为

$$\begin{aligned}J_{\mathrm{T}x}&=(P_{\mathrm{T}x}-\mathrm{TC}_x)\cos\varphi-(P_{\mathrm{T}y}-\mathrm{TC}_y)\sin\varphi+\mathrm{TC}_x\\ J_{\mathrm{T}y}&=(P_{\mathrm{T}x}-\mathrm{TC}_x)\sin\varphi+(P_{\mathrm{T}y}-\mathrm{TC}_y)\cos\varphi+\mathrm{TC}_x\end{aligned}\quad(4.23)$$

假设腿 T 放在 J_{T} 上，可以计算出线 A1 以及当 LT＝V、NLT＝U 和 $\nu=\rho-\varphi$ 时的线 BT1（图 4.10）。区域 CT 的极限点由 PT 确定，线 A1 和线 BT1 的斜率相等。

4.4　自由旋转步态

自由旋转步态或零半径自由转弯步态使机体绕机体参考坐标系的 z 轴旋转，因此转弯中心位于 COG 处，转弯半径为零。这个步态提供了改变机器人方向的一个有效方法，避免当转弯半径小时转向步态跟随轨迹时产生死点。与以前的步态算法一样，步态指定腿部序列、立足点选择和机体运动。

4.4.1　腿部序列和腿部抬起

为了获得最大摆动腿数量的大旋转角度，选择了一个圆形腿序列，当机体顺时针（逆时针）转动时，腿以顺时针（逆时针）依次进入摆动相。最初，该算法判断是否可以稳定地抬起其中至少一条腿，并具有比 $S_{\mathrm{SM}}^{\min}$ 大的静态裕度。如果不能，机体沿着运动方向到最终的蟹行角，直到腿部可以稳定地抬起。这个操作需要在步态算法开始时执行，因为立足点将永远保证下一条腿稳定地抬起。摆动腿

将被强加以下约束：

(1) 腿可以静态稳定地抬起。

(2) 在旋转方向上的相邻腿不能被抬起直到静态稳定。

后一种情况意味着足始终位于不在旋转方向上过度前进的位置。这将有利于立足点搜索。

4.4.2　立足点规划和机体运动规划

摆动腿 LT 的新立足点将受到如下序列条件的限制：

条件 S1：LT 的立足点必须能够稳定地沿旋转方向抬起下一条腿。因此，ESZ 将受到区域 A 限制，LT 在旋转方向之后为 NLT。

条件 S2：LT 放置的立足点须满足，当搜索与 LT 不相邻的腿的立足点（即稍后摆动的两条腿）时，条件 S1 须与工作空间施加的约束兼容。

如上所述，条件 S1 意味着 LT 的立足点必须在区域 A 内。该区域取决于 LT 不相邻的腿部位置。如果与 LT 不相邻的腿位于某些位置，那么区域 A 和施加在腿部工作区的约束可能不兼容。通常，如果与 LT 不相邻的腿处于在过度旋转的位置，则位于此位置会出现不兼容性。条件 S2 是旨在确定以这种方式摆动腿的立足点，在两次摆动之后不兼容不会出现。这个条件是通过使用如下限定区域 DS 的立足限制来实现的。

区域 DS：由线定义的不包含 COG 的半平面，即

$$y=L_A(G_x,G_y,0,0,s,x)$$

$$s=\begin{cases}1, & \text{转向是顺时针的}\\-1, & \text{转向是逆时针的}\end{cases} \tag{4.24}$$

其中 (G_x, G_y) 是随机选择的点。以这样的方式，区域 DS 和不相邻腿到 LT 的工作空间交叉的尺寸等同于预先定义的最小搜索区域（图 4.11）。这样就能保证在两次摆动以后，不相邻的腿到 LT 立足点的搜索应用条件 S1 和工作空间约束将产生最小的有效搜索区域，尽管这些摆动相之间没有产生机体旋转。

区域 A 和区域 DS、腿部工作区、禁区和腿部碰撞区域定义了与蟹行步态 ESZ 非常相似的 ESZ。选择立足点的步骤与蟹行步态相同，除此之外，它搜索最大的 μ_T 而不是最大的 KM。

如果在这些条件下不能找到一个立足点［图 4.12 (a)］，则采用两种方法来执行立足点搜索以避免死点：

(1) 如果没有找到有效的立足点，则摆动腿被抬起，机体在 3 条腿支撑下旋转，直到最小 μ_T 达到腿部运动限制［图 4.12 (b)］，然后进行新的搜索［图 4.12 (c)］。

(2) 如果这样的机体运动不可能，那么条件 S2 就被忽略了，其目的是为后续的步态周期执行新的搜索以获得良好的结果［图 4.12 (d)］。

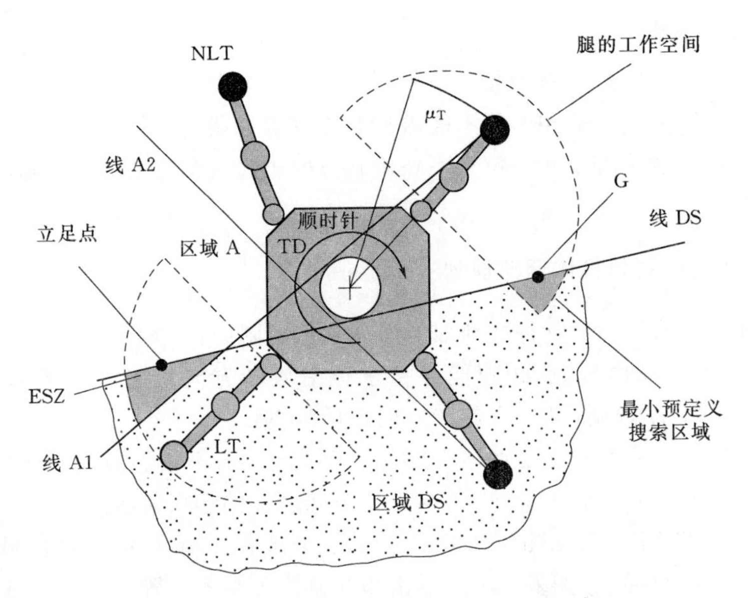

图 4.11　旋转步态的区域 DS 和有效搜索区域 ESZ

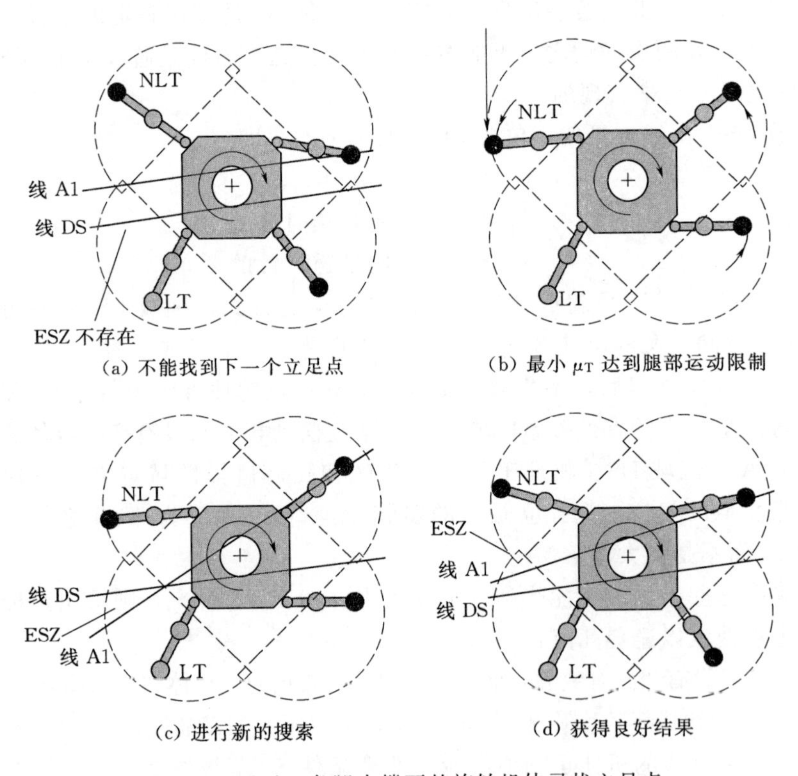

图 4.12　通过 3 条腿支撑下的旋转机体寻找立足点

在每次腿摆动之后，机体尽可能旋转，即直到最小 μ_{Tmin} 的腿达到其运动极限。这种做法腿部将被位于旋转方向上不太靠前的位置，有利于寻找新的立足点并减少死点的可能性。旋转步态的完整算法介绍见算法 4.6。

算法 4.6　旋转步态的伪代码

```
LABEL A:
    Rotate the body an angle equal to μTmin
    SET LT= a leg that can be lifted with stability and the leg after
        it in the direction of rotation cannot
    Find a foothold for LT satisfying conditions S1 and S2
    IF a valid foothold has not been found THEN
        IF μT>0 THEN
            Lift leg LT
            GO TO LABEL A
        ENDIF
    Find a foothold for LT satisfying conditions S1
        IF a valid foothold has not been found THEN
            PROCEDURE FAILS
            EXIT
        ENDIF
    ENDIF
    Place LT at the foothold found
    EXIT
```

4.5　实验结果

本章介绍的算法在 SILO4 步行机器人上进行了深入的模拟测试。在这里仅介绍两个实验，每个实验都包含在不同条件下遵循预定义的路径。虽然这个路径已经预编程，实验相当于人类操作者在操作机器人时引导机器人走路。预定义的路径由表 4.1 中 4 条直线段组成，由世界参考坐标系 x 轴的初始点和蟹行角定义（图 4.13）。机器人的初始足位置在机体参考坐标系位置为

$$(x_{FLL}, y_{FLL}) = (0.3\text{m}, 0.3\text{m})$$
$$(x_{FRL}, y_{FRL}) = (0.3\text{m}, -0.3\text{m})$$
$$(x_{RLL}, y_{RLL}) = (-0.3\text{m}, 0.3\text{m})$$
$$(x_{RRL}, y_{RRL}) = (-0.3\text{m}, -0.3\text{m})$$

并且机体参考系平行于世界参考坐标系。实验中所需的 S_{SM}^{min} 为 0.04m。

机器人的位置通过测量估算获得，即控制器仅考虑到腿部和机体运动，计算

表 4.1　　轨　迹　特　征

序号	初始足位置/m	蟹行角/(°)	理论长度/m	实际长度/m	平均速度/($m \cdot s^{-1}$)
1	(0.400，0.600)	0	1.500	1.551	0.0097
2	(1.900，0.600)	23	0.760	0.774	0.0053
3	(2.559，0.897)	90	0.900	0.948	0.0059
4	(2.559，1.779)	0.205	0.800	0.777	0.0049

图 4.13　SILO4 机器人跟踪预定义的路径

在世界参考系的位置。用基于数码相机的外部测量系统记录足端和机体位置以及实验结果。

机器人在平坦的地形上进行实验。值得注意的是，对不规则地形的适应性是不连续步态的潜在特征。

在第一个实验中，机器人使用自由蟹行步态跟随轨迹；因此，机体参考坐标系的 x 轴总是相同的方向。机器人沿着 3.96m 的完整轨迹移动，需要 7.5min。外部测量系统每 15s 拍摄一张照片。处理后，绘制如图 4.13 所示的轨迹。虚线表示机器人跟随的原始轨迹。真正的轨迹与理论轨迹在轨迹终点偏离了约 0.10m (约 4m 长)。出现此错误是因为基于测量的机器人位置估计只考虑了理论位移，并没有考虑到与机体、腿部弯曲和足滑动等相关的参数。需要额外的传感器来解决这个问题，这超出了本章的范围。表 4.1 总结了实验期间的机体位移和速度。

第二个实验包括带禁止区域的相同的路径，如图 4.14 所示。机器人控制器知道所有这些区域的大小和位置，用于步态生成。机器人不能踩在阴影区域。所以有效禁止区域应该在所有方向上按足部直径放大。该有效面积用图 4.14 中的细线表示。

为了显示算法的工作原理，图 4.14 显示 3 种不同情况的足端支撑点。图 4.14（a）显示了第一次实验第一次伸展的足支撑点，即机器人跟踪没有禁区的直线。图 4.14（b）显示了模拟得到的带禁止区域的，在执行相同轨迹时的足端支撑点。在这种情况下，很容易观察到，在禁止区域没有任何支撑点。图 4.14（c）说明了当机器人执行轨迹时，通过定义的禁止区域的真正支撑点。足端支撑点稍微偏离模拟中获得的点［图 4.14（b）］，这是因为机器人位置是基于测量估算的方法。

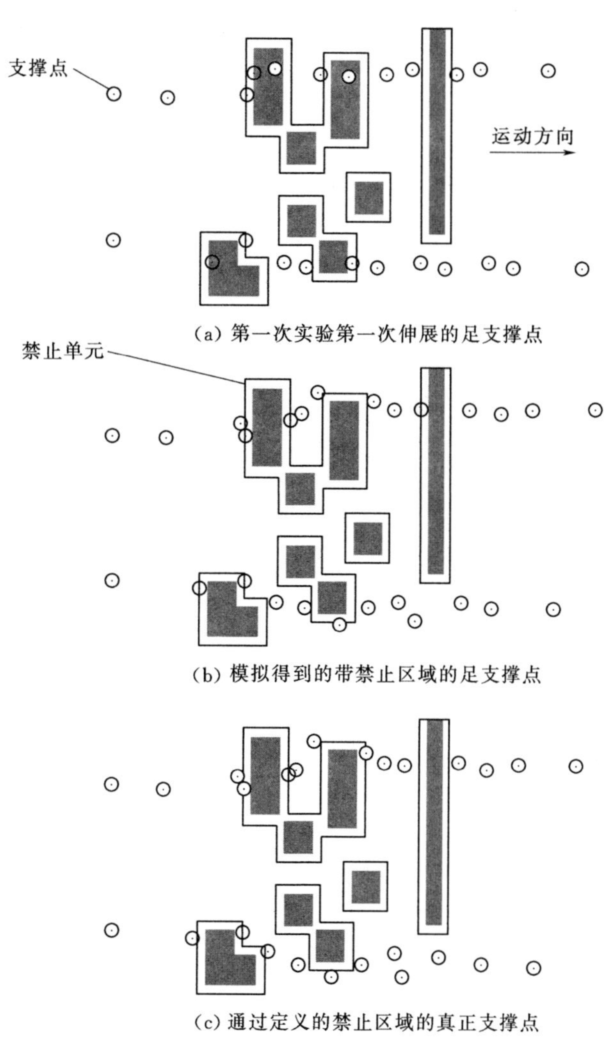

图 4.14 针对不同情况的禁区的足端支撑点

4.6　结论

本章介绍了实际步行机器3种新步态的行走方法，能够适应不规则的地形。蟹行步态、圆形步态和旋转步态可以连接在一起，以有效地跟随复杂路径。这些新步态是基于自由步态和不连续步态。自由步态适合跟踪轨迹，不连续步态具有良好的地形适应性。

自由步态的算法是基于保持机器人静态稳定和避免腿部锁死的同时便于实现腿部序列的启发式规则。新的立足点限制区域是基于 Hirose 的工作，并考虑绝对稳定裕度来规划立足点，以实现一些腿部序列准则。特别是在蟹行步态和转弯步态用于限制前腿的立足点区域时代表了一种新的有效的方法。

新步态的特性理论上优于以前的步态，由于采用了绝对的稳定裕度，使得真正的机器下在任何蟹行角都能以稳定的方式行走。最后，使用不连续步态为不规则的地形适应问题提供了简单的解决方案。

本章报告了一些实验结果来验证理论和所提出步态的实际性能。通过 SILO4 步行机器人实验证明算法是有效的。

第 5 章　新的稳定性方法

5.1　简介

前几章研究了不同的静态稳定裕度和动态稳定裕度来推断出步行机器人距离不稳定的程度。这些裕度基于几何或能量度量，其假定理想的致动器和理想的能量供应，即致动器有提供任何要求转矩的能力和任何要求电流的电池。然而，真正的电机是受转矩限制，实际能量模块只能提供有限的最大电流。因此，仅使用机器人的几何参数的稳定性度量，实际上忽略了系统的电机转矩和功耗限制的影响，对于在实际应用中工作的机器人来说是十分不便的。

本章介绍了步行机器人的静态稳定理论，通过真正的步行机器模拟和实验考虑了机器人的内在参数静态稳定的新概念。从机器人设计和能量消耗两方面得到的稳定性度量可以提高效率，上述两个方面在自主行走机器人实际应用中具有重要的意义。

因为腿通常设计为 3 自由度操纵器，其受限于致动器特性和电源特性限制。机器人操纵器定义了给定的工作空间，并为所需特征选择电机功率，例如最大有效载荷和速度。电机重量对于操纵器来说不是个大问题；电机在结构内容易平衡，总重量直接由地面支撑或通过坚固的结构支撑（Gonzalez de Santos 等，2005）。

步行机器人存在另一些问题。腿需要：①有一个工作空间，确保它们的立足点（考虑禁止区域）；②支撑机体和有效载荷；③越过障碍物。

这意味着一条腿可能需要长连杆，不是为了更大的工作空间，而是为了越过障碍。因此，腿不需要确保在整个工作空间的大转矩，而是要求它们在整个工作空间部分区域内具有额定的转矩。这种现象在自然界中较普遍，有腿的动物正常行走时不使用腿的整个工作空间，正常的腿部工作空间小于可达的工作空间。例如，一个人一条腿拥有较大的工作空间，但在行走期间只使用较小的工作空间，因为他无法承受一些极端位置肌肉所需的力量。这一事实鼓励研究人员开发机构和算法以减少踝关节的力量，例如 Yi 和 Zheng（1997）。

步行机器人遇到同样的问题。致动器在正常位置可施加给定的力。然而，当一个立足点处在正常位置之外，关节需求的转矩可能会比由致动器可施加的最大转矩更大，因此腿不会可靠地支撑机体重量，机器人可能会摔倒。这个问题通常不会出现在步行机器人在平坦地面执行周期步态（第 3 章）。周期步态使用位于一个在工作空间内，有利于减少工作空间面积的足端轨迹。然而，自由步态使用整个腿部工作空间的宽度和跨度，自由步态在任何方向上放置足端点，以实现更好的速度和全方位性（第 4 章）。因此，减小工作空间是不可接受的解决方案，它降低了机器人的平均速度（取决于腿部步幅），因为步行机器人本质上是速度较慢的机器，速度必须尽可能地高。而且，还需要考虑其他问题，例如由足施加的力（力实际上由关节转矩产生的）不仅取决于该足的位置，也取决于其他所有的足。最佳解决方案似乎是考虑真实机器人所有关节的关节转矩，并避免这些腿部的任一个关节转矩高于最大允许转矩。而且并不止这一个约束，即使在机器人所有关节转矩低于最大允许的情况下，功耗可能高于电源或板载电子设备允许的最大值。请注意，电力是自主机器人中非常有限的资源功耗，因此功耗优化势在必行。

正如在第 2 章所述，稳定由几何方法定义：步行机器如果其重心的投影位于机器的支撑多边形内是稳定。该定义假设致动器可以提供任何要求的转矩。然而，真正的致动器是电源和电子设备，因此稳定的概念相应地应该被重新定义。

本章阐述了这个实际问题，并提出了一个新的静态稳定性概念，以提高实际步行机器人的效率。5.2 节提出问题和方法。5.3 节和 5.4 节分别研究了在模拟和实际步行机器人中使用几何稳定性标准的一些效果。5.5 节推荐全局稳定性标准。5.6 节总结了一些结论。

5.2　几何稳定性和所需转矩

由机器人施加的腿力取决于支撑腿的数量和其立足点。四足机器人在静态下行走必须 3 条腿一组交替支撑（$\beta=3/4$），或以 3 条腿和 4 条腿的支撑序列支撑（$\beta>3/4$）（第 3 章）。

机器人机体的力和力矩平衡方程为（Klein 和 Chung，1987）

$$\mathbf{A}_{3\times4}\boldsymbol{F}=\boldsymbol{W} \tag{5.1}$$

其中

$$\mathbf{A}_{3\times4}=\begin{pmatrix} x_1 & x_2 & x_3 & x_4 \\ y_1 & y_2 & y_3 & y_4 \\ 1 & 1 & 1 & 1 \end{pmatrix} \tag{5.2}$$

$$\boldsymbol{F}=(F_1,F_2,F_3,F_4)^{\mathrm{T}} \tag{5.3}$$

$$\boldsymbol{W}=(0,0,-W)^{\mathrm{T}} \tag{5.4}$$

F_i 是 i 足垂直地面的反作用力（$-F_i$ 是 i 足必须施加在地上的力），(x_i,y_i)

是位于机器人参考系 (x,y,z) 中的足 i 的组件在机体重心的位置，W 是机器人的重量。

式 (5.1) 是一个不确定的系统，因为它有 3 个组成方程和 4 个未知数 (F_i)，其解决方案可以通过 $\boldsymbol{A}_{3\times4}$ 的伪逆 $\boldsymbol{A}_{3\times4}^{+}$，即

$$\boldsymbol{A}_{3\times4}^{+}=\boldsymbol{A}_{3\times4}^{\mathrm{T}}(\boldsymbol{A}_{3\times4}\boldsymbol{A}_{3\times4}^{\mathrm{T}})^{-1} \tag{5.5}$$

其中 $\boldsymbol{A}^{\mathrm{T}}$ 表示 $\boldsymbol{A}$ 的转置矩阵。因此，如果所有足都在支撑，则足部力量为

$$\boldsymbol{F}=\boldsymbol{A}_{3\times4}^{+}\boldsymbol{W}=\boldsymbol{A}_{3\times4}^{\mathrm{T}}(\boldsymbol{A}_{3\times4}\boldsymbol{A}_{3\times4}^{\mathrm{T}})^{-1}\boldsymbol{W} \tag{5.6}$$

如果机器人有 3 条腿支撑，式 (5.1) 可以写成

$$\boldsymbol{A}_{3\times3}\boldsymbol{F}=\boldsymbol{W} \tag{5.7}$$

其中

$$\boldsymbol{A}_{3\times3}=\begin{pmatrix} x_{\mathrm{q}} & x_{\mathrm{r}} & x_{\mathrm{s}} \\ y_{\mathrm{q}} & y_{\mathrm{r}} & y_{\mathrm{s}} \\ 1 & 1 & 1 \end{pmatrix} \tag{5.8}$$

$$\boldsymbol{F}=(F_{\mathrm{q}},F_{\mathrm{r}},F_{\mathrm{s}})^{\mathrm{T}} \tag{5.9}$$

$$\boldsymbol{W}=(0,0,-W)^{\mathrm{T}} \tag{5.10}$$

当且仅当 $\det(\boldsymbol{A})\neq0$ 时，$\boldsymbol{A}$ 的逆矩阵存在，足力有一个唯一的解，即

$$\begin{pmatrix} F_{\mathrm{q}} \\ F_{\mathrm{r}} \\ F_{\mathrm{s}} \end{pmatrix}=\begin{pmatrix} x_{\mathrm{q}} & x_{\mathrm{r}} & x_{\mathrm{s}} \\ y_{\mathrm{q}} & y_{\mathrm{r}} & y_{\mathrm{s}} \\ 1 & 1 & 1 \end{pmatrix}^{-1}\begin{pmatrix} 0 \\ 0 \\ -W \end{pmatrix} \tag{5.11}$$

$$F_{\mathrm{t}}=0$$

其中 q、r 和 s 表示支撑的腿，t 是摆动的腿。

因此，对于四足不连续步态，机体运动的足力可通过式 (5.6) 计算，而当腿处于摆动相时由式 (5.11) 计算足力。图 5.1 绘制了 SILO4 机器人每个支撑腿施加力执行 $\beta=7/9$ 的不连续步态，步态图如图 3.7 (a) 所示。没有足力意味着腿处于摆动阶段，机体运动发生时，力是线性转变的（在 $t=0.5$ 和 $t=1$ 之前）。

实际上必须通过取决于腿部构型的关节转矩来施加支撑力。这意味着在一条腿施加一定力的情况下，在不同腿部构型下具有不同关节的转矩。关节转矩矢量为地面反作用力的函数，由 (Spong 和 Vidyasagar，1989) 给出

$$\boldsymbol{\tau}=\boldsymbol{J}^{\mathrm{T}}\boldsymbol{F}_i \tag{5.12}$$

其中 $\boldsymbol{\tau}_i=(\tau_{i1}\,\tau_{i2}\,\tau_{i3})^{\mathrm{T}}$ 是腿 i 的关节转矩矢量，$\boldsymbol{F}_i$ 是地面对足 i 的反作用力，$\boldsymbol{J}$ 是相应腿部构型的雅可比矩阵（附录 A）。转矩 τ_{ij} 必须由致动器提供以保持机器人平衡，否则就会跌倒。

图 5.2 绘制了不连续步态的最后一个例子 $(\beta=7/9)$，所有关节根据运动所需施加相应的转矩，其中时间归一化为步态周期。在本例中，机器人水平的，每条腿上的关节 1 是不需要施加任何转矩的。实线和虚线分别代表关节 2 和关节 3

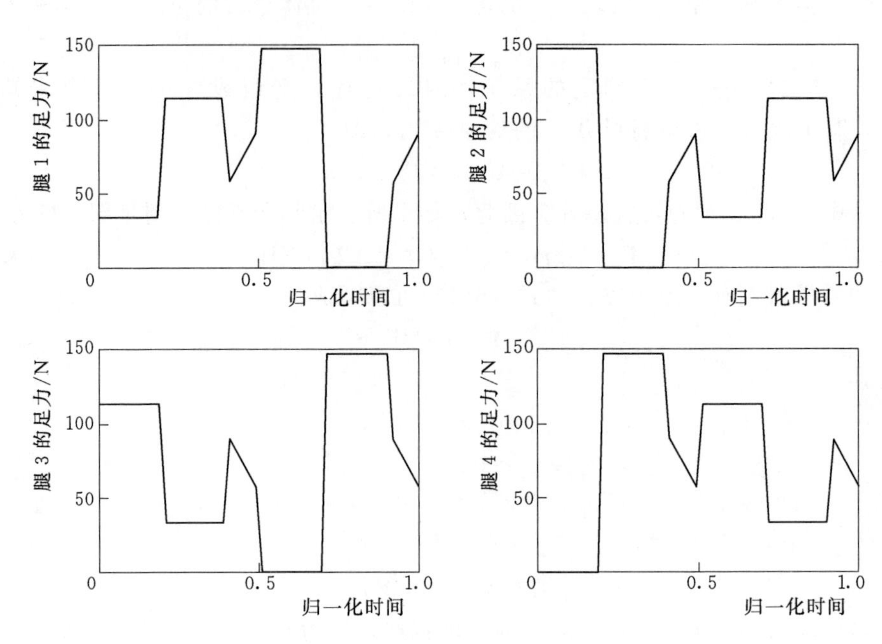

图 5.1　沿不连续步态的足力（$\beta=7/9$）

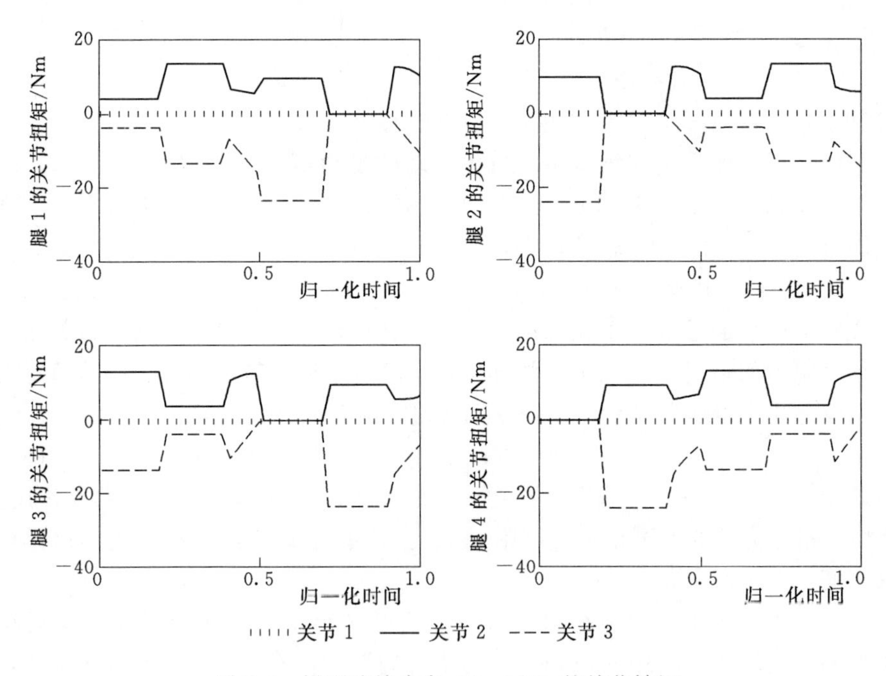

图 5.2　沿不连续步态（$\beta=7/9$）的关节转矩

中的转矩，根据步态相位以不同的程度支撑身体。施加给定足力的关节转矩取决于腿部构型，如上所述；因此，关节转矩也强烈依赖与立足点位置。腿部工作空间应足够大，以增强稳定性或避免禁止区域。在这种情况下，转矩可能增加，如图 5.3 所示。图 5.3 绘制了在 3 种不同的情况下，前腿关节 2 的转矩（腿 1 和腿 2）。后腿重复这些力的模式只是延迟半周期。在情况 A 中，一个立足点在轨迹上位于距机体矢状面 0.45m 处。在情况 B 中，足 1 和足 3 距离机体矢状面 0.5m，而足 2 和足 4 位于 0.35m（工作空间与矢状平面最接近的极限）。最后，在情况 C 中，所有足位于矢状面 0.5m 处（图 5.4）。

为了更好地理解这些图，表 5.1 显示了所有 3 种情况下的最大值，前腿（1

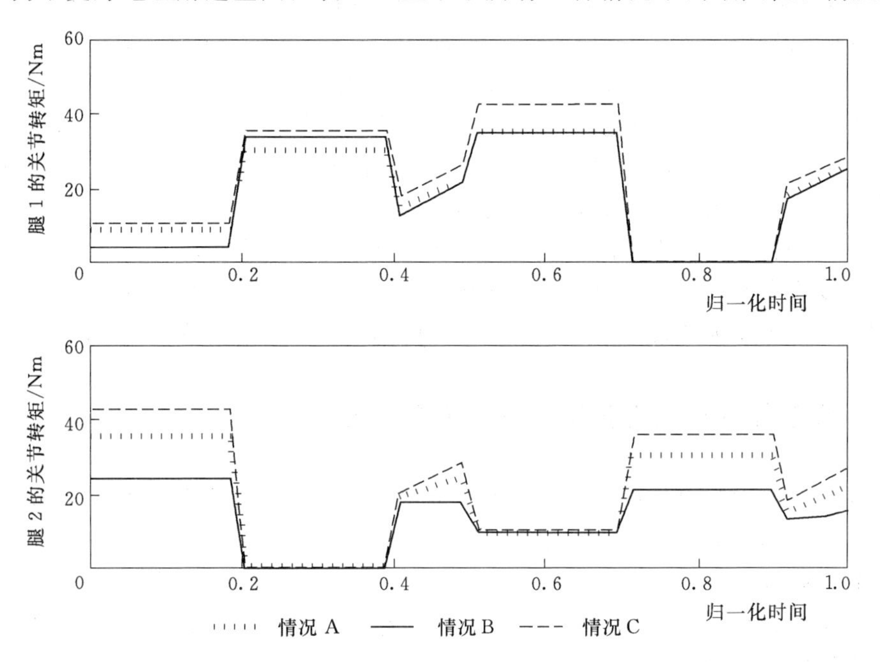

图 5.3　用于不同立足点的前腿关节 2 的转矩

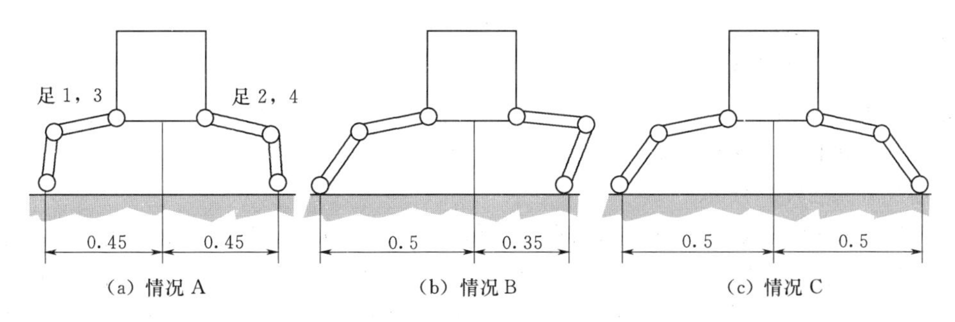

图 5.4　SILO4 步行机器人的不同腿部姿态

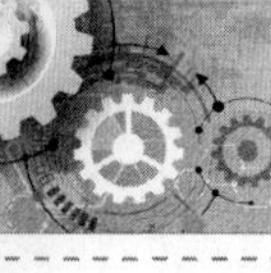

表 5.1　　3 种不同足轨迹的最大关节转矩

参　数	情况 A		情况 B		情况 C	
腿	1，3	2，4	1，3	2，4	1，3	2，4
足位置/m	0.45	0.45	0.5	0.35	0.5	0.5
关节转矩 2/(N·m)	35.32	35.32	35.14	24.24	42.67	42.67
关节转矩 3/(N·m)	5.38	5.38	8.07	16.59	8.51	8.51

和 2）为每个关节的转矩。从表 5.1 可以看出，在情况 C 中，关节 2 中的转矩大于情况 A 和情况 B 下的转矩。在情况 A 中，转矩较低，因为立足点靠近矢状面。在情况 B 中，右腿（2 和 4）的关节 2 的转矩由于特定的足力分布甚至可能低于情况 A。因此可以得出结论，如果机器设计为如情况 A 下支撑转矩最大［图 5.4（a)］，那么腿部工作空间将非常小，就不可能得到像腿 B 这样的布局［图 5.4（b)］，因为其对于左腿需要较大的腿部延伸并且对关节 2 需要较低的转矩。相反，如情况 C［图 5.4（c)］选择电机以施加转矩，可能需要较重的电机和齿轮，从而降低机器人的性能。需要注意的是，电机功率选择并不是连续的。电机功率通常是离散的，增加转矩要求更大的电机类型，从而也增加了重量。还有一个问题是步行机器需要携带不同的有效载荷。从几何角度来看机器是稳定的，但是可能有效载荷很高，或者要求的转矩或功率消耗比允许的最大值更高。下面论述这种影响。

5.3　考虑有限的电机转矩影响：模拟研究

本节不考虑几何稳定性，仅考虑由于转矩的限制对稳定的重要性，通过仿真分析，从致动器的力矩限制（转矩极限稳定性）来说明。在这里用于模拟的模拟软件包见附录 B。主要思想是观察在机器人关节（理想的致动器）中没有转矩限制时，机器人在穿过直线时的行为，并且将其与在其所有关节（实际致动器）中具有转矩限制时执行相同的轨迹进行比较。

SILO4 模拟模型跟踪一条直线沿着 x 轴保持恒定的高度（z 分量）并执行不连续步态。足端轨迹如图 5.4 中情况 C 所示。

图 5.5 绘制了每个关节在定义轨迹过程中施加的转矩。细线步长 0.4m，台阶高 0.1m。腿摆动速度约为 0.15m/s，支撑腿速度约为 0.14m/s。在这些参数下，平均机体速度约达到 0.025m/s。控制器可以提供每个需求的转矩和轨迹，如图 5.6（细线）所示。

当步行机器人试图跟随相同的机体和腿部轨迹，但是关节转矩限制在 35.32N·m（情况 A 的最大转矩）时，中间腿的电机达到饱和，不能提供所需的转矩；因此，实际轨迹与指定的路径不同，如图 5.6 中（粗线）所示。在这些条件下，机器人不能维持规划的轨迹，并在几秒钟内跌倒（z 分量=0），因为它甚

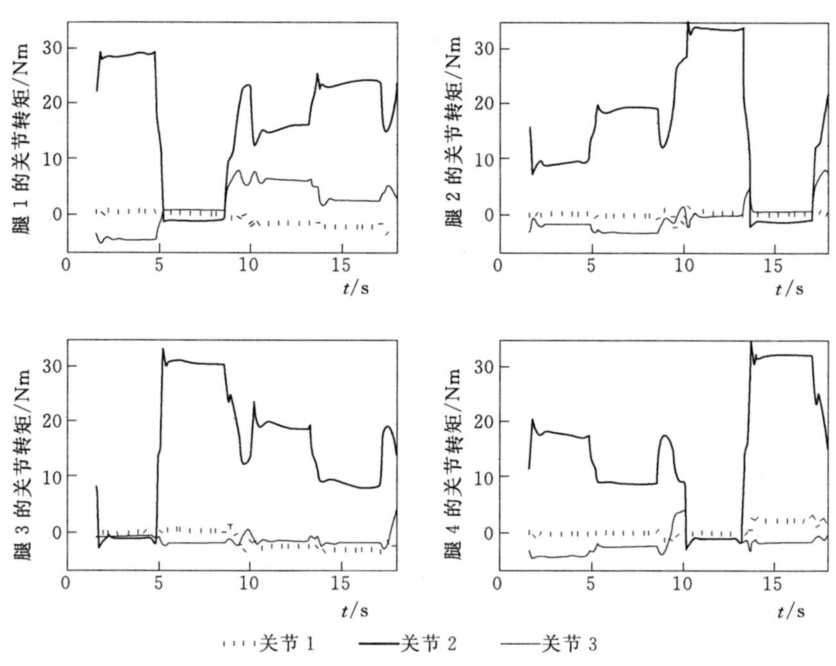

图 5.5　执行不连续步态 SILO4 模拟模型中的关节转矩

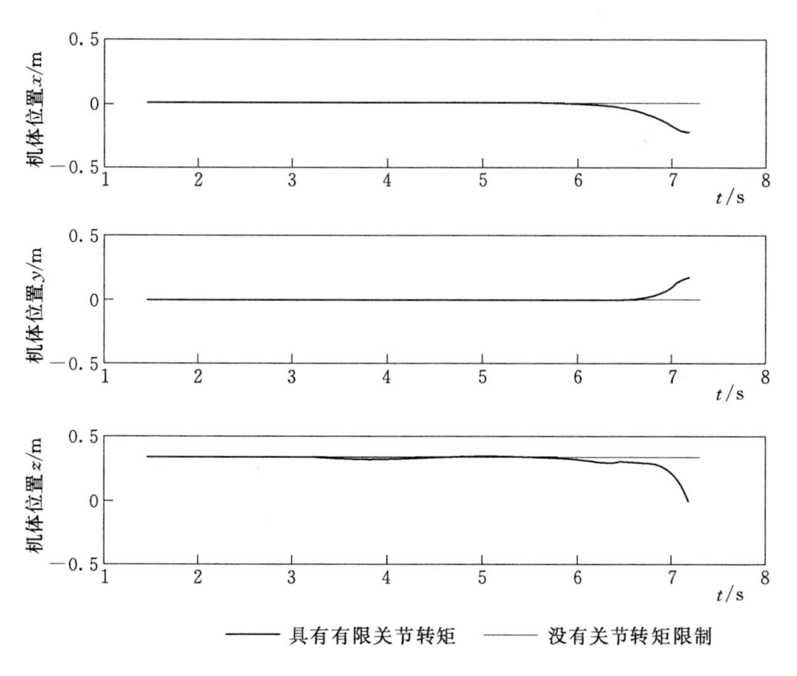

图 5.6　大约 1/3 步态周期的机体轨迹

至不能保持其几何稳定性。

因此，当转矩受到限制时，机器人不能完成所要求的任务。也就是说，机器人不能通过跟踪定义足端轨迹来实现所需的机体轨迹。但是，机器人的主要任务是跟随机体的轨迹，这可以使用如图 5.4 中的情况 A 或情况 B 中指定的足端轨迹。对于这些足端轨迹，施加的转矩低于最大转矩，见表 5.1，对于情况 A，可以跟踪机体轨迹。注意，在情况 B 中，腿 1 和腿 3 所需的腿部工作空间的面积与情况 C 相同；因此，在情况 C 中，限制腿部工作空间以限制不可行的足端轨迹，在情况 B 中（对于腿 1 和腿 3），从而失去跟踪所需轨迹的可能性。因此，使用任何一种关于转矩的信息（已知或通过直接测量），步态算法可以避免那些机器人不稳定的姿态要求的转矩，并寻找满足稳定性的保持机体轨迹的新立足点，从而提高机器人的机动能力。

5.4　电机转矩限制对实际机器人的影响

本节说明对于给定机体运动的真实机器人，即使在保持相同的几何稳定裕度的情况下，静态稳定性是如何降低的。图 5.7（b）显示了 SILO4 步行机器人（附录 A）在开始新的蟹行轨迹时的姿态。在这种姿态下，机器人处于静态稳定，操作人员或导航员可以决定抬起机体，跟踪平行于机体参考坐标系的 z 轴的轨迹（其中假设被调平）直到图 5.7（a）所示的姿态。此动作不改变几何静态稳定性，因为重心和足接触点的投影保持不变。但是，腿 3 中的关节 3 J_{33} 在姿态（b）中处于过载位置，腿 3 的第 3 个连杆几乎水平，因此施加在足 3 的力在关节 3（$T_{33}=DF_3$）产生大的转矩，姿态所需的关节转矩可能超过最大允许值，只能舍弃此种轨迹，同时减少机器人稳定性（图 5.8）。图 5.8 中，T_{33} 是腿 3 的关节 3 的转矩，F 是足支撑的力，$D>d\Rightarrow T_{33}>T_{33}^1$。

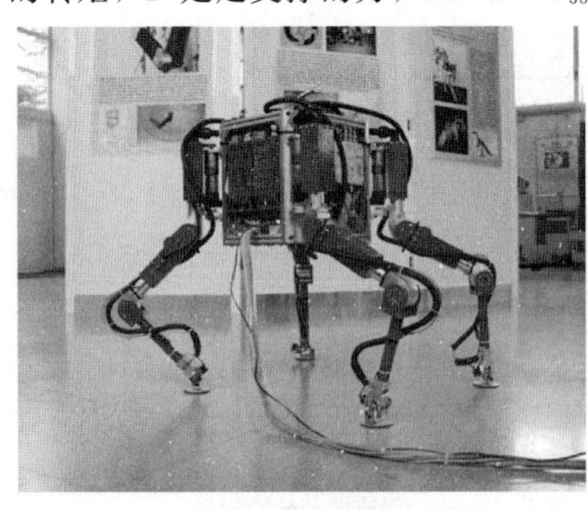

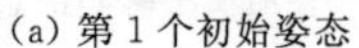
(a) 第 1 个初始姿态

(b) 第 3 个初始姿态

图 5.7　实验机器人第 1 和第 3 个初始姿态

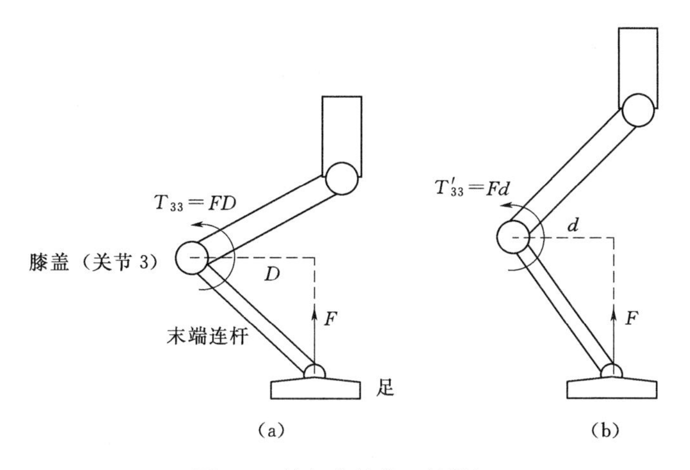

图 5.8　施加在关节 3 的转矩

已经进行了一些实验来说明这种影响。它们是在抬起机体的同时，保持机器人在图 5.7 所示的两个姿态中具有 x 和 y 足分力。在运动开始时，机体水平，并且机体参考坐标系中的初始足位置为

$$\left.\begin{aligned}(x_{\text{foot}},y_{\text{foot}})_{\text{leg}_1}&=(0.35\text{m},0.30\text{m})\\(x_{\text{foot}},y_{\text{foot}})_{\text{leg}_2}&=(0.35\text{m},-0.35\text{m})\\(x_{\text{foot}},y_{\text{foot}})_{\text{leg}_3}&=(-0.20\text{m},0.20\text{m})\\(x_{\text{foot}},y_{\text{foot}})_{\text{leg}_4}&=(-0.15\text{m},-0.42\text{m})\end{aligned}\right\}\tag{5.13}$$

在第 1 个实验中，机体的高度约为 0.36m［图 5.7（a）］，即

$$(z_{\text{foot}})_{\text{leg}_1}=-0.36\text{m};\ i=1,\cdots,4\tag{5.14}$$

机体以 0.01m/s 的速度升高约 0.03m。在实验过程中，x 分力和 y 分力保持其值，而机体的 z 分量增加到最终的 z 值。图 5.9（a）所示为第 1 个实验 z 向足分力的变化规律。腿 3 达到了最终位置，与其他腿的轨迹略有不同。

第 2 个实验重复了上述过程，但从机体开始高度为 0.32m，即所有腿的 $z_i=-0.32\text{m}$（比第 1 个实验中低 0.04m）。图 5.9（b）所示为第 2 个实验 z 向足分力的变化规律。在这种情况下，足 1、足 2 和足 4 能够正确移动；但是足 3 跟踪轨迹不规则，因为腿 3 的关节不能提供所需的转矩。在实验结束时，腿 3 未能达到其最终位置，机器人无法保持水平，其稳定性变差。

第 3 个实验从高度大于 0.27m 开始，再次进行相同的过程，如图 5.7（b）所示。图 5.9（c）显示了结果。在这种情况下，腿 3 不能向上移动机体（z 分量保持不变），身体倾斜，几何稳定性降低且静态稳定性变差。因此，适当的关节转矩测量或估计可以避免运动不稳定，将该测量值结合到步态生成算法中可以提高步行机器人的机动性（5.5.2 节）。

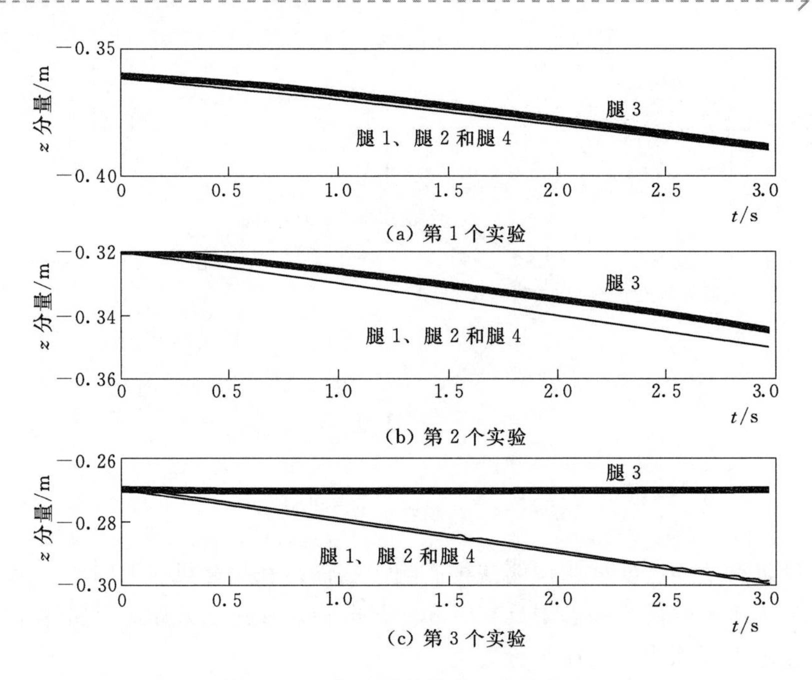

图 5.9　3 个不同实验的 z 向足分力

总结 3 个实验发现，限制腿部工作空间是不明智的，因为这样会使一些需要实现的姿态无法实现，降低机器人性能。此外，可以通过有效载荷减少或放大腿部工作空间；人类和动物就是执行类似的方式。因此，必须通过控制电机转矩和功耗来优化步行机器人的性能。许多机器人控制器和驱动器可以测量电机电枢电流。电机转矩与此电流成比例，因此直接测量电枢电流可获得电机转矩。此外，独立的电机电流相加后可计算总功耗。

真正的步行机器人可以通过改变转矩和功耗来得到好的稳定裕度，并提高其机动性，特别是在使用自由步态时。在这种步态中，无论是存在操作者还是自主系统中，导航仪可以随时更新运动方向。步态发生器将使用全部腿部工作空间来生成足端轨迹，而从转矩限制的观点出发某些位置可能是不适用的。步态规划中考虑转矩和功耗则可以防止这种情况。

尝试修改静态稳定概念只是初步讨论，基于几何考虑扩展的新定义还包括转矩限制和功耗限制。

5.5　全局稳定标准

5.5.1　全局标准的定义

要保持腿部机器人的稳定必须满足以下条件：

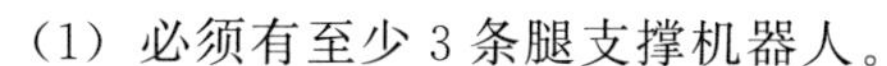

（1）必须有至少3条腿支撑机器人。

（2）稳定裕度必须是正的。

（3）致动器必须施加所需的关节转矩。

用于度量机器人的稳定性有多种稳定裕度，是否适合取决于工作条件（第2章）。但所使用的裕度并不影响最终稳定性标准。因此，为了简单起见，选择了绝对稳定裕度（SSM）。

转矩极限稳定裕度定义如下：

定义5.1　每条腿有3个关节的n腿机器人转矩的极限稳定裕度S_{TSM}是$3n$维度的向量，定义为

$$S_{\mathrm{TSM}}=\begin{pmatrix}\tau_{\max_1} & -|\tau_{\mathrm{req}_1}| \\ \vdots & \vdots \\ \tau_{\max_{3n}} & -|\tau_{\mathrm{req}_{3n}}|\end{pmatrix} \tag{5.15}$$

式中　$\tau_{\max_i}$——由关节i驱动的最大允许转矩（正）；

τ_{req_i}——所需的最大转矩。

直流电动机i中的转矩τ_i直接依赖于其电枢电流I_i，也就是说，$\tau_i=K_{Mi}I_i$，其中K_{Mi}是电动机的转矩常数。因此，式（5.15）可以表示为

$$S_{\mathrm{TSM}}=\begin{pmatrix}\tau_{\max_1} & -K_{M_1}|I_1| \\ \vdots & \vdots \\ \tau_{\max_{3n}} & -K_{M_{3n}}|I_{3n}|\end{pmatrix} \tag{5.16}$$

实际系统中的电机和致动器只能提供有限的转矩，通常由电机本身、驱动器和电源供应饱和度决定。如果给定的关节需要大于最大值的转矩，则关节只能施加小于所需的转矩。在这种情况下，腿可能会失效，机器人可能变得不稳定。

机器人系统的另一个限制是电源可以提供的最大电流。可能存在这样的腿部布局，其S_{TSM}不受限，但通过系统的总电流高于电源供电电流。在这种情况下，一些关节将不能提供所需的转矩，并且会出现不稳定的情况。因此定义以下稳定裕度。

定义5.2　电流稳定裕度S_{CSM}是由电源供应的当前最大电流和所有电机需求的电流之间的差值，即

$$S_{\mathrm{CSM}}=I_{\max}-\sum_{i=1}^{i=3n}|I_i| \tag{5.17}$$

式中　$I_{\max}$——最大电源电流；

I_i——电机i的当前电流。

基于上述前提，将全局静态稳定裕度定义如下：

定义5.3　全局静态稳定裕度的向量定义为

$$S_{\mathrm{GSSM}}=\begin{pmatrix}S_{\mathrm{SM}} \\ S_{\mathrm{TSM}} \\ S_{\mathrm{CSM}}\end{pmatrix} \tag{5.18}$$

然后静态稳定性可以定义如下：

定义 5.4　步行机器人如果其全局静态稳定，则全局静态稳定裕度 S_{GSSM} 是正的。

请注意，为了应用这个稳定性标准，必须知道：①每个机器人关节所需施加的转矩；②每个关节可提供的最大转矩（假设对所有机器人的关节都是相同的）；③瞬时电流；④电源提供的最大电流；⑤稳定裕度，可以很容易地从足端位置计算。

S_{GSSM} 有 $3n+2$ 个大小不同的分量（$3n$ 是关节数），由于其单位不同很难处理。通过归一化 S_{GSSM} 分量的最大值可以获得无量纲分量，并可以表示为与其最大值的比值。为此，定义归一化的几何稳定裕度为

$$S_{GSM_N}=1-\frac{S_{SM}}{L} \tag{5.19}$$

式中　L——机器人可以实现的最大几何稳定裕度。

那么，如果 $S_{SM_N}\in(0,\ 1]$，机器人静态稳定。注意，四足机器人在被阻挡的姿态获得最大裕度：①机器人不能抬起腿，因为这会导致它失去其稳定性；②机器人不能移动机体，因为所有腿都已最大伸展。而六足机器人不会被所有腿完全伸展的姿态阻挡，因为他们可以摆动 3 条腿，而另外 3 条腿支撑。

归一化的转矩极限稳定裕度类似的定义为具有通用元素 i 向向量，即

$$S_{TSM_{Ni}}=1-\frac{|\tau_{req_i}|}{\tau_{max_i}} \tag{5.20}$$

因此，如果 $S_{TSM_{Ni}}\in(0,\ 1]$，$\forall i$，机器人稳定。

最后，归一化电流稳定裕度变为

$$S_{CSM_N}=1-\frac{\sum\limits_{i=1}^{i=3n}|I_i|}{I_{max}} \tag{5.21}$$

如果 $S_{CSM_N}\in(0,\ 1]$，机器人稳定。

利用这些标准化的裕度，S_{GSSM} 可以重写为

$$S_{GSSM_N}=M\begin{pmatrix}1\\1\\\vdots\\1\end{pmatrix}_{(3n+2)\times 1} \tag{5.22}$$

其中 M 称为静态稳定裕度，并启发了我们想将机器人在不稳定状态下移动的想法。只有当 $M\in(0,\ 1)$ 时静态稳定，请注意，S_{SM} 的 M 静态稳定裕度意味着裕度必须大于 ML，而对于 S_{TSM} 和 S_{CSM}，静态稳定裕度 M 表示 τ_{req_i} 和 $\sum\limits_{i=1}^{i=3n}|I_i|$

必须分别低于 $\tau_{\max_i}$ 和 $I_{\max}$，$M\tau_{\max_i}$ 和 $MI_{\max}$。也就是说，如果指定静态稳定裕度 $M=0.1$，这意味着要执行步态从不稳定值到稳定安全区域需要移动 0.1 倍的最大稳定裕度值。例如，如果最大几何稳定裕度为 0.25m，每个关节允许的最大转矩 $\tau_{\max i}$ 为 80N · m，电源允许的最大总电流 $\sum_{i=1}^{i=3n}|I_i|$ 为 5A，则步态将以高于 0.025m 的几何稳定裕度，低于 72N · m 的关节转矩和低于 4.5A 的总电流进行。在这种情况下，机器人即使面对明显的扰动也能行走。

确定转矩和电流稳定裕度有直接测量和估计两种方法。直接测量关节转矩相对简单，不需要在机器人上安装额外的传感器，电机驱动器和控制器通常提供与电机转矩（电流）成比例的模拟信号。但是，这种方法要求确定机器人的下一个支撑姿态，以确定是否会保持稳定裕度，这是这种方法的一个显著缺点。

第二种方法，即基于对机器人下一个姿势所需转矩的先验估计效率更高，因为可以预先检测到不稳定。然而，计算所需的转矩需要一个准确的机器人动态模型和力的分布。这是一个复杂的问题，目前使用的优化方法不具有实时性（Pfeiffer 和 Weidemann，1991；Lin 和 Song，1993）。另一个缺点是这个算法将依赖于机器人上的载荷，必须由控制器发送或机器人自身测量，因此需要一个额外的传感器。

通过测量或估计获得全局稳定裕度可以改善机器人的步态。自由步态的特点是立足点和腿部序列选择基于诸如稳定性测量、地形条件和运动方向等（第 4 章）。关节转矩和功耗是立足点选择算法的两个新条件/限制。如果估计稳定裕度，那么可以在立足点选择中处理，这当然是最好的解决方案。但是，如果稳定裕度是通过直接测量获得的，机器人必须超出稳定裕度的姿势（注意，这并不意味着机器人将变得不稳定）。这种情况下的解决方案是重新计算立足点，检测不稳定的边际。通常，机器人会停止，有些轨迹特征可能改变，如速度，但这种方法实时实现是最简单的。

本章介绍的包含于步态生成中的稳定性标准算法很简单，直线迈步在下面部分描述。

5.5.2　基于全局标准的步态

为了说明如何在步态算法中使用全局稳定裕度，此处考虑第 4 章开发的不连续自由步态。在该算法中，立足点规划有 E1～E5 5 个限制。现在，必须施加两个附加限制 E6 和 E7。

约束 E6：立足点必须达到转矩极限稳定条件，写为

$$\tau_i < \tau_{\max_i} - M_{\tau_{\max}} \qquad \forall i \in [1, 3n] \tag{5.23}$$

式中　i——关节；

M——期望的运动的准静态稳定裕度定义。

约束 E7：立足点必须达到总电流约束的条件，写为

$$\sum_{i=1}^{i=3n} |I_i| < I_{\max} - MI_{\max} \tag{5.24}$$

如果约束 E1～E5 不满足（图 5.10），算法就重复开始选择下一条腿（按照在第 4 章定义的标准序列 N 或 K）。如果机器人控制器可以估计关节转矩和总电

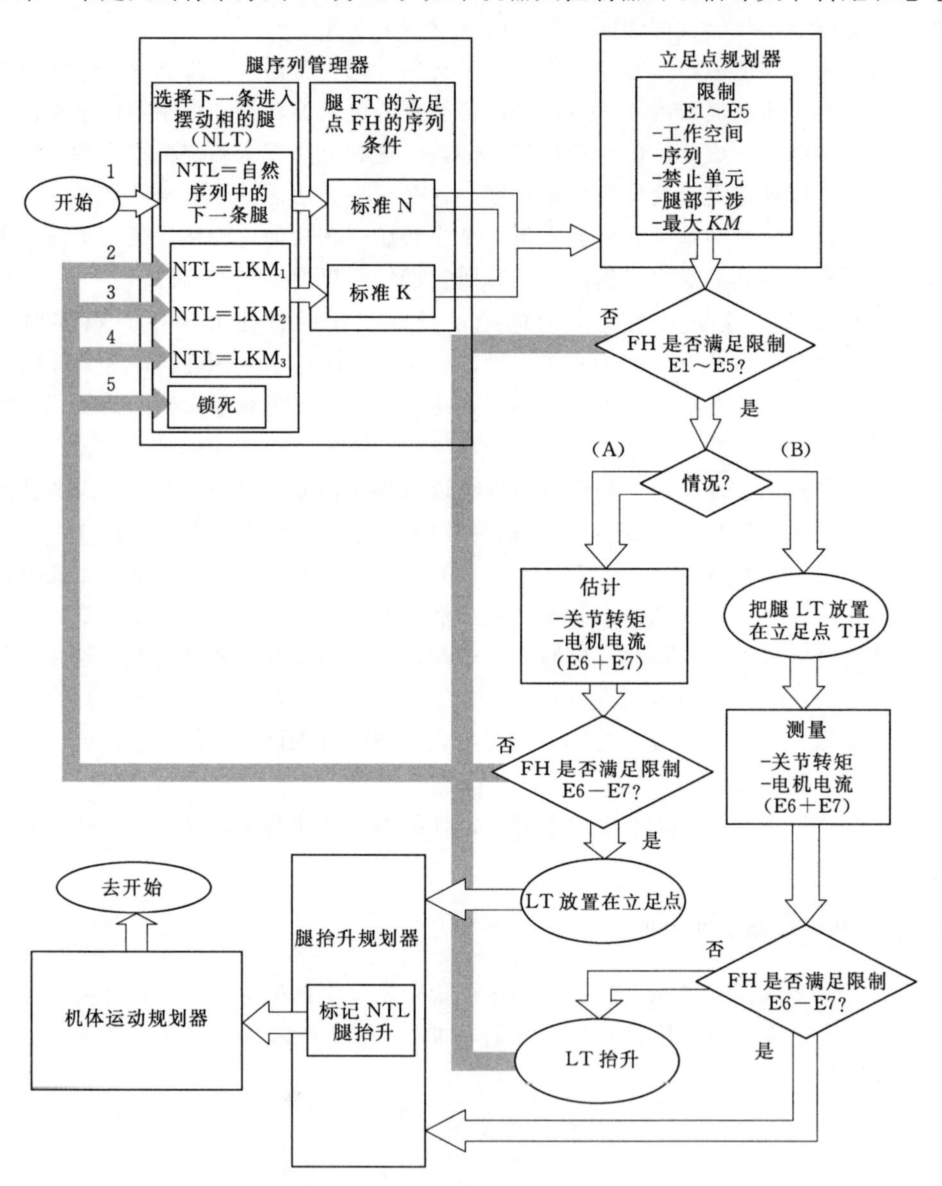

图 5.10　自由步态算法，包括关节转矩和电动机电流标准

流（情况 A）且约束 E6 和 E7 满足，将腿放置在选定的立足点。如果机器人控制器不能估计关节转矩和总电流，但可以测量实际值，则在足部放置期间检查约束 E6 和 E7［图 5.10 情况（B)］。如果违反所选的全局裕度（约束 E6 和 E7)，则腿部 LT 抬起，寻求新的立足点。

腿部序列管理、机体运动规划和腿部抬升规划算法与第 4 章保持一致。

5.6 结论

传统上步行机器人的静态稳定性测量集中在几何方面。本章阐明，单独考虑几何参数稳定将导致机器人设计无效和故障。通过计算机模拟和使用真正的步行机器人实验能够反映出有限测量的效果。本章陈述了这些问题，并通过在步态算法设计中考虑关节转矩和能耗来克服。还提出了一个全新的全局稳定性标准，将这些新的因素归纳到步行机器人静态稳定裕度，考虑几何和转矩/功率测量。全局稳定标准是基于几何稳定裕度（标量）以及转矩极限稳定裕度（矢量）和电流稳定裕度（标量）两个新标准。本章指出通过在机器人和运动步态设计中考虑全局静态稳定，可以改进步行机器人的特征和功能。

第二部分

控 制 技 术

第 6 章　运动学与动力学

6.1　简介

步行机器人是非常复杂的机械系统，是具有一定自由度（DOF）的可变结构。为了设计控制步行机器人的算法，获得能准确描述机器人的运动学和动力学行为的模型很重要。

运动学模型描述了关节变量、足端位置及其速度之间的关系，而动力学模型则描述与关节运动有关的力。

步行机器人的运动学可以简化为其腿和机体的运动学。传统的多足式机器人腿部最多表现为 3 自由度，3 自由度以上的足式机器人并不常见。这本书中不包括双足和人型机器人。

关于机体的运动学，可以简化为机体在空间中的方位，通常通过使用双轴倾斜仪和电磁罗盘来测量。众所周知，如果已知机器人的支撑平面，腿部运动学可以确定机体的位置和方向。在不规则的非结构化地形上，只能通过传感器直接获得机体方向。

腿的运动学等同于机械手的运动学，因此，生成运动学关系的方法也是一样的。其中一种方法是利用三角关系。但这会导致运动学分析非常复杂，一些约定的引入大大简化了最终方程。最受欢迎的方法是由 Denavit 和 Hartenberg[1] 在 1955 年定义的（D－H 方法），即选择与关节和连杆相关联的参考坐标系，导出开链机构的运动学模型。这种方法特别适用于 DOF 数量很多的情况。对于 3 自由度机构，运动学模型可以通过三角关系轻松推导出来。然而，根据 D－H 方法指定的运动学模型也有助于推导出动力学模型。

导出开链关节机构的运动学模型的 D－H 方法可以在《Robot Manipulators》的书籍中找到（Fu 等，1987；Paul，1981；Spong 和 Vidyasagar，1989；Craig，1989）。本章将提到 D－H 方法的基本步骤，有兴趣的读者还可阅读参考书。

相比之下，获得四足运动学方程是极其耗时的，且会产生一个不定方程组，因此必须使用优化准则来解决，例如最佳力分布或采用拉格朗日乘数法（Benna-

[1] 这里将 Denavit－Hartenberg 转换称为 D－H 转换。

ni 和 Giri，1996；Pfeiffer 和 Weidemann，1991)。为了简化问题，四足的动力学模型必须基于一些假设，如通常不考虑腿的动力学，假定理想传动和无质量腿。但是假设应该考虑机器人的动态特征，以避免不合理的简化造成的错误。为了使动力学方程式准确反映现实物理系统，关键是对系统有显著影响的因素的建模。必须在准确模型及其动态控制实时性之间折中。因此，机器人动力学分析方法允许简化运动方程而在实时控制中不产生明显错误。由于运动学方程用于轨迹生成和控制，其应反映机器人在不同的运动状态时出现的动态效应。

通过机器人动力学实验可以修正动力学模型（Armstrong，1989；Mayeda 等，1984；Swevers 等，2000)。基于动态响应中的初始猜测值，通过实验参数识别来获得运动学方程。然而，初始猜测值的正确性至关重要，而这些方法并没有给出对机器人动力学概念和物理理解的任何深入研究。Garcia 等人（2003）提出了一种实验方法，根据轨迹参数对步行机器人进行动态分析。这种方法可用于基于机器人模型的控制，例如计算转矩控制。控制精度高度依赖于模型准确预测所需的致动器的转矩。因此，该方法需要确定在不同的腿部轨迹情况下，影响系统轨迹的主要动力学因素，包括致动器的动力和摩擦力。这样获得的数学模型可以获得系统动力学的精确简化表示。

本章 6.2 节和 6.3 节给出四足机器人的运动学和动力学模型。6.4 节给出一个作为参数轨迹函数的模型分析方法。6.5 节将这种方法应用于 SILO4 四足机器人，6.6 节得出有关结论。

6.2　步行机器人的运动学

运动学模型描述了腿部关节变量$(q_1,\cdots,q_n)^T$和足的位置和方向$(x,y,z,r,p,y)^T$之间的关系。在旋转关节的情况下，关节变量是与其相连连杆的角度。在滑动副或滑动关节的情况下，关节变量是杆件的伸长量。

开链杆系的运动学模型可以分为正向运动学问题和逆向运动学问题两个问题。正向运动学问题通过关节变量$(q_1,\cdots,q_n)^T$获得足的位置和方向$(x,y,z,r,p,y)^T$。相反，逆向运动学问题根据足的位置和方向给出关节变量。

6.2.1　正向运动学："D-H 约定"

本节通过使用 D-H 约定导出正向运动学模型。事实上，这是对 Spong 和 Vidyasagar 研究的描述（1989)。

假设一个 n-DOF 的腿。则：

(1) 腿有 n 个关节。

(2) 腿部有 $n+1$ 个连杆，从 0（髋）到 n（足)。

(3) 第 i 个关节连接连杆 $i-1$ 和连杆 i。

(4) 第 i 个关节的关节变量由 q_i 表示。对于旋转关节是连杆 $i-1$ 和连杆 i 之间的角度。对于滑动关节是连杆 $i-1$ 和连杆 i 之间的位移。

(5) 每个连杆 i 刚刚附加了一个与 $i-1$ 固结的参考坐标系 i。假定髋关节固定在惯性坐标系 0。

有了上述假设，已知点 p_i 的坐标，连杆 i 相对于参考坐标系 i 是恒定的，不取决于腿部运动。然而，如果在连杆 i 和 $i-1$ 之间发生旋转，点 p_i 在参考坐标系 $i-1$ 中表示为

$$\boldsymbol{p}_{i-1} = {}^{i-1}\boldsymbol{R}_i \boldsymbol{p}_i \tag{6.1}$$

其中 ${}^{i-1}\boldsymbol{R}_i$ 是旋转矩阵（3×3），表示第 $i-1$ 参考坐标系中的 i 点到第 $i-1$ 参考坐标系中旋转变换，这两个坐标系的原点是重合的。

在更一般的情况下，如果在两个参考坐标系之间有旋转和平移，则式（6.1）变为（图 6.1）

$$\boldsymbol{p}_{i-1} = {}^{i-1}\boldsymbol{R}_i \boldsymbol{p}_i + {}^{i-1}\boldsymbol{d}_i \tag{6.2}$$

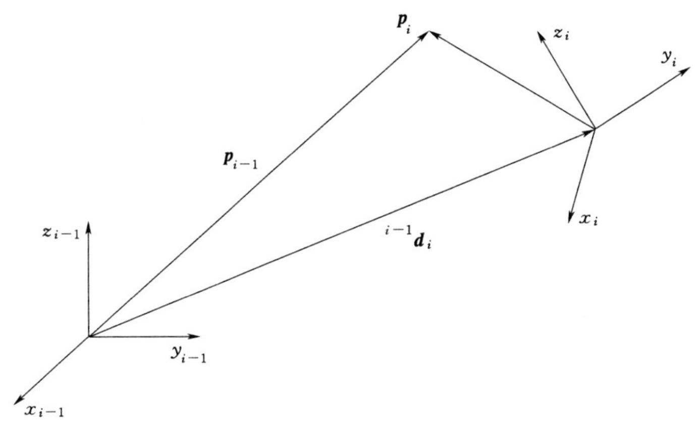

图 6.1 两个坐标系之间的旋转和平移

其中 ${}^{i-1}\boldsymbol{d}_i$ 是（3×1）向量，表示参考坐标系 i 与参考坐标系 $i-1$ 的原点的矢量。式（6.2）可以表示为矩阵

$$\begin{pmatrix} \boldsymbol{p}_{i-1} \\ \boldsymbol{1} \end{pmatrix} = \begin{pmatrix} {}^{i-1}\boldsymbol{R}_i & {}^{i-1}\boldsymbol{d}_i \\ \boldsymbol{0}_{(1\times3)} & \boldsymbol{1} \end{pmatrix} \begin{pmatrix} \boldsymbol{p}_i \\ \boldsymbol{1} \end{pmatrix} \tag{6.3}$$

矩阵

$${}^{i-1}\boldsymbol{A}_i = \begin{pmatrix} {}^{i-1}\boldsymbol{R}_i & {}^{i-1}\boldsymbol{d}_i \\ \boldsymbol{0}_{(1\times3)} & \boldsymbol{1} \end{pmatrix} \tag{6.4}$$

称为齐次矩阵。具有形式 $(p_x p_y p_z 1)^{\mathrm{T}}$ 的向量称为齐次向量。矩阵 ${}^{i-1}\boldsymbol{A}_i$ 将 1

个点的坐标转换从参考坐标系 i 转换到参考坐标系 $i-1$。这个矩阵随着腿的布局而改变，它只取决于关节变量 q_i，即

$$^{i-1}\mathbf{A}_i = {}^{i-1}\mathbf{A}(q_i) \tag{6.5}$$

关节 i 的齐次变换矩阵最通用的公式，可以通过下式表达（Fu 等，1987；Paul，1981；Spong 和 Vidyasagar，1989；Craig，1989）

$$^{i-1}\mathbf{A}_i = \begin{pmatrix} \cos\theta_i & -\cos\alpha_i\sin\theta_i & \sin\alpha_i\sin\theta_i & a_i\cos\theta_i \\ \sin\theta_i & \cos\alpha_i\cos\theta_i & -\sin\alpha_i\cos\theta_i & a_i\sin\theta_i \\ 0 & \sin\alpha_i & \cos\alpha_i & d_i \\ 0 & 0 & 0 & 1 \end{pmatrix} \tag{6.6}$$

其中 a_i、α_i、θ_i 和 d_i 是连杆参数。参数 a_i 和 α_i 对每一个连杆都是常数，θ_i 是旋转关节的关节变量，d_i 是用于滑动副或滑动关节的关节变量，否则它们也是常数。这些关节参数定义见后文。

最后，从参考坐标系 n（足）到参考坐标系 0（髋关节）点坐标转换的齐次矩阵为

$$^{0}\mathbf{A}_n = {}^{0}\mathbf{A}_1\,{}^{1}\mathbf{A}_2\cdots{}^{n-1}\mathbf{A}_n \tag{6.7}$$

1. D－H 程序

D－H 程序可以按照以下步骤说明。

（1）步骤 1：沿着关节轴，找到关节轴 z_0，…，z_{n-1}。

1）如果关节 i 是旋转关节，则 z_i 位于关节旋转轴上。

2）如果关节 i 是滑动关节，则 z_i 位于关节平移轴上。

（2）步骤 2：设置髋部参考系。在 z_0 的任意位置找到原点轴，通过右手法则选择 x_0 和 y_0 轴。

（3）步骤 3：对 $i=1$，2，…，$n-1$ 执行步骤 4～6。

（4）第 4 步：找出原点 o_i。

1）如果 z_i 与 z_{i-1} 相交，则定位 o_i 在轴交叉点。

2）如果 z_i 平行于 z_{i-1}，则在关节 $i+1$ 处定位 o_i。

3）如果 z_i 和 z_{i-1} 不在同一个平面，则定位 o_i 在与 z_i 和 z_{i-1} 正交交点 z_i 处。

（5）步骤 5：找到 x_i 轴。

1）如果 z_i 与 z_{i-1} 相交，则按照正交于 z_i-z_{i-1} 的方向定位 x_i 平面。

2）如果 z_i 与 z_{i-1} 不相交，则沿着通过 o_i 正交于 z_i 和 z_{i-1} 定位 x_i。

（6）步骤 6：按右手法则定义 y_i。

（7）步骤 7：建立足部参照系（x_n，y_n，z_n）。

1）z_n 沿着 z_{n-1} 定位。

2）x_n 必须与 z_{n-1} 和 z_n 正交（x_n 与 z_{n-1} 相交）。

3）必须按右手法则定位。

（8）步骤8：获取每个连杆 i 的参数 a_i、α_i、θ_i 和 d_i。

1）a_i 是沿着 x_i 从 o_i 到 x_i 和 z_{i-1} 的交点的连杆的长度或距离。

2）α_i 是 z_{i-1} 必须围绕 x_i 旋转到与 z_i 重合的连杆的旋转角度。

3）d_i 是相邻连杆之间的距离或者沿着 z_{i-1} 从 o_{i-1} 到 x_i 和 z_{i-1} 的交点的距离。对于滑动关节，d_i 为关节变量。

4）θ_i 是相邻连杆之间的角度或 x_{i-1} 必须绕 z_{i-1} 旋转到与 x_i 重合的角度。对于旋转关节，θ_i 为关节变量。

（9）步骤9：形成 $i=1$，…，n 的矩阵 ${}^{i-1}\boldsymbol{A}_i$。

（10）步骤10：形成齐次矩阵

$$
{}^{0}\boldsymbol{A}_n={}^{0}\boldsymbol{A}_1{}^{1}\boldsymbol{A}_2\cdots{}^{n-1}\boldsymbol{A}_n=\begin{pmatrix}{}^{i-1}\boldsymbol{R}_i & {}^{i-1}\boldsymbol{d}_i\\ \boldsymbol{0}_{(1\times3)} & 1\end{pmatrix} \tag{6.8}
$$

其中向量 ${}^{i-1}\boldsymbol{d}_i$ 给出髋部参考系，${}^{i-1}\boldsymbol{R}_i$ 给出足参考坐标系在髋部参考坐标系中的方位。

2. 正向运动学举例

本节推导步行机器人SILO4腿的正向运动学解，用作在本书中模拟和实验的测试模型。这条腿由3个旋转关节组成，如图6.2所示。

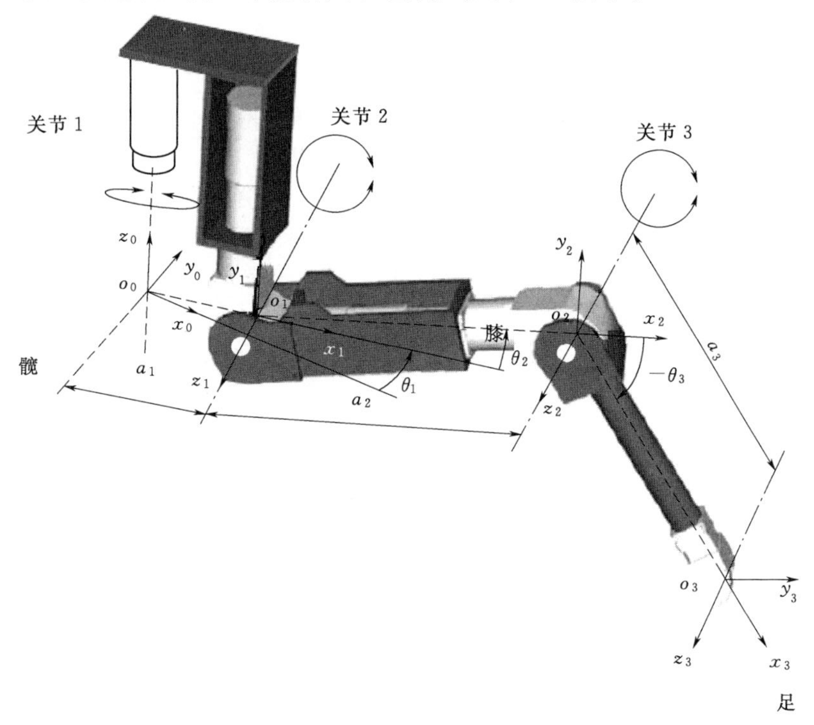

图6.2　SILO4腿的D-H参数

应用上述 D - H 程序的步骤（1）～（7），生成图 6.2 中绘制的参考系。步骤（8）定义的连杆见表 6.1，关节变量 θ_1、θ_2 和 θ_3 如图 6.2 所示。

表 6.1　SILO4 腿的 D - H 参数

参数	连　杆			参数	连　杆		
a_i	a_1	a_2	a_3	d_i	0	0	0
α_i	$\pi/2$	0	0	θ_i	θ_1	θ_2	θ_3

对于获得的连杆参数，式（6.6）定义了与关节相关联的齐次矩阵。这些矩阵为

$$^0\mathbf{A}_1=\begin{pmatrix} C_1 & 0 & S_1 & a_1C_1 \\ S_1 & 0 & -C_1 & a_1S_1 \\ 0 & 1 & 0 & 0 \\ 0 & 0 & 0 & 1 \end{pmatrix} \tag{6.9}$$

$$^1\mathbf{A}_2=\begin{pmatrix} C_2 & -S_2 & 0 & a_2C_2 \\ S_2 & C_2 & 0 & a_2S_2 \\ 0 & 0 & 1 & 0 \\ 0 & 0 & 0 & 1 \end{pmatrix} \tag{6.10}$$

$$^2\mathbf{A}_3=\begin{pmatrix} C_3 & -S_3 & 0 & a_3C_3 \\ S_3 & C_3 & 0 & a_3S_3 \\ 0 & 0 & 1 & 0 \\ 0 & 0 & 0 & 1 \end{pmatrix} \tag{6.11}$$

最后，步骤（10）提供了将足部参考坐标系转换到髋部参考坐标系的矩阵，即

$$^0\mathbf{A}_3={}^0\mathbf{A}_1{}^1\mathbf{A}_2{}^2\mathbf{A}_3=\begin{pmatrix} \boldsymbol{R}_{3\times 3} & \boldsymbol{d}_{3\times 1} \\ \mathbf{0}_{1\times 3} & \mathbf{1} \end{pmatrix}=$$

$$\begin{pmatrix} C_1C_{23} & -S_{23}C_1 & S_1 & C_1(a_3C_{23}+a_2C_2+a_1) \\ S_1C_{23} & -S_{23}S_1 & -C_1 & S_1(a_3C_{23}+a_2C_2+a_1) \\ S_{23} & C_{23} & 0 & a_3S_{23}+a_2S_2 \\ 0 & 0 & 0 & 1 \end{pmatrix} \tag{6.12}$$

其中 $d=(x,y,z)^{\mathrm{T}}$。因此，足的位置为

$$x=C_1(a_3C_{23}+a_2C_2+a_1) \tag{6.13}$$

$$y=S_1(a_3C_{23}+a_2C_2+a_1) \tag{6.14}$$

$$z=a_3S_{23}+a_2S_2 \tag{6.15}$$

6.2.2　逆向运动学

逆向运动学即通过足位置和方向确定关节变量 $(q_1,\cdots,q_n)^{\mathrm{T}}$。对于 3 - DOF

腿逆向运动学方程可以描述为

$$\begin{pmatrix} a_{11} & a_{12} & a_{13} & x \\ a_{21} & a_{22} & a_{23} & y \\ a_{31} & a_{32} & a_{33} & z \\ 0 & 0 & 0 & 1 \end{pmatrix} = {}^{0}\boldsymbol{A}_1(q_1)\,{}^{1}\boldsymbol{A}_2(q_2)\,{}^{2}\boldsymbol{A}_3(q_3) \tag{6.16}$$

其中 $(x,y,z)^{\mathrm{T}}$ 是足的位置，$(a_{11},a_{21},a_{31})^{\mathrm{T}}$、$(a_{12},a_{22},a_{32})^{\mathrm{T}}$ 和 $(a_{13},a_{23},a_{33})^{\mathrm{T}}$ 是足的方向向量。式（6.16）表示 3 个未知数的 12 个方程的系统，难以直接以封闭的形式求解，当正向运动学具有唯一解时，逆向运动学问题可能有或者没有解。此外，如果存在解，也可能不是唯一的。

封闭形式的解与数值解相比有两个优点：①可以更快地计算；②更容易在几种可能的解中选择一个特定的解。解决开链杆系的逆向运动学有几何法、代数法、逆变换法等。下面通过代数法解决 SILO4 腿的逆向运动学。

式（6.13）～式（6.15）涉及足的位置和关节变量。从式（6.13）和式（6.14）可得

$$xS_1 - yC_1 = 0 \tag{6.17}$$

即

$$\tan\theta_1 = \frac{S_1}{C_1} = \frac{y}{x} \tag{6.18}$$

因此，如果 $x \neq 0$ 且 $y \neq 0$，则 θ_1 的解为

$$\theta_1 = \arctan[2(y,x)] \tag{6.19}$$

如果 $x=0$ 且 $y=0$，则 θ_1 会出现无数解。在这种情况下，则说腿是奇异姿态。

三角关系式为

$$S_j^2 + C_j^2 = 1 \tag{6.20}$$

从式（6.13）、式（6.14）和三角关系可得

$$C_{23} = \frac{xC_1 + yS_1 - a_2C_2 - a_1}{a_3} \tag{6.21}$$

从式（6.15）可得

$$S_{23} = \frac{z - a_2S_2}{a_3} \tag{6.22}$$

将 C_{23} 和 S_{23} 代入式（6.20）得

$$AS_2 + BC_2 = D \tag{6.23}$$

其中

$$\begin{cases} A = -z \\ B = a_1 - (xC_1 + yS_1) \\ D = \dfrac{2a_1(xC_1 + yS_1) + a_3^2 - a_2^2 - a_1^2 - z^2 - (xC_1 + yS_1)^2}{2a_2} \end{cases} \tag{6.24}$$

变换式（6.23）的等式变量形式（Craig，1989），令

$$\begin{cases}A=r\cos\phi \\ B=r\sin\phi\end{cases} \tag{6.25}$$

则

$$\begin{cases}\phi=\arctan2(B,A) \\ \gamma=+\sqrt{A^2+B^2}\end{cases} \tag{6.26}$$

式（6.23）可以写成

$$\cos\phi\sin\theta_2+\sin\phi\cos\theta_2=\frac{D}{r} \tag{6.27}$$

或者

$$\sin(\phi+\theta_2)=\frac{D}{r} \tag{6.28}$$

利用式（6.20），可得

$$\cos(\phi+\theta_2)=\pm\sqrt{1-\sin^2(\phi+\theta_2)}=\frac{\pm\sqrt{\gamma^2-D^2}}{\gamma} \tag{6.29}$$

因此

$$\tan(\phi+\theta_2)=\frac{D}{\pm\sqrt{\gamma^2-D^2}} \tag{6.30}$$

所以

$$\theta_2=-\phi+\arctan[2(D,\pm\sqrt{\gamma^2-D^2})] \tag{6.31}$$

并用式（6.26）中定义的 ϕ 和 r 值代入，可得

$$\theta_2=-\arctan[2(B,A)]+\arctan[2(D,\pm\sqrt{A^2+B^2-D^2})] \tag{6.32}$$

请注意式（6.32）有两个解，必须通过机械约束获得正确的解。

最后，θ_3 可以从式（6.21）和式（6.22）得到

$$\theta_3=\arctan[2(z-a_2S_2,xC_1+yS_1-a_2C_2-a_1)-\theta_2] \tag{6.33}$$

因此，式（6.19）、式（6.32）和式（6.33）提供了 SILO4 腿型的反向运动学解。

6.2.3 运动学求解的几何方法

如上所述，D－H 约定只是一种运动学求解的系统方法。但是，对于自由度较少的腿或者操作臂，可以直接使用传统的几何方法。本节使用比例缩放机构说明了这种方法，并提供了比例机构的运动学关系，该机构是一种广泛用于步行机器人腿部结构的装置（图 1.5 和图 1.8）。

比例机构是具有 4 个被动关节（p_j）的四杆机构，如图 6.3 所示。点 A 通

过使用滑动副沿 z 轴移动，点 B 通过使用另一个滑动副沿 x 轴移动。点 A 和点 B 运动使点 C 运动。当其用作腿部机构时，与足端连接。这个机构也称为平面缩放仪，并提供 2 个自由度。有两种方式提供第 3 个自由度。一是最广泛使用的比例机构，旋转关节的轴与 z_0 轴重合。以这种方式，比例该机构围绕 z_0 轴旋转。ASV 使用这种机构，z 轴平行于机体纵轴（图 1.4）。二是在 B 点再提供一个滑动副装置，使点 B 平行于 y 轴（垂直于缩放机构所在平面）。这种机制称为笛卡儿比例缩放机构，可提供 3 种相互独立的线性运动（图 1.5 和图 1.8）。

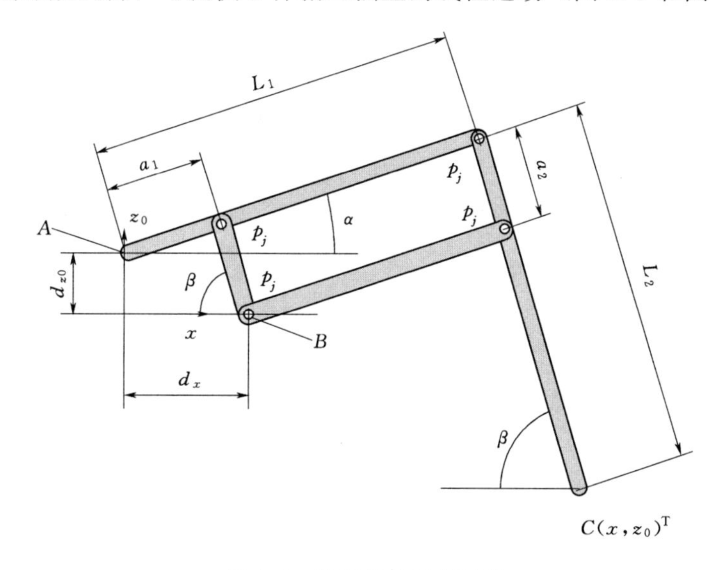

图 6.3　平面比例缩放机构

从图 6.3 可以计算足分量 x 为

$$x = L_1\cos\alpha + L_2\cos\beta \tag{6.34}$$

$$\cos\alpha = \frac{d_x - a_2\cos\beta}{a_1} \tag{6.35}$$

因此

$$x = L_1\frac{d_x - a_2\cos\beta}{a_1} + L_2\cos\beta = \frac{L_1}{a_1}d_x + \left(L_2 - \frac{L_1}{a_1}a_2\right)\cos\beta \tag{6.36}$$

如果 4 个主杆满足

$$\begin{cases} L_1 = L_2 = L \\ a_1 = a_2 = a \end{cases} \tag{6.37}$$

式（6.36）增益率为

$$x = \frac{L}{a}d_x \tag{6.38}$$

从图 6.3 可知，足分量 z_0 为[1]

$$z_0 = L_1 \sin\alpha + d_{z0} - L_2 \sin\beta \tag{6.39}$$

$$\sin\alpha = \frac{a_2 \sin\beta - d_{z0}}{a_1} \tag{6.40}$$

因此

$$z_0 = \left(1 - \frac{L_1}{a_1}\right) d_{z0} + \left(\frac{L_1}{a_1} a_2 - L_2\right) \sin\beta \tag{6.41}$$

对于式（6.37）的条件，可得

$$z_0 = \left(1 - \frac{L}{a}\right) d_{z0} \tag{6.42}$$

式（6.38）和式（6.42）给出了比例缩放机构平面的运动学关系，对于笛卡儿比例缩放机构，y 分量由一个滑动副驱动。在这种情况下，致动器移动点 B（被动关节）平行于 y_0 轴（无论 x 分量是什么）。图 6.4 显示了笛卡儿缩放机构的顶视图。

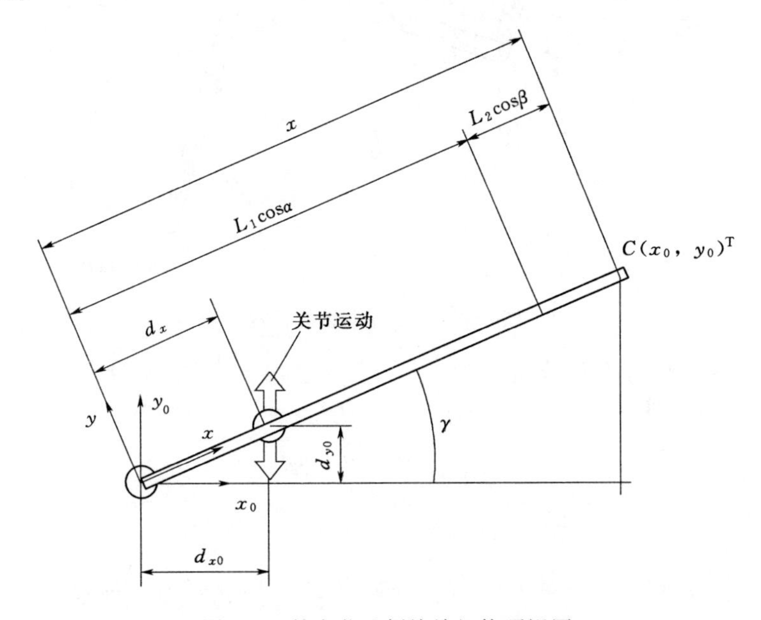

图 6.4　笛卡儿比例缩放机构顶视图

由图 6.4 可知

$$\sin\gamma = \frac{d_{y0}}{d_x} \tag{6.43}$$

---

[1] 注意，z_0 分量被称为固定坐标系，其中 x 分量被称为参考坐标系（x，z_0），其位于缩放机构所在的平面上。

$$y_0 = x\sin\gamma = x\frac{d_{y0}}{d_x} \tag{6.44}$$

用式（6.38）可得

$$y_0 = \frac{L}{a}d_{y0} \tag{6.45}$$

足端变量为 $(x_0, y_0, z_0)^T$，关节变量为 $(d_{x0}, d_{y0}, d_{z0})^T$。式（6.38）给出了平面缩放机构平面中包含的系统的 x 分量 (x, z_0)，其中 d_x 是关节变量。x_0 作为 d_{x0} 的函数，有

$$x_0 = x\cos\gamma = \frac{L}{a}d_x\cos\gamma \tag{6.46}$$

从图 6.4 可得

$$d_x = \sqrt{d_{x0} + d_{y0}} \tag{6.47}$$

$$\cos\gamma = \frac{d_{x0}}{\sqrt{d_{x0} + d_{y0}}} \tag{6.48}$$

则

$$x_0 = \frac{L}{a}d_{x0} \tag{6.49}$$

式（6.49）、式（6.45）和式（6.42）可以以矩阵形式写成

$$\begin{pmatrix} x_0 \\ y_0 \\ z_0 \end{pmatrix} = \begin{pmatrix} \frac{L}{a} & 0 & 0 \\ 0 & \frac{L}{a} & 0 \\ 0 & 0 & 1-\frac{L}{a} \end{pmatrix} \begin{pmatrix} d_{x0} \\ d_{y0} \\ d_{z0} \end{pmatrix} \tag{6.50}$$

因此，笛卡儿缩放机构的分量是解耦的，每个外部分量只取决于其内部分量。这是比例缩放机构的优点之一。另一个优点是足分量运动是其关节的 d_{x0} 或 d_{y0} 乘以 x_0 和 y_0 分量的因子 L/a，d_{z0} 乘以 z_0 分量的因子 $(1-L/a)$。

当分量解耦时，可以容易地计算模型的逆向运动学关系，即

$$\begin{pmatrix} d_{x0} \\ d_{y0} \\ d_{z0} \end{pmatrix} = \begin{pmatrix} \frac{a}{L} & 0 & 0 \\ 0 & \frac{a}{L} & 0 \\ 0 & 0 & \frac{a}{a-L} \end{pmatrix} \begin{pmatrix} x_0 \\ y_0 \\ z_0 \end{pmatrix} \tag{6.51}$$

有兴趣的读者可以尝试计算第 3 个自由度为旋转关节的比例缩放机构的运动学关系。

6.3 步行机器人的动力学

机器人动力学描述了机器人运动与相应的力之间的关系，具体来说，推导以下机械臂动力学模型的数学关系：

(1) 机器人位置、速度和加速度。

(2) 在机器人关节或末端致动器上施加的力和转矩。

(3) 机器人操作臂的尺寸参数，如连杆长度、质量和惯性。

步行机器人是非常复杂的机械系统。步行机器人的腿通过机体连接，并接触地面，形成封闭的运动链。力和运动通过运动链从一条腿传递到另一条腿，因此存在动态耦合。对于有 m 条腿，每条腿有 n 个 DOF 的复杂系统的运动方程，采用 d′Alembert 的原则推导，即

$$\boldsymbol{J}_M^{\mathrm{T}}\boldsymbol{\tau}-\boldsymbol{J}_F^{\mathrm{T}}\boldsymbol{F}=\boldsymbol{D}(\boldsymbol{q})\ddot{\boldsymbol{q}}+\boldsymbol{H}(\boldsymbol{q},\dot{\boldsymbol{q}})+\boldsymbol{C}(\boldsymbol{q}) \tag{6.52}$$

其中，$\boldsymbol{\tau}\in\boldsymbol{R}^{nm}$，为主动关节转矩矢量；$\boldsymbol{F}\in\boldsymbol{R}^{3m}$，为地面接触力矢量；$\boldsymbol{D}\in\boldsymbol{R}^{nm+6,nm+6}$，为惯量矩阵；$\boldsymbol{q}\in\boldsymbol{R}^{nm+6}$，为广义坐标的矢量；$\boldsymbol{H}\in\boldsymbol{R}^{nm+6}$，为科氏力和离心力效应；$\boldsymbol{C}\in\boldsymbol{R}^{nm+6}$，为广义的重力；$\boldsymbol{J}_M\in\boldsymbol{R}^{nm,nm+6}$、$\boldsymbol{J}_F\in\boldsymbol{R}^{nm,nm+6}$，分别映射转矩和接触力到广义坐标 $\boldsymbol{q}$。

计算上述运动方程非常耗时，将产生 $nm+6$ 个方程，$2nm$ 个未知变量（$\boldsymbol{\tau}$ 和 $\boldsymbol{F}$），必须使用一些优化准则来解决。例如最佳力分布和拉格朗日乘数法（Bennani 和 Giri，1996；Pfeiffer 和 Weidemann，1991）。为了简化问题，通常假设是基于高传动比机器人系统腿的属性。使用大传动比的关节的腿可以忽略 Coriolis 和离心力的耦合作用，从而得到解耦的动态方程式（6.52）。但大传动比还具有其他动力学特性，如摩擦、反向间隙和弹性（Garcia 等，2002；Pfeiffer 和 Rossmann，2000；Shing，1994；Spong，1987）。因此如果在机器人关节中使用大传动比，动态方程可以解耦，但其他动态效应必须建模。

从动力学角度可以将机器人的腿作为 3 自由度操纵臂进行研究，足作为终端致动器。操纵臂的动力学由机械部件、致动器、传动系统组成。机械部件的动态模型表明操纵臂运动与力、力矩之间的数学关系。致动器和传动系统的动态模型决定控制信号和力、力矩之间的关系。下文将介绍步行机器人的致动器和腿的机械部分的动力学模型。

6.3.1 机械系统的动力学模型

3 自由度腿的机械部分是由腿的连杆构成的链，不包括致动器和传动系统。用拉格朗日方程可得出腿的机械部分的动力学方程（Fu 等，1987）。直接应用拉格朗日动态方程与 D－H 连杆坐标表示呈现出简洁、紧凑、系统的腿运动方程是

紧凑的运动方程。虽然在开环控制中实时计算牛顿—欧拉公式（Fu 等，1987）比拉格朗日方程有效，但是现在的处理器足以快速计算 4×4 拉格朗日公式的齐次变换矩阵。拉格朗日公式是一种用于导出数学表达式的简单、安全的方法。其后对腿的动力学模型进行简化分析，以确保最终运动方程的实时计算。

用拉格朗日方程系统推导出一个动力学表达式如下

$$\boldsymbol{\tau}_e - \boldsymbol{J}^{\mathrm{T}}\boldsymbol{F} = \boldsymbol{D}(\boldsymbol{q})\ddot{\boldsymbol{q}} + \boldsymbol{H}(\boldsymbol{q},\dot{\boldsymbol{q}}) + \boldsymbol{C}(\boldsymbol{q}) \tag{6.53}$$

式中 $\boldsymbol{D}(\boldsymbol{q})$ ——腿的 3×3 质量矩阵；

$\boldsymbol{H}$——离心力和科氏力的 3×1 矢量；

$\boldsymbol{C}(\boldsymbol{q})$ ——重力项的 3×1 矢量。

质量矩阵是对称正定矩阵，与腿的配置相关。其对角元素 d_{ii} 是当所有其余的关节被禁止时机械部件对关节 i 的惯性矩。d_{ij} 元素代表关节 j 的加速度对关节 i 的影响。

离心力和科氏力依赖于姿态和速率。h_i 元素是关节速度二次项的总和，代表其余关节的速度对关节 i 造成的影响。重力项的矢量与姿态有关。c_i 项表示由重力引起的绕关节 i 旋转的力矩。

式（6.53）的第一项包括跟踪轨迹所需的转矩和力，其中 $\boldsymbol{\tau}_e$ 是主动关节转矩的 3×1 矢量，$\boldsymbol{F}$ 是 3×1 地面接触力矢量。在腿的摆动相，没有足与地形相互作用，$\boldsymbol{F}$ 变为零。但是，在支撑相足接地，因此式（6.53）变为不定方程。通过下列方式之一解决足地接触，使式（6.53）变为不定方程。

（1）使用拉格朗日乘数使能量函数最小化（Dettman，1988）。

（2）建立足与地形的相互作用（Manko，1992）模型，建立接触力和足的位置之间的关系，增加所需解决的方程数［式（6.53）］。

（3）在足端使用力传感器来测量 $\boldsymbol{F}$（Zhou 等，2000）。

6.3.2 致动器和传动系统的动力学模型

致动器和传动系统在机器人动力学计算中是相关的。执行机构主要有电动、气动和液压 3 种类型。由于电驱动可以更精确地控制，因此被广泛使用。使用电驱动在直流电动机的运行中，转子旋转期间产生惯性力和摩擦力，必须通过电机转矩进行平衡。如果步行机器人使用大传动比传动系统，需考虑摩擦、弹性和间隙。

此处只考虑直流电动机，因为它们是腿式机器人关节类型最常见的电机。液压致动器动态模型可以在 Craig（1989）与 Sciavicco 和 Siciliano（2000）书中找到，而 Ogata（1996）则介绍了不同型号的气动执行机构。直流转矩电机通过齿轮减速到惯性载荷的机械模型如图 6.5 所示。转子施加的转矩 τ_{m} 必须平衡转子和负载惯性，这里表示为等效惯性 J_{eq}。同样，由于电动机引起的阻尼效应和负

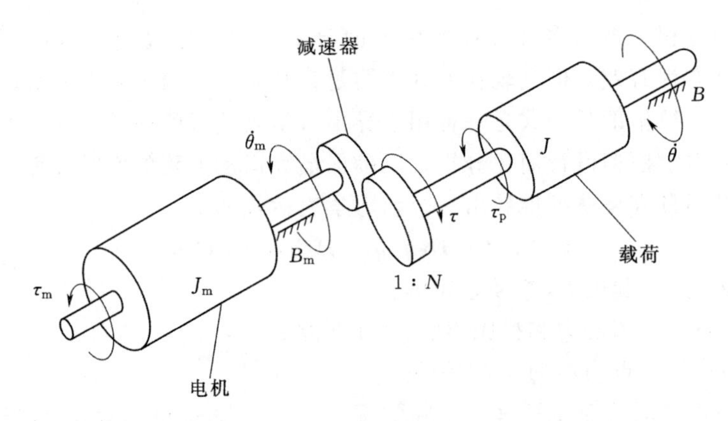

图 6.5　直流转矩电机通过齿轮减速到惯性负载的机械模型

载摩擦必须平衡，表示为等效阻尼 B_{eq}，有

$$\tau_m - \frac{1}{N}\tau_p = J_{eq}\ddot{\theta}_m + B_{eq}\dot{\theta}_m \tag{6.54}$$

式中　θ_m——致动器位置；

N——减速比。

等效惯性和等效阻尼计算式为

$$J_{eq} = J_m + \frac{1}{N^2}J \tag{6.55}$$

$$B_{eq} = B_m + \frac{1}{N^2}B \tag{6.56}$$

传动系统是另一个摩擦的来源。黏性摩擦通常存在于有润滑的接触点，因此应该包括在等效阻尼项 B_{eq} 中。可能还存在其他摩擦力，如库仑摩擦。这个摩擦分力代表传动中的能量损失，用减速机的机械效率 η 来建模。因此，在传动系统中，库仑和黏性摩擦可以包含在动态模型中，即

$$J_{eq} = J_m + \frac{1}{N^2\eta}J \tag{6.57}$$

$$B_{eq} = B_m + \frac{1}{N^2\eta}B \tag{6.58}$$

然而，这个传动系统摩擦力的模型对某些系统可能不够准确。该模型既不考虑静摩擦也不考虑啮合摩擦（Garcia 等，2002），这在高精度系统方面尤为显著。在这种情况下，需要准确的摩擦模型。大传动比机器人系统的完整摩擦模型由 Garcia 等人（2002）发现。

6.3.3　完整动力学模型

腿的动力学模型由机械部件的动力学模型以及致动器和传动系统的动力学模

型组成。考虑到腿的机械部分作为与配置相关的负载，相关致动器的转矩必须平衡，移动机械部分所需的致动器主动转矩来自式（6.53）：

$$\boldsymbol{\tau}_{a}=\boldsymbol{N}^{-1}\boldsymbol{\tau}_{e} \tag{6.59}$$

其中 $\boldsymbol{N}$ 是 3×3 的关节减速比对角矩阵。执行机构的位置、速度和加速度与关节位置、速度和加速度有关，即

$$\boldsymbol{\theta}_{m}=\boldsymbol{N}\boldsymbol{q};\ \dot{\boldsymbol{\theta}}_{m}=\boldsymbol{N}\dot{\boldsymbol{q}};\ \ddot{\boldsymbol{\theta}}_{m}=\boldsymbol{N}\ddot{\boldsymbol{q}} \tag{6.60}$$

式中　$\boldsymbol{\theta}_{m}$、$\dot{\boldsymbol{\theta}}_{m}$、$\ddot{\boldsymbol{\theta}}_{m}$——致动器位置、速度和加速度；

$\boldsymbol{q}$、$\dot{\boldsymbol{q}}$、$\ddot{\boldsymbol{q}}$——关节位置、速度和加速度。

质量矩阵 $\boldsymbol{D}$ 可以写成两个矩阵的相加，即

$$\boldsymbol{D}(\boldsymbol{q})=\boldsymbol{D}_{1}+\boldsymbol{D}_{2}(\boldsymbol{q}) \tag{6.61}$$

式中　$\boldsymbol{D}_{1}$——$\boldsymbol{D}(\boldsymbol{q})$ 中常数项的 3×3 对角矩阵。

把式（6.53）、式（6.60）及式（6.61）代入式（6.59）中，得

$$\boldsymbol{\tau}_{a}=\boldsymbol{N}^{-1}\boldsymbol{D}_{1}\boldsymbol{N}^{-1}\ddot{\boldsymbol{\theta}}_{m}+\boldsymbol{\tau}_{p} \tag{6.62}$$

其中

$$\boldsymbol{\tau}_{p}=\boldsymbol{N}^{-1}\boldsymbol{D}_{2}(\boldsymbol{\theta}_{m})\boldsymbol{N}^{-1}\ddot{\boldsymbol{\theta}}_{m}+\boldsymbol{N}^{-1}\boldsymbol{H}(\boldsymbol{\theta}_{m},\dot{\boldsymbol{\theta}}_{m})+\boldsymbol{N}^{-1}\boldsymbol{C}(\boldsymbol{\theta}_{m})+\boldsymbol{N}^{-1}\boldsymbol{J}^{T}\boldsymbol{F} \tag{6.63}$$

因此，可以考虑腿的机械部分的动力学作为两项的总和：由 $\boldsymbol{J}=\boldsymbol{N}^{-1}\boldsymbol{D}_{1}\boldsymbol{N}^{-1}$ 给出的恒定惯性和式（6.53）中可变项给出的扰动 $\boldsymbol{\tau}_{p}$。考虑到执行机构转矩必须满足腿部动力学模型，致动器动力学模型可以以矩阵形式表达为

$$\boldsymbol{\tau}_{m}=\boldsymbol{J}_{eq}\ddot{\boldsymbol{\theta}}_{m}+\boldsymbol{B}_{eq}\dot{\boldsymbol{\theta}}_{m}+\boldsymbol{\tau}_{p}+\boldsymbol{\tau}_{F} \tag{6.64}$$

式中　$\boldsymbol{\tau}_{m}$——致动器转矩的 3×1 矢量；

$\boldsymbol{\tau}_{F}$——每个关节的非黏性摩擦模型的 3×1 矢量，因此不包括黏性摩擦 F_{vii}。

等效惯性和等效阻尼为

$$\boldsymbol{J}_{eq}=\boldsymbol{J}_{m}+\boldsymbol{N}^{-1}\boldsymbol{D}_{1}\boldsymbol{N}^{-1} \tag{6.65}$$

$$\boldsymbol{B}_{eq}=\boldsymbol{B}_{m}+\boldsymbol{F}_{v} \tag{6.66}$$

式中　$\boldsymbol{J}_{m}$——3×3 对角矩阵，其元素 J_{mii} 是执行机构 i 的转子惯性。

$\boldsymbol{B}_{m}$——3×3 对角矩阵，元素 B_{mii} 是致动器 i 的黏性摩擦系数；

$\boldsymbol{F}_{v}$——3×3 对角矩阵，其元素 F_{vii} 是关节 i 的传动系统中的黏性摩擦系数。

式（6.63）～式（6.66）完成机器人腿或者操纵臂的动力学模型，注意，$\boldsymbol{\tau}_{P}$ 和 $\boldsymbol{\tau}_{F}$ 是非线性项。$\boldsymbol{\tau}_{P}$ 项还存在关节之间的耦合，此项只有在使用大传动比的情况下被忽略，式（6.64）中的模型是解耦的。但是在这种情况下 $\boldsymbol{\tau}_{F}$ 项将增加其

相关性，模型将变得更加复杂。因此，有必要对模型进行研究和分析，以获得准确的数学简化表达。

6.4　动力学模型分析方法

由于机器人腿部动力学模型很复杂，人们通常用不正确的简化模型来实现实时运动控制。由于简化程序粗略，控制将变得不精确。

为了精确地简化动力学模型，这里提出动力学分析的一种方法，包括以下步骤：

（1）步骤1：计算式（6.64）中的每个项，覆盖实际机器人轨迹的整个工作空间。

（2）步骤2：分析每个计算项的转矩贡献。

（3）步骤3：如果模型中的项对每个轨迹的转矩贡献小于5%，那么这个项被认为是不重要的，可以被忽略。

（4）步骤4：剩下的项反映了动力学。然后推导在不同轨迹下的这些重要项研究：①作为末端致动器位置的转矩的贡献趋势；②作为线性轨迹速度的转矩的贡献趋势；③作为线性轨迹加速度的转矩的贡献趋势。

作为分析的结果，在机器人执行任务时能够识别机器人动力学的相关变量。机器人动力学和轨迹参数之间的关系可以在实时控制算法中应用，或者在最大速度的轨迹生成算法中应用（见第7章）。

6.5　SILO4 步行机器人的应用

本节旨在展示上述动力学模型分析方法的用法。对 SILO4 四足的描述见附录A，再次测试分析技术的性能。

6.5.1　机械零件的动态模型

拉格朗日公式用于推导出 SILO4 腿机械部分的动态方程。直接应用拉格朗日动态方程与 D－H 连杆坐标表示形成了紧凑、系统的算法，用于 SILO4 腿的运动方程的描述。表6.2列出了所有用于推导 SILO4 腿动力学方程的动态参数。使用 Pro/ENGINEER 机械设计软件（Lamit，2001）计算惯性力矩和质心位置。质量值通过实验检查。

用拉格朗日方程系统推导产生腿的机械部分的动力学方程［式（6.53）］。SILO4 腿的惯性矩阵 $\boldsymbol{D}$，离心力和科氏力矢量 $\boldsymbol{H}$ 和重力矢量 $\boldsymbol{C}$ 在以下段落中介绍。Maple Ⅴ软件包用于符号简化（Monagan 等，1998）。

表 6.2　　用于推导 SILO4 腿动力学方程的动态参数

连杆参数		连杆 1	连杆 2	连杆 3+足
质量/kg		1.22	1.26	0.63
长度/m		0.06	0.24	0.24
c.o.m 的位置 (10^{-3}m)	x_{cm}	−12.2	−109.4	−84.5
	y_{cm}	101.0	11.4	−2.5
	z_{cm}	0.4	−0.8	3.9
惯性张量 (10^{-3}kg·m^2)	I_{xx}	18.2	0.6	0.3
	I_{xy}	1.7	1.8	−0.01
	I_{xz}	0.002	−0.17	0.17
	I_{yy}	0.6	22.4	10.8
	I_{yz}	−0.03	0.01	0
	I_{zz}	18.4	22.5	10.8

1. SILO4 腿的惯性矩阵 $\boldsymbol{D}$

惯性矩阵是 3×3 矩阵，代表腿的两个连杆之间的惯性力。这个矩阵的一般形式是

$$\boldsymbol{D}=\begin{pmatrix} D_{11} & D_{12} & D_{13} \\ D_{21} & D_{22} & D_{23} \\ D_{31} & D_{32} & D_{33} \end{pmatrix} \tag{6.67}$$

对于不同的足端轨迹，对该矩阵的每个元素每一项的贡献进行了分析，贡献小于 10^{-4} 的非重要项被省略。经过这些数学简化，惯性矩阵的每个元素具有以下最终形式

$$\begin{cases} D_{11}=aC_2+bS_2+cC_3+dC_{23}+c\cos(q_3+2q_2) \\ \qquad +e\sin(2q_2)+f\cos(2q_2)+g\cos(2q_3+2q_2)+h \\ D_{12}=0 \\ D_{13}=0 \\ D_{22}=kC_3+l \\ D_{23}=cC_3+m \\ D_{33}=m \end{cases} \tag{6.68}$$

其中 $S_i=\sin q_i$，$C_i=\cos q_i$，$S_{ij}=\sin(q_i+q_j)$ 和 $C_{ij}=\cos(q_i+q_j)$。

惯性矩阵 $\boldsymbol{D}$ 通常可分为两个矩阵，即

$$\boldsymbol{D}=\boldsymbol{D}_1+\boldsymbol{D}_2 \tag{6.69}$$

其中 $\boldsymbol{D}_1$ 是常量，它的元素是对角矩阵 $\boldsymbol{D}$ 对角线项的常数，即

$$\boldsymbol{D}_1=\begin{pmatrix} h & 0 & 0 \\ 0 & l & 0 \\ 0 & 0 & m \end{pmatrix} \tag{6.70}$$

$\boldsymbol{D}_2$ 由式（6.69）获得。常数 $a\sim m$ 见表 6.3。

表 6.3　　用于 SILO4 腿动态模型的常数值（国际单位）

常数	数值	常数	数值	常数	数值
a	0.0376	h	0.0532	r	0.00527
b	−0.00173	k	0.0462	s	0.00581
c	0.0231	l	0.0856	t	0.0115
d	0.0116	m	0.0213	u	3.077
e	−0.00528	n	−0.0635	v	−0.142
f	0.0317	p	−0.0210	w	0.951
g	0.0105	q	0.0188	x	0.0152

2. 离心力和科氏力矢量 $\boldsymbol{H}$

离心力和科氏力矢量形式为

$$\boldsymbol{H}=(h_1 h_2 h_3)^{\mathrm{T}} \tag{6.71}$$

在分析和简化之后，每个元素为

$$\begin{cases} h_1=h_{112}\dot{q}_1\dot{q}_2+h_{113}\dot{q}_1\dot{q}_3 \\ h_2=h_{211}\dot{q}_1^2+h_{223}\dot{q}_2\dot{q}_3+h_{233}\dot{q}_3^2 \\ h_3=h_{311}\dot{q}_1^2+h_{322}\dot{q}_2^2 \end{cases} \tag{6.72}$$

其中

$$\begin{cases} h_{112}=-aS_2+n\sin(2q_2)-g\cos(2q_2)-dS_{23}-k\sin(2q_2+q_3)+p\sin(2q_2+2q_3) \\ h_{113}=-cS_3-dS_{23}-c\sin(2q_2+q_3)+p\sin(2q_2+2q_3) \\ h_{211}=qS_2+f\sin(2q_2)+r\cos(2q_2)+sS_{23}+c\sin(2q_2+q_3)+g\sin(2q_2+2q_3) \\ h_{223}=-kS_3 \\ h_{233}=-cS_3 \\ h_{311}=tS_3+sS_{23}+t\sin(2q_2+q_3)+g\sin(2q_2+2q_3) \\ h_{322}=cS_3 \end{cases} \tag{6.73}$$

常数 $a\sim t$ 见表 6.3。

3. 重力项矢量 $\boldsymbol{G}$

重力项矢量形式为

$$\boldsymbol{G}=(g_1 g_2 g_3)^{\mathrm{T}} \tag{6.74}$$

数学简化后为

$$
\begin{cases}
g_1 = 0 \\
g_2 = uC_2 + vS_2 + wC_{23} \\
g_3 = wC_{23} + xS_{23}
\end{cases}
\tag{6.75}
$$

常数 $u \sim x$ 见表 6.3。

6.5.2　执行机构的动力学模型

SILO4 的致动器是 3 个位于关节处的低惯量直流电机通过齿轮减速驱动负载。第一个关节致动器通过行星齿轮连接；第二和第三个关节有一个行星齿轮加一个螺旋齿轮（图 6.6）。因此，第一台关节电机装配将与图 6.5 中的模型相匹配，而第二和第三个关节的关节电机组件具有两级齿轮，因此模型更复杂。要实现这些致动器的精确模型，我们应该记住它们是非理想的致动器。每级齿轮都有库仑、黏性和啮合摩擦的转矩损失，即 Garcia 等人（2002）提出的摩擦模型

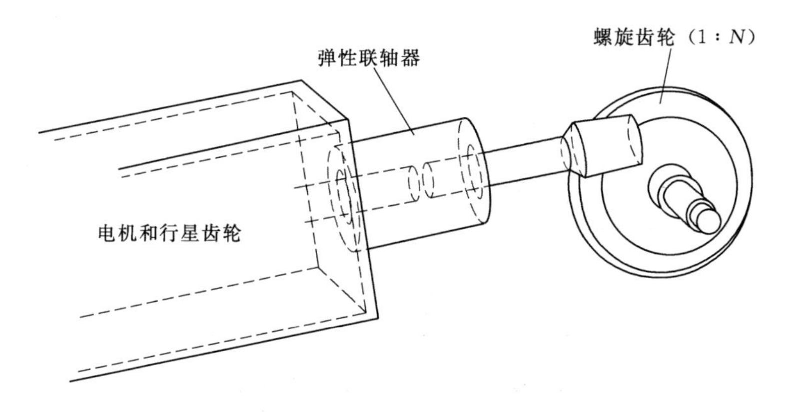

图 6.6　SILO4 腿第二关节和第三关节的传动和齿轮

$$
\tau_{Fi} = [\tau_C + (\tau_E - \tau_C) e^{-|\dot{\theta}_{mi}|/\dot{\theta}_S} + A_1 \sin(\omega_1 \theta_{mi} + \phi_1) + A_2 e^{-\beta|\dot{\theta}_{mi}|} \sin(\omega_2 \theta_{mi} + \phi_2)] \mathrm{sign}(\dot{\theta}_{mi})
\tag{6.76}
$$

式中　i——关节号码；

τ_E——静摩擦值；

τ_C——库仑摩擦值；

$\dot{\theta}_S$——表征 Stribeck 效应的 Stribeck 速度；

A_1、ω_1——位置相关摩擦的幅值和频率；

A_2、ω_2——可变幅值的啮合摩擦分量和频率。

传动系统的黏性摩擦 F_{vi} 被包括在致动器的等效阻尼项中。SILO4 的摩擦参数已经确定，见表 6.4～表 6.6。采用最小二乘法进行参数识别，详见 Garcia 等

(2002)。然后分别命名关节 i 的转子惯量和阻尼为 J_{mi} 和 B_{mi}，行星齿轮和斜轴齿轮之间的弹性连接元件的转子惯量和阻尼为 J_{ei} 和 B_{ei}。对于 3 个关节的腿电机组件来说式 (6.64) 的转矩平衡公式为

$$\tau_{m1}-\tau_{p1}-\tau_{F1}=(J_{m1}+N_{p1}^{-2}h)\ddot{\theta}_{m1}+(B_{m1}+F_{v1})\dot{\theta}_{m1} \tag{6.77}$$

$$\tau_{m2}-\tau_{p2}-\tau_{F2}=(J_{m2}+N_{p2}^{-2}J_{e2}+N_{p2}^{-2}N_{s2}^{-2}l)\ddot{\theta}_{m2}+(B_{m2}+N_{p2}^{-2}B_{e2}+F_{v2})\dot{\theta}_{m2} \tag{6.78}$$

$$\tau_{m3}-\tau_{p3}-\tau_{F3}=(J_{m3}+N_{p3}^{-2}J_{e3}+N_{p3}^{-2}N_{s3}^{-2}l)\ddot{\theta}_{m3}+(B_{m3}+N_{p3}^{-2}B_{e3}+F_{v3})\dot{\theta}_{m3} \tag{6.79}$$

表 6.4　SILO4 腿的第一关节的摩擦参数

旋转方向	$\tau_E/(10^{-3}N\cdot m)$	$\tau_C/(10^{-3}N\cdot m)$	$\dot{\theta}_S/(r\cdot min^{-1})$	$B/(10^{-3}N\cdot m\cdot r^{-1}\cdot min)$
正	3.019	2.97	38.4	0.00264
负	3.019	2.97	38.4	0.00264
旋转方向	$A_1/(10^{-3}N\cdot m)$	$\omega_1/(rad\cdot s^{-1})$	ϕ_1/rad	
正	0	3.5×10^{-3}	0	
负	0	3.5×10^{-3}	0	
旋转方向	$A_2/(10^{-3}N\cdot m)$	$\beta_2/(r\cdot min^{-1})$	$\omega_2/(rad\cdot s^{-1})$	ϕ_2/rad
正	0.21	6.5×10^{-8}	1	0.03
负	0.23	5.7×10^{-8}	1	0.06

表 6.5　SILO4 腿的第二关节的摩擦参数

旋转方向	$\tau_E/(10^{-3}N\cdot m)$	$\tau_C/(10^{-3}N\cdot m)$	$\dot{\theta}_S/(r\cdot min^{-1})$	$B/(10^{-3}N\cdot m\cdot r^{-1}\cdot min)$
正	34.91	34.48	5691	0.00123
负	34.99	34.53	5702	0.00086
旋转方向	$A_1/(10^{-3}N\cdot m)$	$\omega_1/(rad\cdot s^{-1})$	ϕ_1/rad	
正	2.50	3.5×10^{-3}	0.2	
负	2.50	3.5×10^{-3}	0.2	
旋转方向	$A_2/(10^{-3}N\cdot m)$	$\beta_2/(r\cdot min^{-1})$	$\omega_2/(rad\cdot s^{-1})$	ϕ_2/rad
正	1.02	3.1×10^{-11}	0.071	1.2
负	1.40	1.2×10^{-11}	0.071	1.2
旋转方向	$A_3/(10^{-3}N\cdot m)$	$\beta_3/(r\cdot min^{-1})$	$\omega_3/(rad\cdot s^{-1})$	ϕ_3/rad
正	0.25	5.8×10^{-15}	1	$-\pi/3$
负	0.23	0.9×10^{-15}	1	$-\pi/3$

表 6.6　　SILO4 腿的第三关节的摩擦参数

旋转方向	$\tau_E/(10^{-3}\text{N}\cdot\text{m})$	$\tau_C/(10^{-3}\text{N}\cdot\text{m})$	$\dot{\theta}_S/(\text{r}\cdot\text{min}^{-1})$	$B/(10^{-3}\text{N}\cdot\text{m}\cdot\text{r}^{-1}\cdot\text{min})$
正	8.58	7.106	28.18	0.0134
负	9.41	7.909	26.58	0.0138
旋转方向	$A_1/(10^{-3}\text{N}\cdot\text{m})$	$\omega_1/(\text{rad}\cdot\text{s}^{-1})$	ϕ_1/rad	
正	0.3	3.5×10^{-3}	$\pi/2$	
负	0.3	3.5×10^{-3}	$\pi/2$	
旋转方向	$A_2/(10^{-3}\text{N}\cdot\text{m})$	$\beta_2/(\text{r}\cdot\text{min}^{-1})$	$\omega_2/(\text{rad}\cdot\text{s}^{-1})$	ϕ_2/rad
正	0.576	1.27×10^{-4}	0.071	$\pi/2$
负	0.526	1.12×10^{-4}	0.071	$\pi/2$
旋转方向	$A_3/(10^{-3}\text{N}\cdot\text{m})$	$\beta_3/(\text{r}\cdot\text{min}^{-1})$	$\omega_3/(\text{rad}\cdot\text{s}^{-1})$	ϕ_3/rad
正	2.99	5.8×10^{-5}	1	π
负	3.27	0.75×10^{-5}	1	π

致动器动态参数见表 6.7。扰动转矩 τ_{p1}、τ_{p2} 和 τ_{p3} 是腿部关节 1～3 所需的转矩，分别遵循给定的轨迹并从式（6.63）获得

$$\boldsymbol{\tau}_p=\boldsymbol{N}^{-1}\boldsymbol{D}_2(\boldsymbol{\theta}_m)\boldsymbol{N}^{-1}\ddot{\boldsymbol{\theta}}_m+\boldsymbol{N}^{-1}\boldsymbol{H}(\boldsymbol{\theta}_m,\dot{\boldsymbol{\theta}}_m)+\boldsymbol{N}^{-1}\boldsymbol{C}(\boldsymbol{\theta}_m)+\boldsymbol{N}^{-1}\boldsymbol{J}^{T}\boldsymbol{F} \tag{6.80}$$

其中

$$\boldsymbol{\tau}_p=(\tau_{p1}\,\tau_{p2}\,\tau_{p3})^{T} \tag{6.81}$$

$$\boldsymbol{N}=\begin{pmatrix} N_{p1} & 0 & 0 \\ 0 & N_{p2}N_{s2} & 0 \\ 0 & 0 & N_{p3}N_{s3} \end{pmatrix} \tag{6.82}$$

表 6.7　　致动器动态参数

参数		致动器 1	致动器 2	致动器 3
$J_m/(10^{-6}\text{kg}\cdot\text{m}^2)$		2.3	6.4	4.9
$B_m/(10^{-4}\text{N}\cdot\text{m}\cdot\text{rad}^{-1}\cdot\text{s}^{-1})$		1.77	9.14	3.0
R/Ω		10.5	2.0	5.5
$L/(10^{-3}\text{H})$		0.94	0.27	0.85
$K_M/(10^{-3}\text{N}\cdot\text{m}\cdot\text{A}^{-1})$		46.81	42.88	41.05
$K_E/(\text{V}\cdot\text{rad}^{-1}\cdot\text{A}^{-1})$		0.039	0.043	0.041
行星齿轮	N_p	246	14	14
	$\eta_p/\%$	60	80	80
螺旋齿轮	N_S		20.5	20.5
	$\eta_S/\%$		70	70
B_e			0	0
$J_e/(10^{-6}\text{kg}\cdot\text{m}^2)$			6.5	6.5

6.5.3 模型分析

获得 SILO4 腿部的数学模型后就可以进行模型分析。首先，使用 SILO4 腿部原型（图 6.7）分析真实腿部轨迹机械部件的转矩贡献和致动器动力学的转矩贡献并进行比较。众所周知，准确高效的模型分析需要选择具有完整激励特征的轨迹。SILO4 腿部模型的分析所选择的轨迹具有最高的加速度，可提供足够的动态激励。用于生成这种改进轨迹的算法在第 7 章详细介绍。以下进行实验以获得腿的机械部件和致动器的转矩贡献，每个关节都是 PID 控制的。

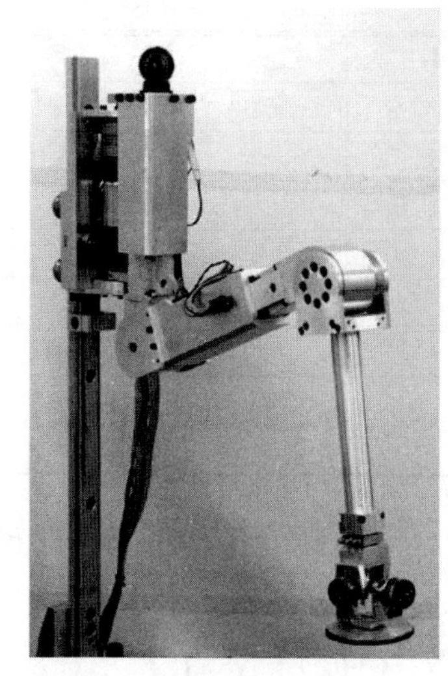

图 6.7　用于实验的 SILO4 腿部原型

1. 机械部件的转矩

分析腿部机械部件的动力学，将数学模型中的每一项转矩与实际中腿的摆动轨迹进行比较。图 6.8 所示为相应的机械部件模型中 4 项的转矩，即

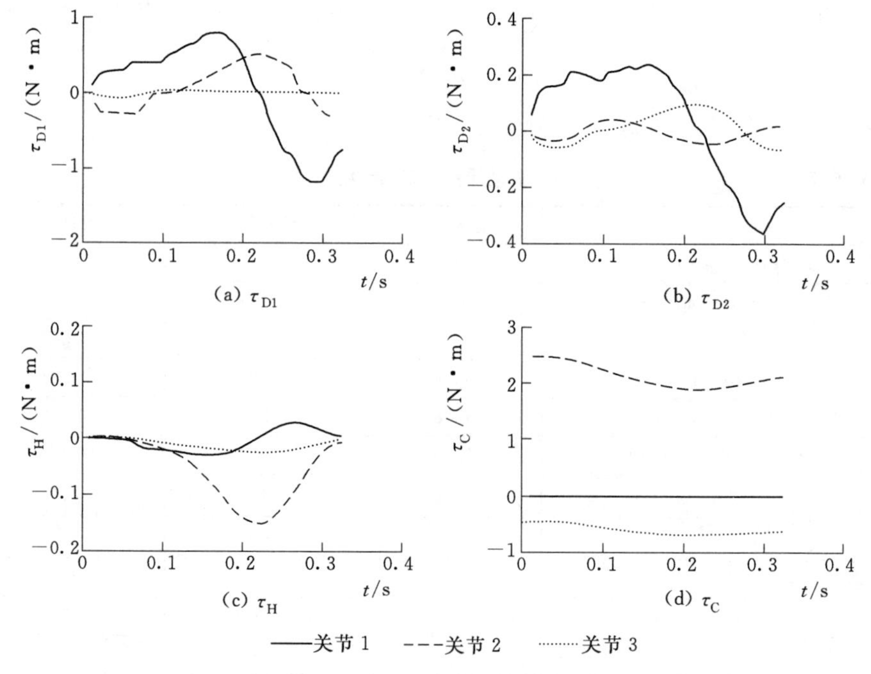

图 6.8　SILO4 腿部机械部件的转矩

$$
\begin{cases}
\boldsymbol{\tau}_{D1}=\boldsymbol{D}_1(\boldsymbol{q})\ddot{\boldsymbol{q}}\\
\boldsymbol{\tau}_{D2}=\boldsymbol{D}_2(\boldsymbol{q})\ddot{\boldsymbol{q}}\\
\boldsymbol{\tau}_{H}=\boldsymbol{H}(\boldsymbol{q},\dot{\boldsymbol{q}})\\
\boldsymbol{\tau}_{C}=\boldsymbol{C}(\boldsymbol{q})
\end{cases}
\tag{6.83}
$$

其中腿部机械部件的总转矩为

$$
\boldsymbol{\tau}_e=\boldsymbol{\tau}_{D1}+\boldsymbol{\tau}_{D2}+\boldsymbol{\tau}_H+\boldsymbol{\tau}_C \tag{6.84}
$$

总扰动转矩 $\boldsymbol{\tau}_p$ 的项为

$$
\boldsymbol{\tau}_p=\boldsymbol{\tau}_{D2}+\boldsymbol{\tau}_H+\boldsymbol{\tau}_C \tag{6.85}
$$

其中 $\boldsymbol{\tau}_{D1}$ 项对致动器的等效惯量有影响，其沿着给定腿部轨迹的转矩随时间的变化如图 6.8（a）所示，其中每条线显示用以移动其自身连杆恒定惯量每个关节所需的转矩（矢量 $\boldsymbol{\tau}_{D1}$）。同样的，图 6.8（b）表示非常数和非对角惯性项的转矩（矢量 $\boldsymbol{\tau}_{D2}$），图 6.8（c）表示离心力和科氏力（矢量 $\boldsymbol{\tau}_H$）的转矩，图 6.8（d）表示重力作用的转矩（矢量 $\boldsymbol{\tau}_C$）。

动力学模型中四项的详细数值比较显示，在腿部动力学的作用力中，离心力和科氏力效应发挥了很小的作用［图 6.8（c）］。这可以在图 6.9 中更清楚地观察到，所有的转矩已经绘制在一起。很明显，$\boldsymbol{\tau}_H$ 可以忽略不计。重力项的作用在关节 2 和关节 3 的运动中是显著的，惯性的作用对关节 1 是显著的。图 6.10 所示为每个关节的总扰动转矩［式（6.85）］中的 τ_{pi}，并将其与从式（6.85）剔除 $\boldsymbol{\tau}_H$ 获得的简化扰动转矩进行比较，即

$$
\boldsymbol{\tau}_p^S=\boldsymbol{\tau}_{D2}+\boldsymbol{\tau}_C \tag{6.86}
$$

图 6.10 显示了简化出现的最大误差，在最坏的情况下为 4.2%。

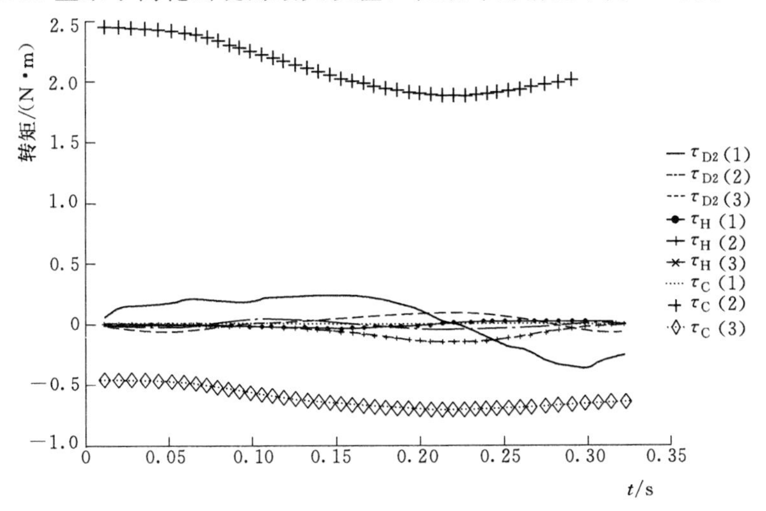

图 6.9　SILO4 腿部机械部件转矩的数值比较

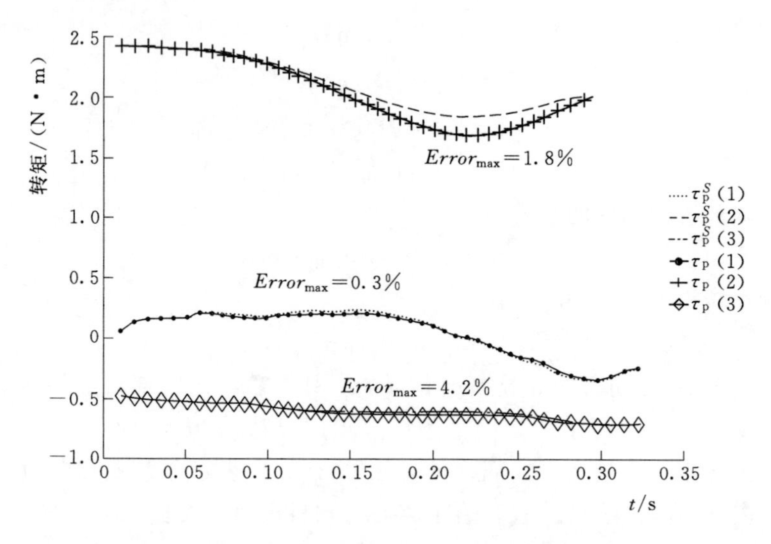

图 6.10　SILO4 腿部的扰动转矩 τ_p 和简化的扰动转矩 τ_p^S

总结对腿部机械部件的分析，可见影响 SILO4 腿部关节 1 动力学最大的是惯性，影响关节 2 和关节 3 动力学的主要是重力影响，惯性在这两个关节中发挥次要作用。

2. 致动器和传动系统的转矩

图 6.11 所示为在给定的腿部轨迹中的致动器的摩擦力和等效惯性产生的转矩。致动器等效惯量包括腿部机械部件的恒定惯量 D_1，见式（6.77）～式（6.79)。实际轨迹下腿的摩擦转矩见式（6.76)。通过这两个数字的比较，可以看出关节 2 和关节 3 的摩擦力是惯性的两倍。而在关节 1 中惯性比摩擦力更为重要。但无论如何，摩擦力绝对不可忽视。因此，高传动比机器人系统的摩擦力足以阻碍模型简化的初步猜测在这里得到验证。即摩擦主导了致动器 2 和致动器 3 的动力学。因此，假设没有摩擦存在的简化模型会导致步行机器人的动力学模型在运动控制期间产生显著的误差。

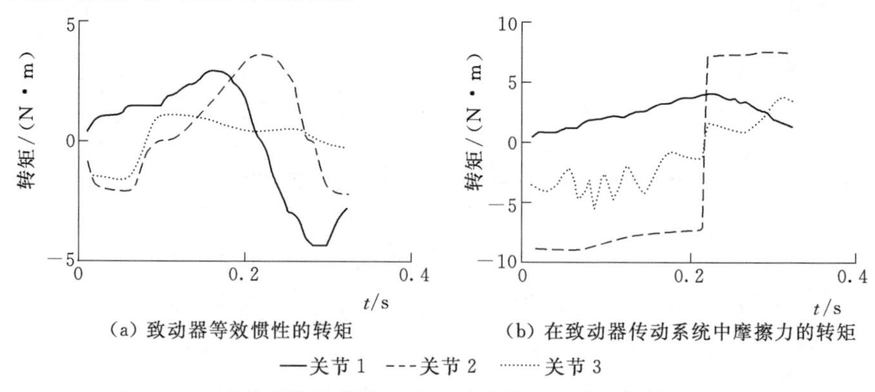

(a) 致动器等效惯性的转矩　　(b) 在致动器传动系统中摩擦力的转矩

—关节 1　---关节 2　······关节 3

图 6.11　致动器等效惯性和在致动器传动系统中摩擦力的转矩

图 6.12 用于显示腿部机械部件对致动器动力学的扰动效应。对于图 6.12 中示例轨迹，扰动 $\boldsymbol{\tau}_p$ 可以认为是致动器 2 和致动器 3 的常数。然而，由于存在可变惯量 $\boldsymbol{D}_2$，致动器 1 中的扰动不是恒定的，但几乎可以忽略不计。图 6.13（a）所示为不同的轨迹，忽略了致动器 1 的扰动相对于惯性力矩的最大误差，这个误差总是小于 0.5%。

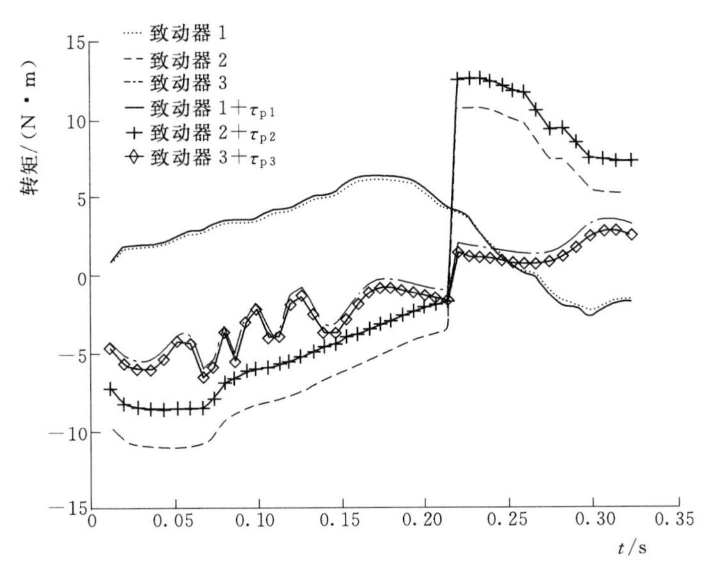

图 6.12　致动器模型的转矩和 SILO4 腿部机械部件的扰动的影响

定义腿的水平展宽为 R_h，即从末端致动器到腿部参考坐标系原点水平投影的距离如图 6.14 所示。

$$R_h = a_3\cos(q_2+q_3)+a_2\cos q_2 \tag{6.87}$$

关节 2 和关节 3 动力学的主要扰动是重力，并且该影响随着腿部的水平延伸而增加，如图 6.13（b）和图 6.13（c）所示。

对 SILO4 腿动力学模型的分析得出结论，关节 1 上的机械部件的动力学可以忽略不计。机械部件在关节 2 和关节 3 上的扰动随着腿的水平延伸而变化。基于此考虑，可以简化模型，又不失准确性。然后简化腿部机械部件对 3 个致动器的扰动转矩 τ_{p1}^S、τ_{p2}^S 和 τ_{p3}^S 为

$$\tau_{p1}^S = 0 \tag{6.88}$$

$$\tau_{p2}^S = m_2 R_h(q_2, q_3) + b_2 \tag{6.89}$$

$$\tau_{p3}^S = m_3 R_h(q_2, q_3) + b_3 \tag{6.90}$$

其中 τ_{p2}^S、τ_{p3}^S 和 R_h 之间的关系已经被线性化。

简化 SILO4 腿动力学模型后，关节 2 和关节 3 是耦合的，而关节 1 是独立的。该分析能够使基于模型的控制策略更有效。模型分析的结果在第 7 章中介绍。

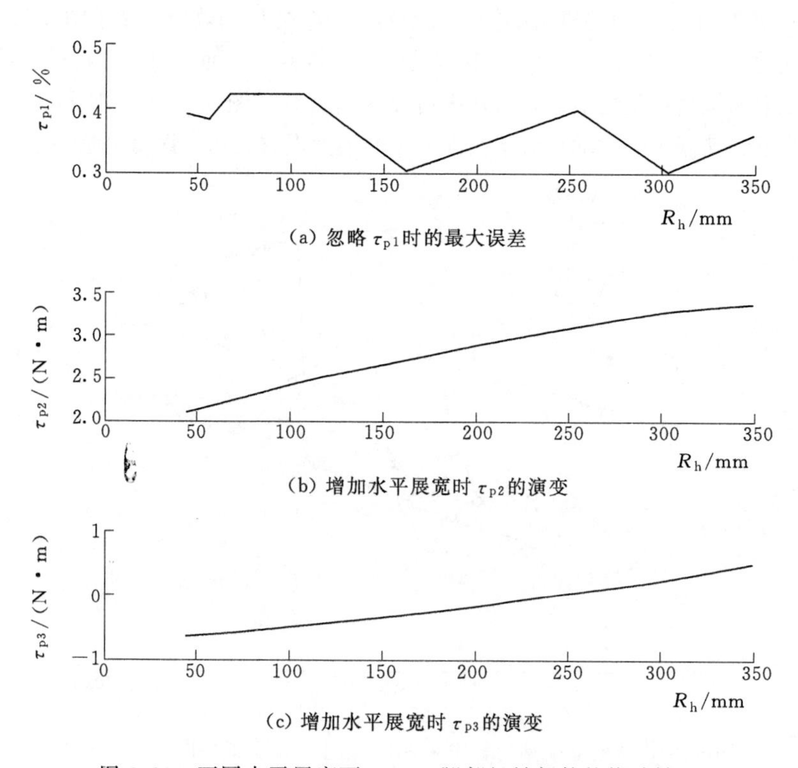

(a) 忽略 τ_{p1}时的最大误差

(b) 增加水平展宽时 τ_{p2}的演变

(c) 增加水平展宽时 τ_{p3}的演变

图 6.13 不同水平展宽下 SILO4 腿部机械部件的扰动转矩

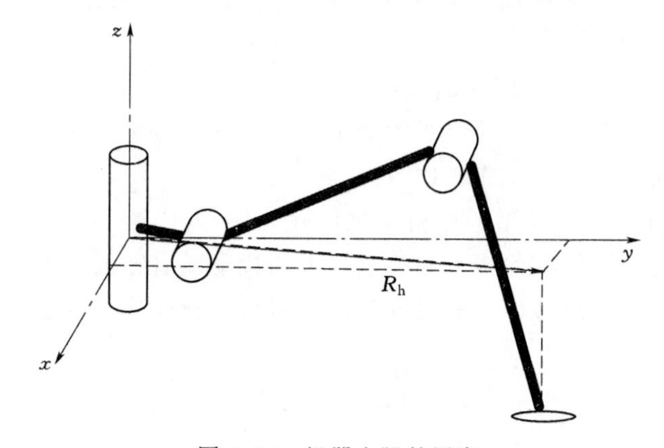

图 6.14 机器人腿的展宽

6.6 结论

许多作者建议在步行机器人控制中不考虑腿的动力学。高传动比传动系统就忽略了腿动力学对轨迹控制的影响。但是，使用高减速比来减小腿动力学意味着传动系统中的间隙、摩擦和弹性会显著增加。这些额外影响比机械部件的动态模拟更难。本章的一个主要结论是机器人腿部作为无质量系统并不总是最好的选择，腿动力学效应是可以建模的，并可以用来改善控制系统。为了说明这一点，本章得出了一个机器人腿部的精确模型。通过使用真实的腿部原型进行实验，分析实际腿部轨迹下不同动力项的转矩贡献。通过对腿动力学的详细分析对模型进行简化，获得腿部运动控制的动力学精确模型。

第7章　提高腿部速度的软计算技术

7.1　简介

为了实现步行机器人的实际应用，需要改进当前步行机器人的性能。步行机器人的反对者，通常将机器速度作为此类移动装备主要缺点之一。步行机器人腿部必须设计为在比机械手更差的负载条件下工作，机械结构性能较差，同时还需具有良好的精度。例如，设计用于携带3kg有效载荷的商业机械手重量约50kg，结构刚性很好。而一条用于SILO4步行机器人的腿，重量仅为4kg，但必须在足的位置支撑高达15kg（机器重量的一半）的载荷。通常情况下，腿部的大载荷通过使用高速比齿轮传动，降低速度，增加输出转矩；因此腿的速度比机械手慢。但腿部速度可通过在轨迹生成时采用接近极限的驱动速度来改进。

用于户外自然地面的步行机器人通常需要跨越障碍，如岩石或树木等障碍物，可能会中止足端轨迹。为了应对这种不便，腿部轨迹必须在线生成，以避免每次跨越障碍物时重复产生完整轨迹，造成计算负担。因此可以通过在线轨迹生成提高腿的速度。本章着重介绍生成在线轨迹来提高腿的速度。7.2节举了一些实例说明该问题，并列举了解决方法。7.3节介绍系统模糊推理方法。最后，7.4节为实验结果。

7.2　提高在线轨迹生成中的腿部速度

机器人每个腿的n个旋转关节都存在转矩限制，使其不可能基于关节角速度同步获得足的高速笛卡儿轨迹。

足端轨迹和运动平面如图7.1所示。图7.1显示了3自由度腿的足端直线轨迹$I—F$的初始位置和最终位置。定义一个由平面轨迹$I—F$和腿参考坐标系的原点O组成的平面，将其标记为平面IOF。可以通过使用虚拟的2自由度腿来执行轨迹$I—F$，其中一个旋转关节放置在原点O处，与平面IOF正交，一个伸缩关节将腿部的长度延伸一段距离$R(t)$。因此，足部的笛卡儿运动在腿部的参考坐标系$x_1y_1z_1$以变量$R(t)$和$\theta(t)$表示，给出

$$x_1(t)=R(t)\cos[\theta(t)] \tag{7.1}$$

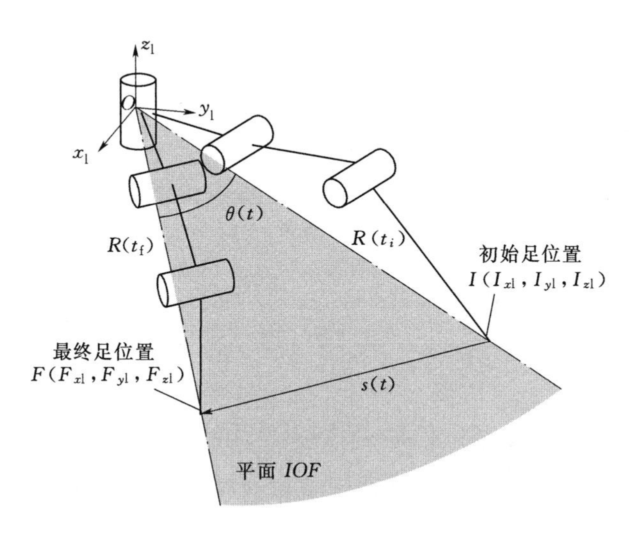

图 7.1　足端轨迹和运动平面

$$y_1(t)=R(t)\sin[\theta(t)] \tag{7.2}$$

从式（7.1）和式（7.2）可得足速度的笛卡儿分量为

$$\dot{x}_1(t)=\dot{R}(t)\cos\theta(t)-\dot{\theta}(t)R(t)\sin[\theta(t)] \tag{7.3}$$

$$\dot{y}_1(t)=\dot{R}(t)\sin\theta(t)-\dot{\theta}(t)R(t)\cos[\theta(t)] \tag{7.4}$$

从式（7.3）和式（7.4）得到足的线速度为

$$v=\sqrt{\dot{R}(t)^2+R(t)^2\dot{\theta}(t)^2} \tag{7.5}$$

根据式（7.5），最大化 v 需要最大化 $\dot{\theta}(t)$、$\dot{R}(t)$ 和 $R(t)$。应对不同的任务要求，最大化 $R(t)$ 不总是可行的。最大化 $\dot{\theta}(t)$ 和 $\dot{R}(t)$ 受最大关节速度的限制，因为 $\dot{\theta}(t)$ 和 $\dot{R}(t)$ 都是根据实际 3 自由度腿 $\dot{\theta}_i(t)$（$i=1,2,\cdots,n$）的关节角度和关节速度来定义的：

$$\dot{\theta}(t)=F[\dot{\theta}_1(t),\cdots,\dot{\theta}_n(t),\theta_1(t),\cdots,\theta_n(t)] \tag{7.6}$$

$$\dot{R}(t)=g[\dot{\theta}_1(t),\cdots,\dot{\theta}_n(t),\theta_1(t),\cdots,\theta_n(t)] \tag{7.7}$$

为了说明，图 7.2 示出了 SILO4 腿的关节角速度如何影响足的平均速度。梯形的足速度曲线用于直线轨迹生成，为了不同的 y 坐标值，如图 7.2 所示的轨迹平行于腿的 x 轴。图 7.2（a）所示为 SILO4 腿的关节 1 的角速度曲线，关节 1 是相同轨迹下首先达到其速度极限的关节。图 7.2 显示，关节速度达到由致动器最大转矩给定的最大驱动速度，对于更接近腿原点 O 的轨迹，也就是 $R(t)$ 的较短值，并且阻止了所需的平均足速度，如图 7.2（b）中所示。相反，对于远

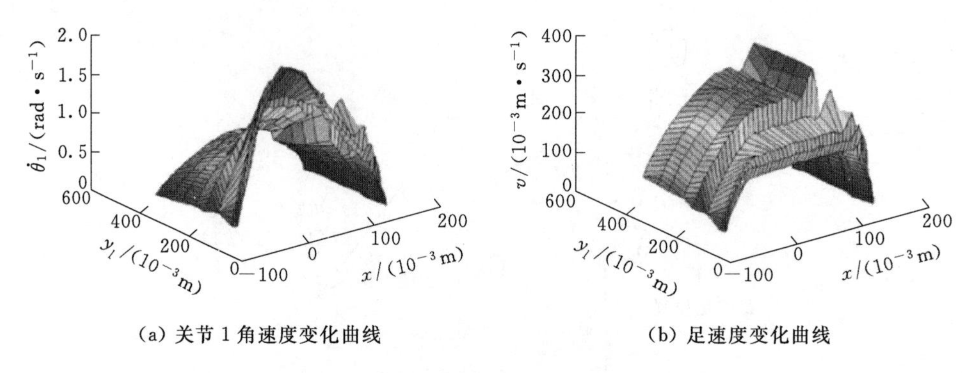

(a) 关节 1 角速度变化曲线　　(b) 足速度变化曲线

图 7.2　平行于腿部 x_1y_1 平面的足端轨迹

离原点 O 的轨迹，即 $R(t)$ 值越高，实现相同平均足端速度所需的角速度就越低。因此，对较高的 $R(t)$ 值足端速度可以增加，直到关节 1 的致动器达到其速度限值。

该实验表明，改善足的直线速度需要修改足速度曲线以适应腿工作空间的每个轨迹。足速度曲线的修改基于至少一个致动器达到速度极限，以实现 $\dot{\theta}(t)$ 和 $\dot{R}(t)$ 最大化。这种解决方案来自最小时间控制技术（Bobrow 等，1985；Shin 和 McKay，1985；Yang 和 Slotine，1994）。但由于其计算复杂，不适用于在线轨迹生成。此外，最小时间控制理论假定腿部的完美精确模型是可用的，并且没有外部干扰。然而，实际上不可能获得这样的理想模型。

最近提出通过模糊推理提高步行机器人在线生成轨迹的足端速度的方法（Garcia 和 Gonzalez de Santos，2001）。当无法获得系统的数学模型时，特别推荐模糊集理论的应用。此外，模糊规则提供了真实机器上存在的不确定性参数的良好估计，是系统真正动态效果的有效表示，避免了耗时的数学模型。以下部分所述的加速度调整方法，是基于生成的梯形足端速度曲线更好地适应轨迹参数，实现至少一个致动器达到速度极限。然而，使用给定的速度曲线所得到的足端直线速度低于使用最小时间算法实现的理论速度。图 7.3 所示为在相平面使用最小时间控制和加速度调整理论方法产生的两个轨迹的比较，同时给出了通过致动器转矩限制和腿部动力学所得的速度限制曲线。图 7.3 中，基于梯形足端速度曲线的轨迹与速度限制曲线最低点相切，沿着加速和减速之间的轨迹保持速度值恒定。相比之下，使用最小时间方法生成的轨迹与速度限制曲线相切于几个点，因此在整段轨迹更具有适应性。因此，使用最小时间达到平均速度比通过加速度调整方法获得的速度更快。然而，加速度调整方法能够在线生成梯形速度曲线来实现最快速度。

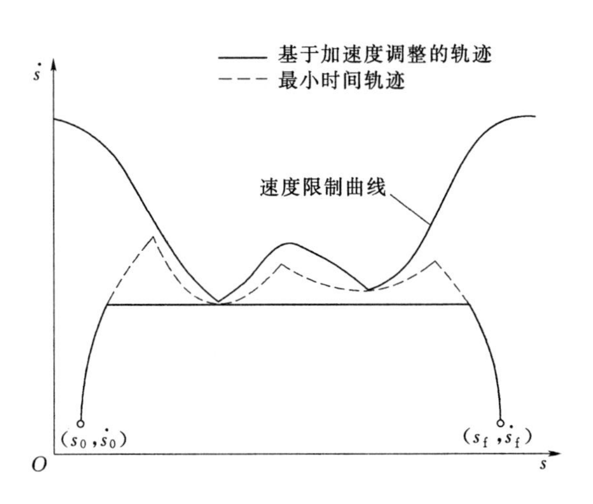

图 7.3　相平面内最小时间轨迹和基于加速度调整的轨迹

7.3　加速度调整方法

考虑腿部工作空间内的两种轨迹。第一种是 $R(t)$ 较小时的轨迹，其最大平均足端速度在很大程度上取决于电机的转速，见式（7.5）。足端直线速度受驱动器限制，更强大的驱动器才能增加这种轨迹的平均足端速度。第二种是较大 $R(t)$的轨迹，如果驱动速度提高到极限，则可以达到极高的足端速度。可以使用具有给定足端加速度的梯形速度分布生成轨迹（图 7.4），其中 v_m 为足的平均速度，t_a 和 t_d 分别为加速时间和减速时间。对于第二种轨迹，可以限制足端速度的唯一因素是速度曲线的加速度。因此，提高这种轨迹的平均足端速度可以通过提高足端加速度来实现。然而，提高速度曲线的加速度在实际机械系统中并不总是可行的方案。腿部动力特性阻止阶跃速度曲线，即不可能具有无限大的加速

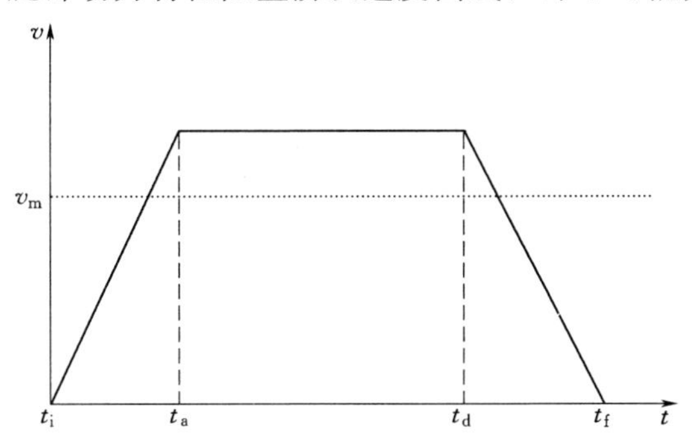

图 7.4　用于轨迹生成的梯形足端速度分布

度。因此，考虑到腿部动力学影响，不能使用复杂的数学模型来在线生成轨迹。为每种特定类型的轨迹找到适当的速度曲线，是加速度调整方法的主要目标。

较高加速度的足端速度曲线可能有助于实现更高的足端速度。对于短轨迹［小 $s(t)$］足端速度曲线变成三角形，因此只能获得较小的平均足端速度。增加足端加速度后在高速下可执行短轨迹。图 7.5 所示为相同摆动距离的两种足端速度曲线。轮廓（1）具有比轮廓（2）更低的足端加速度，因此不会达到第（2）轮廓的平均速度值 v_{m2}。然而，在某些情况下，腿部动力学效应会严重限制足端加速度。6.5.3 节显示，影响 3 自由度关节腿（如 SILO4 腿）运动的动力效应是由自身加速度引起的腿部第一关节的惯性效应以及关节 2 和关节 3 的重力作用。实际观察腿部运动的动态效应：当足轨迹具有大的 z 分量增量时，平面 IOF 几乎是垂直的，并且图 7.1 中的角度 θ 主要由腿部的关节 2 和关节 3 限定，特别是关节 3 在足端速度曲线的加速期间达到其最大绝对角速度（关节 3 的最大驱动转矩小于关节 2；如图 7.6 所示）。这意味着高速抬高足增大了关节 3 所要求的内部加速度，而腿部动力效应则阻止这种运动（由于自重，从 6.5.3 节注意到关节 2 和关节 3 主要受到重力影响）。同理，承受机器人的重量重力会影响腿的向下运动。还要注意，SILO4 腿的关节 2 和关节 3 具有交错轴齿轮（参见附录 A），其呈现由摩擦力和间隙引起的非线性。恒定的重力扰动再加上非线性摩擦和间隙作用可能导致在线生成算法中的误差，导致足端高速向上运动初始时的振荡。找到准确和简单的计算动态效应的数学模型是必需的。模糊理论是解决不存在数学模型的非线性系统问题的适用工具。因此，可用这种软计算技术将影响腿部运动的动力学因素引入足端加速度调整算法，为每个轨迹提供足部的最佳加速度值。根据这种思路可以得出结论，根据轨迹参数和腿部动力学参数的模糊足端加速度调节可以改善腿部运动性能。本章的主要目的是研究足端速度曲线上的加速度变化如何影响腿部性能。

加速度调整方法如下：

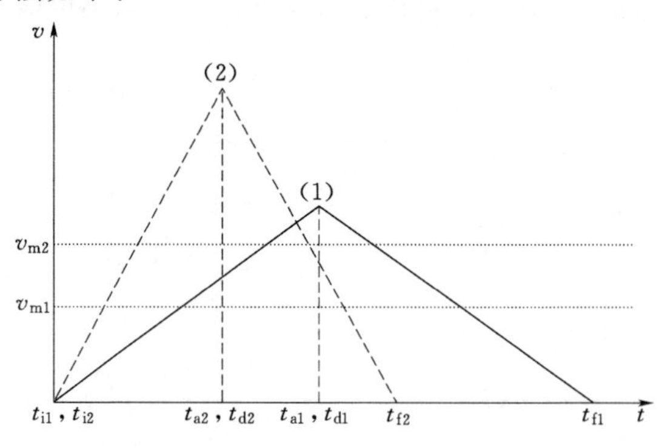

图 7.5　相同摆动距离的两种足端速度曲线

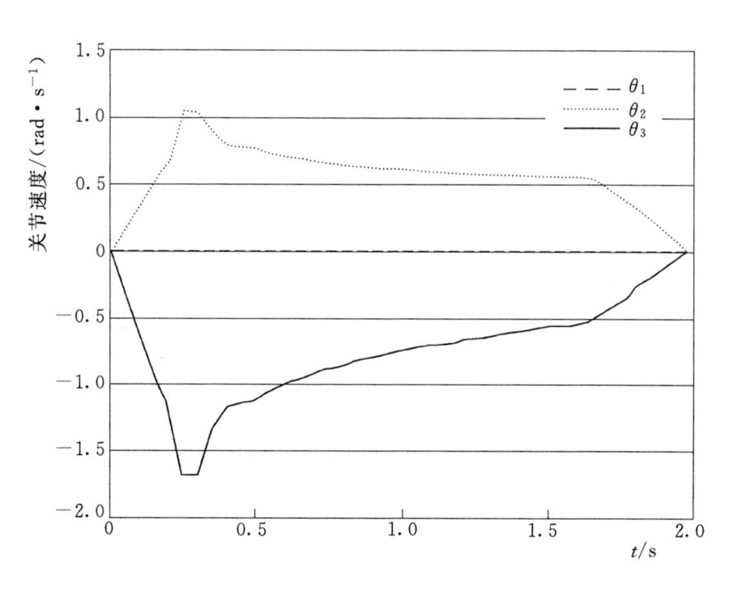

图 7.6　SILO4 腿角关节以 0.1m/s 的速度从腿部位置（0，0.350，−0.400）至（0，0.350，0.200）抬起足

（1）考虑驱动器限制的实验工作空间分区。实验确定轨迹参数值的范围。也就是说，必须确定轨迹距离、平均速度和加速度范围。

（2）模糊集和规则。轨迹参数转换为模糊语言变量，并通过划分每个变量的区间来定义模糊集。

（3）推理图计算。将模糊推理系统直接应用于语言变量。

其结果是获得足端的加速度和轨迹参数之间的关系。

图 7.7 所示为足端轨迹控制系统框图。足部定位系统采用经典方案。虚线矩形内的块对应于足端加速度调整方法。

以下部分描述了 SILO4 足端速度改进中加速度调整方法的 3 个步骤。

7.3.1　工作空间实验分区

加速度调整方法的第一步是识别足端线速度受驱动限制的腿部工作空间内的轨迹。与腿部 x_1 轴平行的轨迹的速度曲线如图 7.8 所示。图 7.8（a）为平行于 SILO4 腿的 x_1 轴轨迹的梯形足端速度分布。所有轨迹具有相同的长度和平均足速度。图 7.8（b）～（d）分别为腿部的关节 1～关节 3 的角速度分布。从图 7.8 中可以得出，对于靠近腿根部的轨迹，腿部关节 1 达到致动器转矩极限时的速度低于关节 2 和关节 3 达到其驱动极限的足端速度。因此，对于这些轨迹，对坐标 y_1 的每个值，加速度调整方法调整足端加速度以提高足端速度，直到该致动器达到其转矩极限。

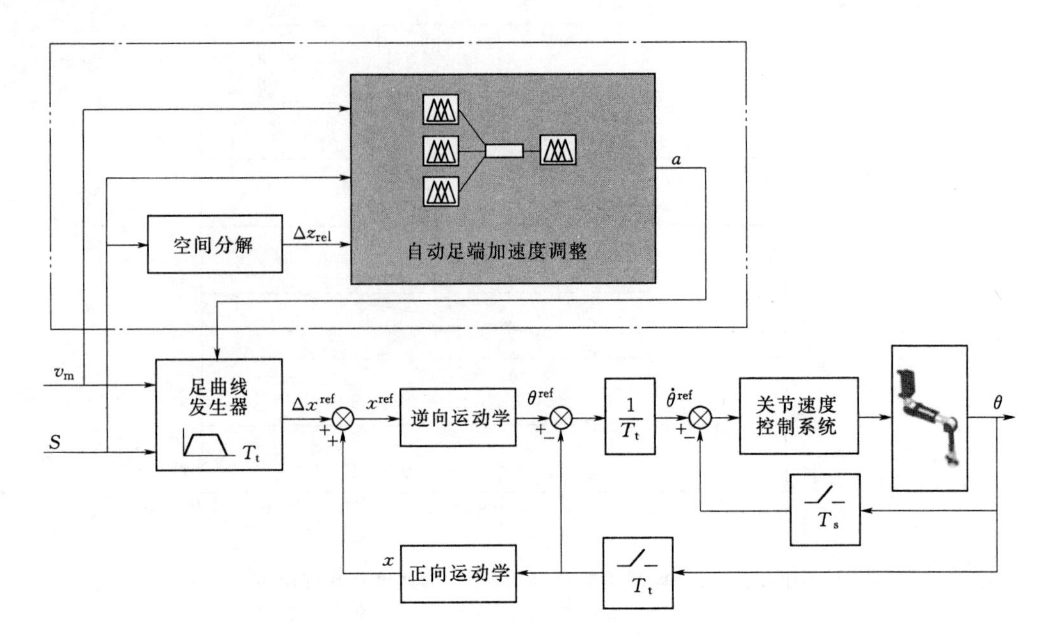

图 7.7 足端轨迹控制系统框图

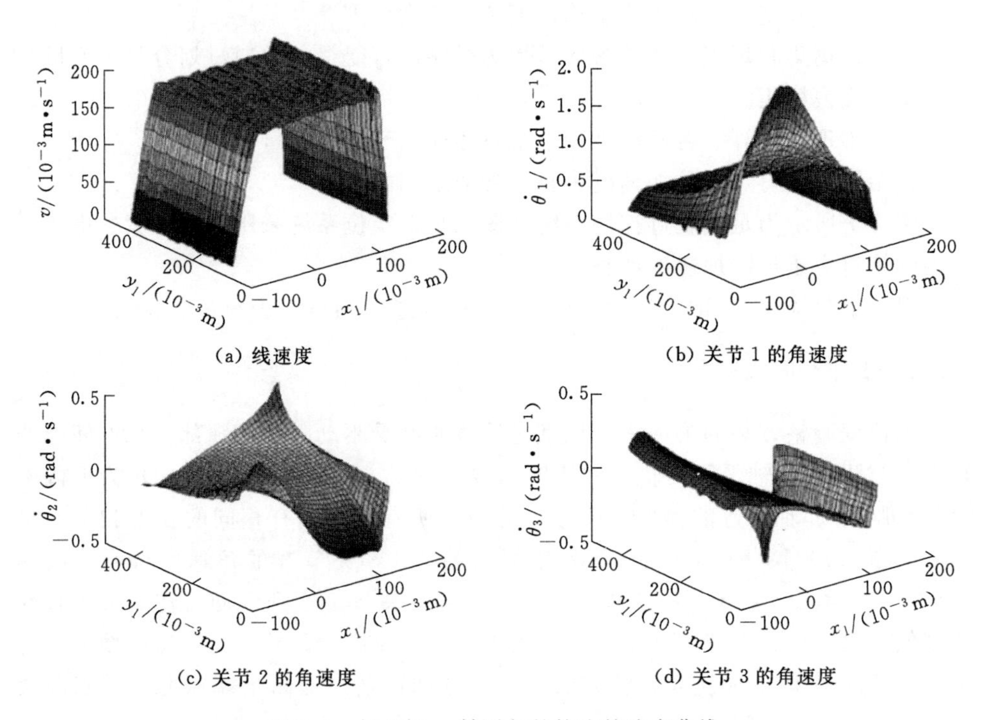

(a) 线速度

(b) 关节 1 的角速度

(c) 关节 2 的角速度

(d) 关节 3 的角速度

图 7.8 与腿部 x_1 轴平行的轨迹的速度曲线

对平行于 SILO4 腿的 y_1 轴和 z_1 轴的足端轨迹进行相同的实验。对于这两种轨迹，关节 3 限制了足端速度（图 7.9）。因此，加速度调整方法应调整足端加速度以提高足端速度，直到致动器 3 达到其转矩极限。

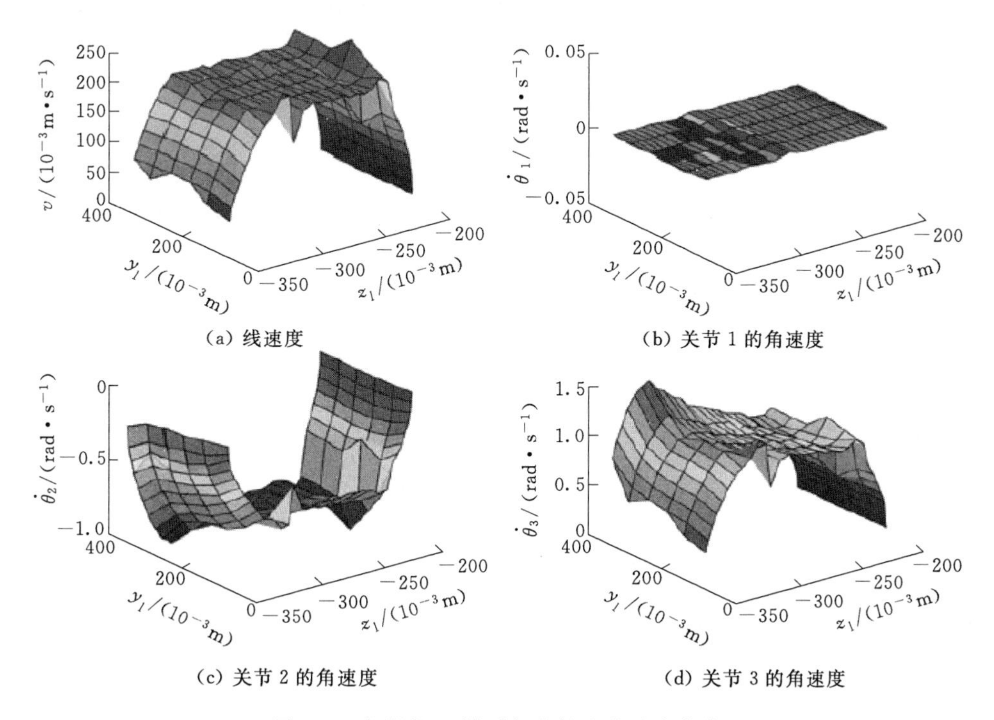

(a) 线速度　　(b) 关节 1 的角速度

(c) 关节 2 的角速度　　(d) 关节 3 的角速度

图 7.9　与腿部 z_1 轴平行的轨迹的速度曲线

图 7.9（d）所示为关节 3 在加速期间由于腿部动力学引起的误差达到转矩极限，阻止了采用垂直轨迹时足端加速度的增加。在加速度调整方法中必须考虑这种情况。

本实验研究总结如下：

（1）为了获得更高的足端速度，有必要增加短轨迹的足端加速度。

（2）当轨迹较长时，足端加速度应适中。在长轨迹的情况下，非常高的足端加速度值不适用，因为伸展的腿部姿势会导致其他关节的驱动限制。用适度的加速度值可避免足端的振荡响应。

（3）足部垂直运动时应减小足部加速度，以避免由于动态影响引起不必要的误差。

这些规则是彼此相关联的轨迹参数的模糊规则，存在一定程度的不确定性。在下文中，将上述条件转换成足端轨迹长度、所需的平均速度以及足是否向上或向下移动，并作为输入变量的模糊规则来推断适当的足端加速度。

7.3.2　模糊集和规则

通过使用简单的Mamdani模糊推理系统（Mamdani，1981）攻克了给定足端轨迹找到最佳加速度值的问题。用3个输入语言变量定义足迹，分别为期望的平均足端速度 v_{m}、从初始位置到最终位置的距离以及 z 相对增量 Δz_{rel}，即对于给定轨迹的 z 增量与行进距离之间的比率，即

$$\Delta z_{\mathrm{rel}}=\frac{|z_1(t_{\mathrm{f}})-z_1(t_i)|}{s}\leqslant 1 \tag{7.8}$$

模糊推理系统的输出变量是足部加速度，以此生成足端速度和足端轨迹。输入和输出模糊变量由模糊集合表示（例如，距离为BIG，或足端速度为SMALL），并且每个变量对于模糊集合的隶属度由隶属函数给出［用于变量 x 的 $\mu(x)$］。每个语言变量选择这些隶属函数的形状，以三角形或梯形速度分布调整速度、距离和加速度之间的关系，使加速度与距离成反比，与速度的平方成正比，即

$$a=K\frac{v_{\mathrm{m}}^2}{s} \tag{7.9}$$

其中 K 是每个轮廓的常数值：对于三角形速度分布，$K=4$，对于梯形速度分布，$K>4$。遵循模糊控制器设计指南（Matia等，1992），他们声明推理图形状与输入变量隶属函数的形状相匹配，前提是隶属函数正常，对称且成对重叠，并且在输出变量上定义的隶属函数具有相同的面积。考虑到这一点，为了设计模糊系统，做出以下假设：

（1）假设轨迹中的相对 z 增量 Δz_{rel} 由两个模糊集｛SMALL，BIG｝表示。该输入变量的成员函数是梯形的，如图7.10（a）所示。其中横坐标是相对 z 增量的值，纵坐标 $\mu(\Delta z_{\mathrm{rel}})$ 是隶属度。在式（7.9）中，Δz_{rel} 和 a 之间的关系需要沿着变量的负斜率，在下一小节中将通过模糊规则来表达。

（2）轨迹距离也由两个模糊集｛SMALL，BIG｝表示。两个梯形距离隶属函数如图7.10（b）所示。其中横坐标是轨迹距离的值，纵坐标 $\mu(s)$ 是隶属度。它们的极限值通过SILO4腿部工作空间实验获得，其中轨迹的最大直线距离为0.7m。

（3）平均足端速度 v_{m} 也由两个模糊集合表示为两个变量｛SMALL，BIG｝。隶属函数为了适应式（7.9）中的关系，采用抛物线而不是梯形［图7.10（c）］。它们的极限值由SILO4腿部实验得到。由于最大电机转速为0.4m/s，平均足端速度限制在0.2m/s。足端速度0.2m/s可以认为是直线运动的中间值［图7.10（c）］。

（4）该模糊推理系统的输出是足端加速度 a，由4个模糊集（SMALL，MEDIUM－SMALL，MEDIUM－BIG，BIG）表示，隶属函数如图7.10（d）

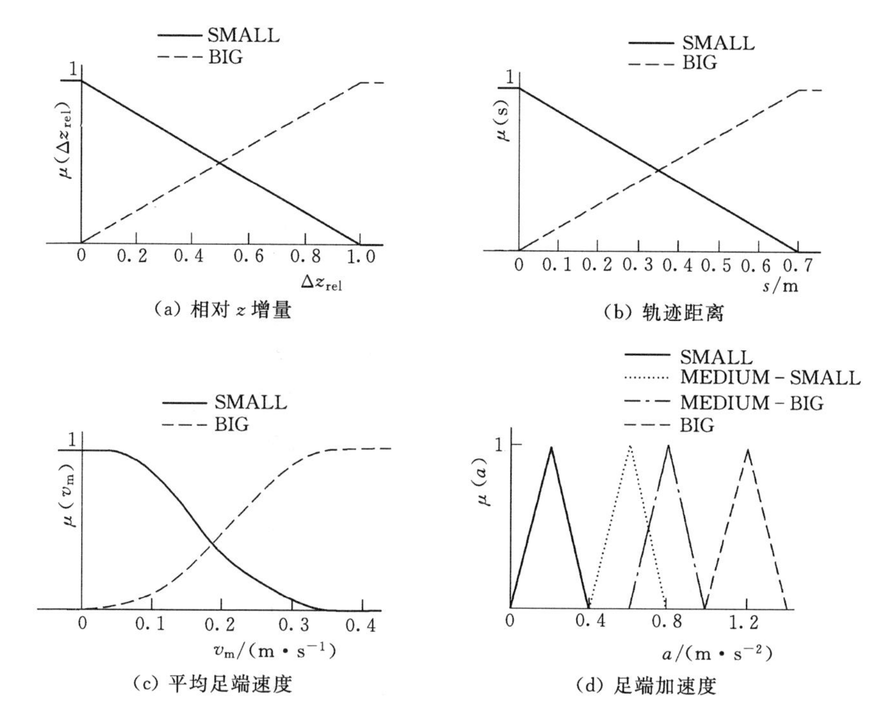

图 7.10 模糊推理系统输入和输出变量的隶属函数

所示。这些隶属函数是三角形的，极限值通过 SILO4 腿示例实验获得。

模糊推理机制基于以下 5 个规则，其代表了足端加速度对足端速度、轨迹距离和相对 z 增量的模糊依赖性。

1）如果 v_m 为 SMALL，s 为 SMALL，Δz_{rel}为 SMALL，则 a 为 MEDIUM - BIG。

2）如果 v_m 为 SMALL，s 为 BIG，Δz_{rel}为 SMALL，则 a 为 SMALL。

3）如果 v_m 为 BIG，s 为 SMALL，Δz_{rel}为 SMALL，则 a 为 BIG。

4）如果 v_m 为 BIG，s 为 BIG，Δz_{rel}为 SMALL，则 a 为 MEDIUM - BIG。

5）如果 Δz_{rel}为 BIG，则 a 为 MEDIUM - BIG。

7.3.3 模糊推理图

Matlab 及其模糊工具箱用于解决模糊问题，其中 min 表示方法和含义，max 表示聚合，centroid 用于模糊化。为了清楚起见，用于足端加速度问题的推理图是由 3 个二维推理图表示的超曲面。图 7.11 显示足端加速度是移动距离和平均足端速度的函数，任何轨迹在足的轨迹上几乎没有 z 分量，即相对 z 的增量非常接近零。图 7.12 所示为任何 z 增量在足端加速度上的限制作用。图 7.12（a）为当平均足端速度固定在 0.200m/s 时，作为相对 z 增量和移动距离的函数

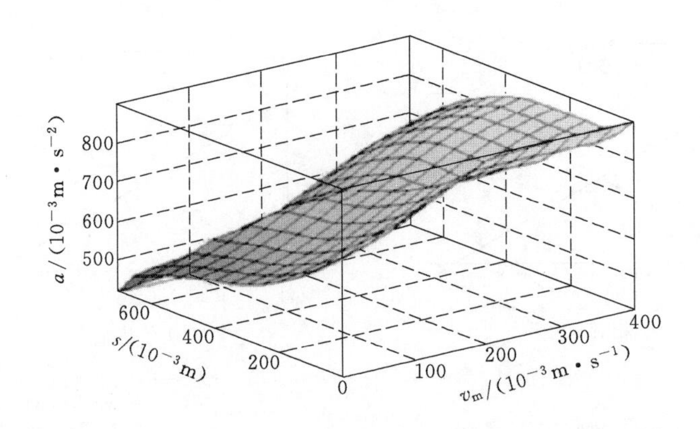

图 7.11　$\Delta z_{\text{zel}}=0$ 时足端加速度、轨迹距离和平均足端速度的推理图

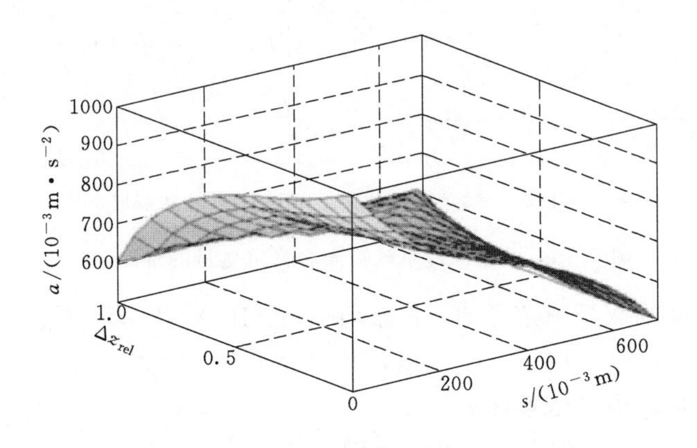

(a) 移动距离

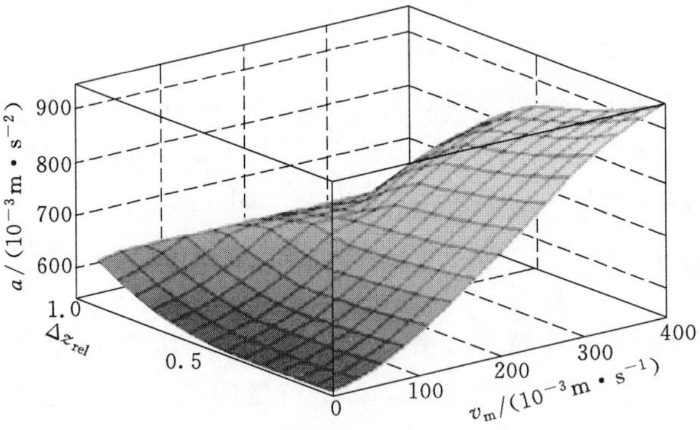

(b) 足端速度

图 7.12　足端加速度与相对 z 增量的推理图

的足端加速度输出；图 7.12（b）显示了对于 0.350m 行进距离的加速度、相对 z 增量和平均足端速度。一旦获得足端加速度函数，就可以使用模糊推理过程的实时优化方法（*Matia* 和 *Jimenez*，1996）。为了解决速度改善问题，对足部行为施加的模糊规则的数量可以根据动态复杂度进行修改，这些数量独立于机器人腿部的自由度数。

7.4 实验结果

通过不同的实验验证了调整足端加速度在线轨迹生成的优越性。为此，采用 SILO4 腿作为研究对象。第一个实验显示了执行几个不同长度的直线轨迹时足端加速度调节的效果。图 7.13 说明了这个实验，描绘了不同轨迹距离的最大可实现的平均足端速度。每个轨迹平行于腿的 x_1 轴，$y_1=0.215\text{m}$，$z_1=-0.250\mu\text{m}$。图 7.13 中的每条细曲线表示没有动力学扰动运动时，用恒定加速度的足端速度曲线可达到的最大平均足端速度，实线表示在相同轨迹下考虑腿的动力学时使用足端加速度调整方式最大可实现的足端速度。如果使用最大恒定加速度曲线，腿部运动的动力效应将阻止腿部按指定路径运动（图 7.13 中的虚线），并且在线轨迹生成期间将出现振荡和不期望的效果。为了确保动力效应不会扰乱运动，应选择保守的加速度值（即 0.6m/s^2），并且由于腿部动力和驱动器限制，不能阻止实现更高速度的距离执行低速轨迹。图 7.13 清楚地显示了足端加速度调整对这个问题的改进。使用该方法可实现的最大加速度，非常接近驱动速度限制曲线

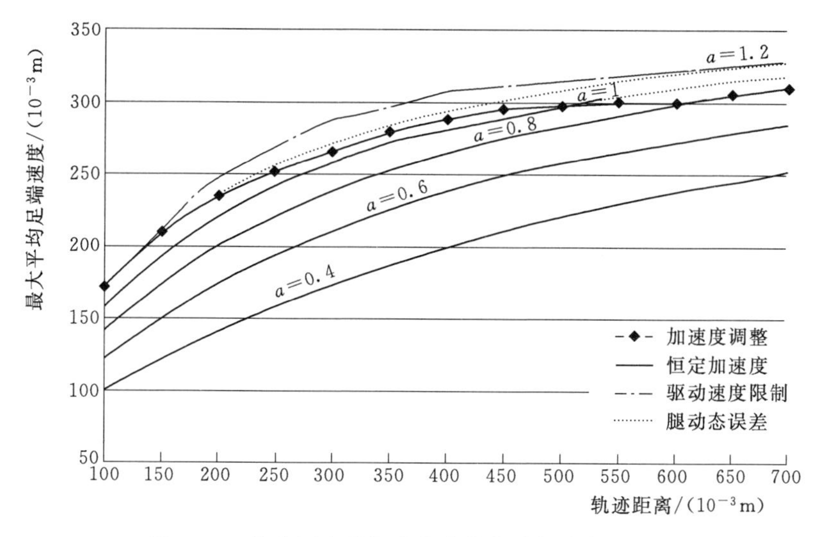

图 7.13　具有恒定足加速度曲线和足加速度调整的最大平均足端速度和轨迹距离曲线

(点划线)，避免了不需要的动态影响。

从图 7.13 中还可以观察到另一个重要特征。使用加速度调整方法实现的最大平均足端速度曲线，对于大距离轨迹（$s>0.35$m）几乎是恒定的。如果这个步行机器人控制系统总是设法走大距离轨迹，则可实现机器人的最高速度，而与轨迹距离无关。使用具有恒定加速度的速度曲线是不可能的，其中最大平均足端速度随着轨迹距离而变化。第一个实验的结论是，通过调整足端加速度找到可实现更高足端速度的加速度值，又避免使用可能产生振荡的高加速度值。这有助于使最大平均足端速度保持恒定值。

第二个实验是足端高速抬起。由于将第五个模糊规则应用于 Δz_{rel}（图 7.12），足端加速度调整方法将加速度值限制为提升足时的 0.6m/s^2。因此，使用中等加速度值可避免由在线轨迹生成时腿部动态影响引起的振荡。没有加速度调节时，主要由腿部重量引起的轨迹跟踪误差，足端加速度值大于 0.6m/s^2 时在足端抬升期间腿产生振荡。图 7.14（a）显示了 3 个关节角速度分布图，图 7.14（b）显示了足端速度曲线，足端以 0.09m/s 的速度、1m/s^2 的足端加速度提升。腿部关节 3 的角速度在加速时间内达到其可达到的最大值（驱动限制），导致在线轨迹跟踪的错误，使腿振荡。

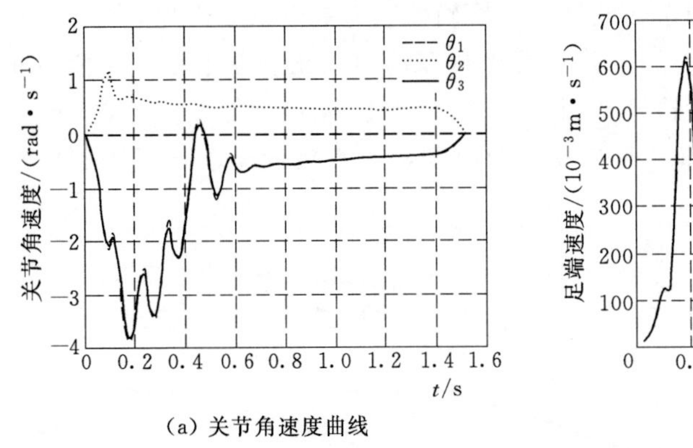

(a) 关节角速度曲线

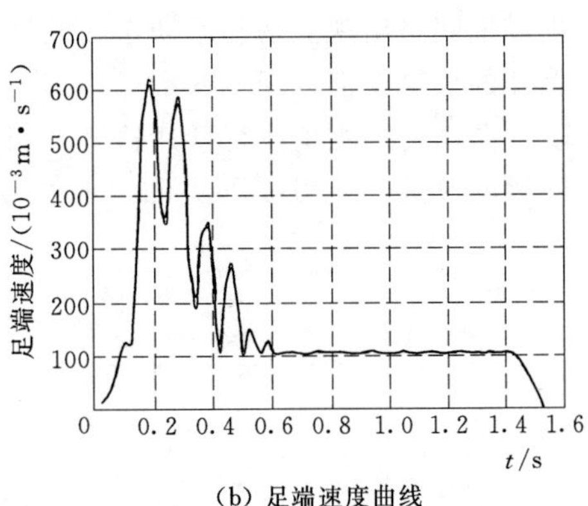

(b) 足端速度曲线

图 7.14　足端抬升实验中足端加速度=1m/s^{2}时足端的振动

第三个实验通过覆盖腿部工作空间的各种轨迹来研究加速度调整的可行性。图 7.15 列出了不同轨迹距离 $s(t)$ 和不同腿部延伸距离 $R(t)$ 的轨迹，分别由有加速度调整的足端和恒定加速度的足端执行可实现的最大足端速度（分别为粗线和细线）。每个轨迹都限于平面 $z_1=-0.300$m。不同 z 分量平面内的行为是相似的。图 7.15 实验中每个轨迹的平均足端速度值、移动距离和最小延伸半径$R(t)$值见表 7.1。加速度调整算法提供的改善对于短轨迹（$s<0.350$m）更加明显，对于较长的轨迹也是可接受的。如式（7.5）所述，对于具有较高 $R(t)$ 的相同长度［$s(t)$］的轨迹，改善更加明显。从图 7.15 可以看出，具有加速度调整的

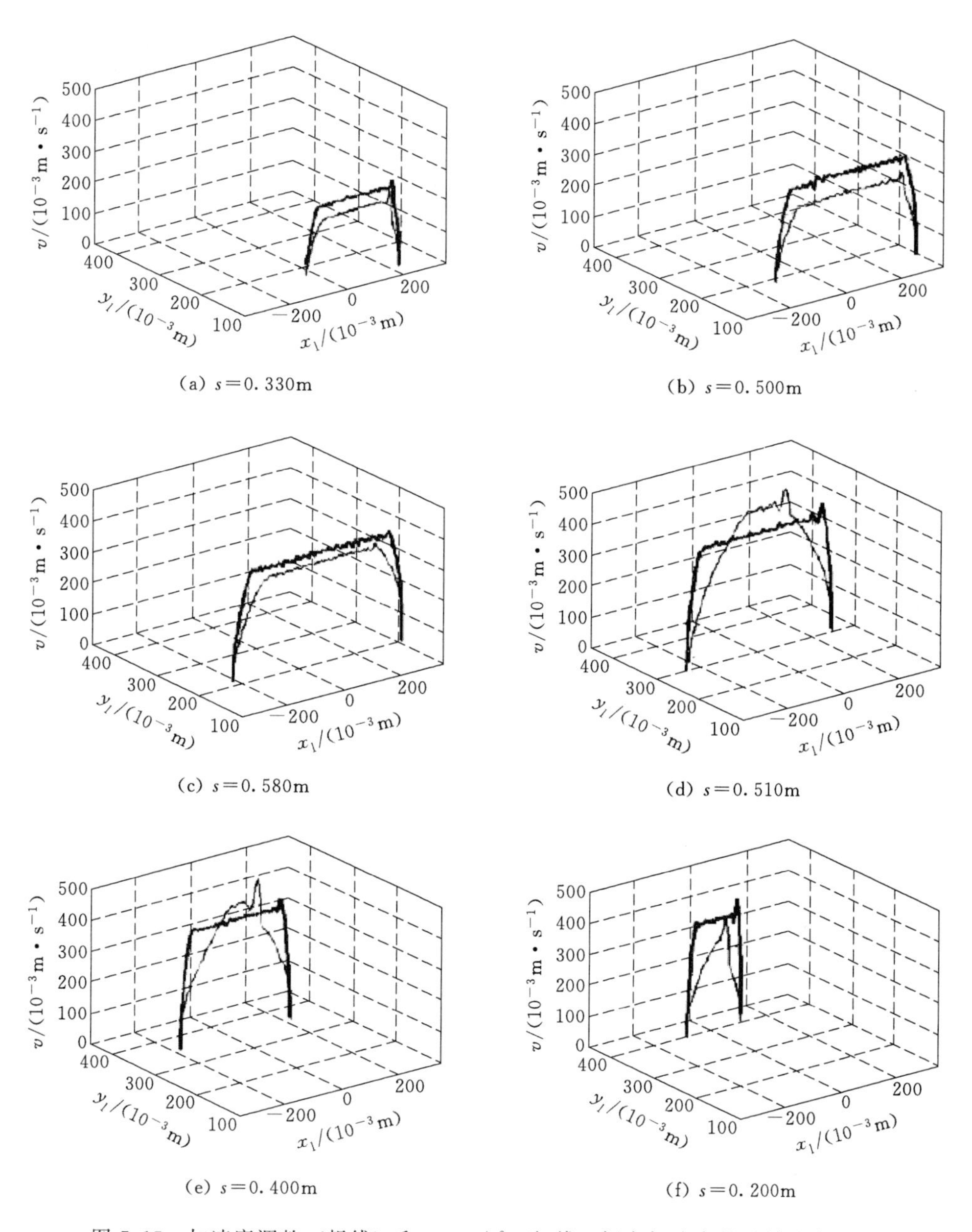

(a) $s=0.330\text{m}$　(b) $s=0.500\text{m}$

(c) $s=0.580\text{m}$　(d) $s=0.510\text{m}$

(e) $s=0.400\text{m}$　(f) $s=0.200\text{m}$

图7.15　加速度调整（粗线）和 0.6m/s^2（细线）恒定加速度的足端速度分布

腿部行为，对于所有轨迹来说振荡较小，因为可以实现高平均速度值而不达到驱动限制并避免动态效应，而且可以实现更高的平均足端速度。从表7.1可知，对比不使用加速度调整时，使用加速度调整方法将平均足端速度的最大可实现速度提高27%～100%。可以得出以下结论，用于在线轨迹生成的足端加速度调整方法是实现精确平滑和快速的足端运动非常合适的方法。本章的所有实验都显示了在线生成足端直线轨迹。在 50MHz 的 486 处理器上，在 4ms 的采样周期内实现了在线路径规划计算，而模糊足端加速度调整计算需要 0.5ms 的处理时间，确保了所提出的加速度调整算法在步行机器人运动中的实时应用。

表 7.1　　最大可达到的平均足端速度比较

$\min_{t_i \leqslant t \leqslant t_f}\{R(t)\}$ /(10^{-3}m)	s/(10^{-3}m)	v_{mmax}/(10^{-3}m·s^{-1})		改进/%
		加速度调整	a=0.6m/s^2	
120	330	230	180	27.7
150	500	290	220	31.8
200	580	310	250	24.0
300	510	340	270	25.9
350	400	340	240	41.6
400	200	320	160	100.0

7.5　结论

本章的介绍重点是提高步行机器人在线轨迹生成中的腿部速度。考虑了两种不同的技术，即最小时间控制算法和足端加速度调整方法。但在线轨迹生成的要求使得最小时间控制算法并不合适，因此选择了加速度调整方法。使用 SILO4 机器人进行了几项实验，以研究如何增加平均足端速度。本章详细说明了这些实验，并彻底解释了相关现象。加速度调整方法将速度曲线的加速度调整为适当的幅度。为了避免机器人参数不确定性引起的问题，采用模糊算法。为此，基于实验定义的模糊规则，找到每个给定轨迹最合适的加速度。一个简单的 Mamdani 模糊推理系统用于计算所需的加速度。它是基于使用 3 个语言变量的 5 个规则。对足端行为施加的模糊规则的数量可以根据动态复杂度进行修改，与机器人腿部的自由度数量无关。

已经进行了一些实验来验证算法。这些实验得出下列结论：足端加速度调整方法能提供快速和平滑的足端轨迹的加速度值，避免由于致动器的饱和和腿部动力效应引起的扰动效应。最后进行了一些实验以比较执行相同轨迹时使用和不使用加速度调整方法的腿部行为。该比较研究表明，根据移动距离，相比不使用加速度调整方法时，加速度调整方法提高了平均足端速度，提高幅度达到 27%～100%。

第8章　步行机器人的虚拟传感器

8.1　简介

步行机器人的主要优点之一是它们对不规则、非结构化地形的适应性很强。但这些机器人的控制算法、机械和电子硬件的复杂性是对其适应性的严重制约因素。如第1章所述，这种复杂性是步行机器扩展到实际应用的主要障碍之一。

地形适应需要的一个重要信息是在腿部摆动结束时检测足与地形之间的接触（地面检测）。在穿越高度不规则的地形时，腿部摆动期间，腿部和障碍物之间的碰撞也必需检测。此外为了增强足的运动性能，改善足部牵引力并优化重量分布，在支撑相期间需对足力监测。传统上，通过使用安装在机器人足部的不同种类的传感器来实现监测需求。随着步行机器人的发展，出现了诸如开关（Jimenez等，1993）、触须传感器（Hirose等，1990）、应变计（Schneider和Schmucker，2000；Rossmann和Pfeiffer，1998）、载荷单元（Gonzalez de Santos等，2003）、弹簧电位计（Riddestrom等，2000）和电感式传感器（Grieco等，1998）等设备。

然而，这些解决方案存在诸如增加机器复杂性、降低鲁棒性等缺点。在机器人足端处安装电子设备需要接线，且传感器将持续暴露在外面，与不同种类的地形和障碍物相互作用。在沙质、潮湿或磨蚀性地形上运动易造成检测过程中的故障以及传感器系统的损坏，是故障的重要来源。此外，这种附加的硬件增加了机器人的总价格以及维护成本。

机器人足部安装传感器的替代方案是利用伺服电机系统中的信号。例如，为了估计用于适应地面的关节转矩，通常监测电机电流（Kepplin和Berns，1999）。也可以使用其他信息来实现对环境的感知。关节位置传感器提供的信息就可以用于此目的，见8.2节。

此外，特定的传感器只能部分表征机器或其环境的内部状态。信息来源相互关联，可以为步行机器提供固有的感知信息冗余，而不增加其硬件。这种冗余可以防止剧烈的系统故障，并产生更准确、一致的感知信息，以确定步行机器在非结构化地形中的行为。最近的一些研究（Kepplin和Berns，1999；Luo等，2001；Shimizu等，2002）给出了在步行机领域传感器系统融合中的成果。

本章讨论虚拟传感器的设计、开发和测试。可以将其定义为通过监测其他可用量值来推测、感知信息大小的系统。目的是替代或补充物理传感器通常给出的地形信息，简化步行机器人的硬件，降低设计、施工和维护成本，同时增强机器的鲁棒性及其行为的可靠性。这些虚拟传感器基于神经网络，可以估计出从机器人关节位置传感器中提取的由足端施加的力。这些估计可以模拟由开关、安装在足上的单轴力传感器或三轴力传感器给出的信息。在腿部摆动结束时，采用力估计来检测足与地面之间的接触。

8.2 方法概述

如 8.1 节所述，通过监测和处理机器人的伺服控制系统中可用的某些信息，可以获取关于地形的传感信息。此处，建议采用机器人系统可用的关节位置传感器提供的信息，以估计由足端施加的力。这种分析的直接目标是检测腿部和足底之间的接触，也可以用于运动时其他目标的检测，例如检测腿部损坏及重量分布，甚至只是在操纵任务中校准程序准确适应各种情况。

从关节位置传感器可以得出的最主要信息是关节位置误差，定义为由轨迹发生器给出的关节的期望位置和由关节位置传感器给出的实际位置之间的差。但大多数的伺服控制系统可以正确解释这个信号、估算出关节转矩，从而得出足力。最初监测位置传感器的位移可以用来关闭控制回路，以提取关于环境的信息。但由于现在可用信息较多，可以省略安装在腿部中的传感器和相关硬件，简化步行机器，并改善对环境的感知。例如，不仅可以估计由足施加的力，而且可以估计通过腿结构的任何部分施加的力，用于在腿部移动期间检测意外的碰撞。因此，该估计是对安装在足上的力传感器提供的信息的补充。

为了确定该方法的可行性，用步行机器人进行了一些初步实验（参见 8.5 节）。这些实验中，机器人的一个足沿地面移动，采集腿的所有 3 个关节的位置误差。图 8.1（a）描述了腿在空中自由移动时的位置误差；图 8.1（b）表示在相同条件下足与地面碰撞（$T\approx 2s$）时关节位置误差的变化。在这种情况下，位置误差的明显上升表明了足与地面接触检测以及进行足力估计的可行性。

然而，关节位置误差和足力之间的关系非常复杂，它取决于多种因素。

(1) 这种关系主要取决于腿部运动的某些变量。首先，关节位置误差严重依赖于内部关节速度。这种依赖主要是由减速齿轮和变速器引起的摩擦效应，这是一个相当复杂的现象（Garcia 等，2002）。当足自由移动时，仅由摩擦引起的位置误差是显著的，并且与足撞击地面时测量的位置误差大小相当。其次，位置误差也取决于足的位置，这种依赖性主要由重力影响和足力通过腿部运动学转化为关节转矩给出，两个因素在数学上容易建模。但是也可能存在位置相关的摩擦效

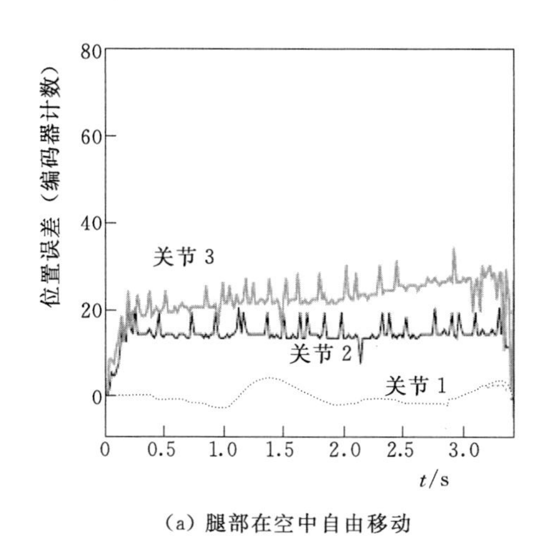

(a) 腿部在空中自由移动

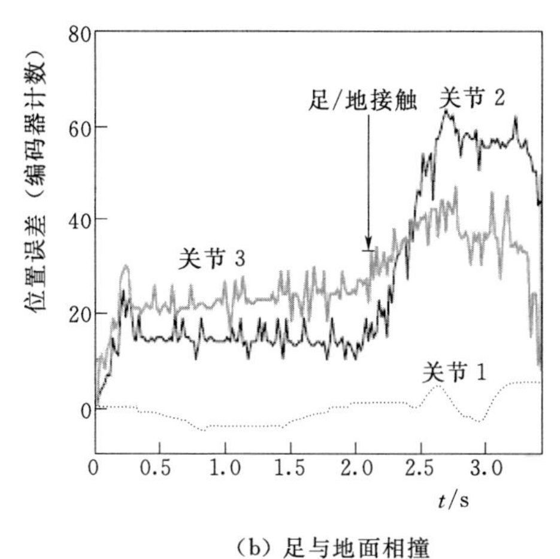

(b) 足与地面相撞

图 8.1 腿部运动期间关节位置误差的演变示例

应（Garcia 等，2002），这是由传动磨损、轴不对准等引起的复杂现象。最后，位置误差取决于关节加速度。在电机加速期间，关节位置误差取决于控制器跟踪速度曲线的能力。摩擦力也受关节速度变化的影响；关节速度的增加可以产生比降低速度更高的摩擦力，并且随着速度变化越来越快，滞回曲线变宽。

（2）位置误差也取决于被认为是可能恒定的因素，尽管它们可能随时间而变化。诸如磨损和维护，温度，由于电池耗尽引起的电气特征的变化以及运动控制器的参数改变而导致的机械性能变化。

（3）位置误差取决于其他因素。位置误差的大小取决于其控制规律并不总是已知运动控制器和功率驱动器的特性、使用的传动和减速器（蜗轮，齿轮，螺杆，皮带，谐波驱动器等）、电源供应特性等。

综上所述，足力与关节位置误差的关系取决于许多因素，由复杂的模式决定。为了获得足力的估计系统，有必要开发一种识别这些效应的模型，使未知量值与可用量值相关。这个想法与虚拟传感器的定义相匹配，一种技术在近几年已经变得越来越流行，即基于神经网络的虚拟传感器技术。

8.3 基于神经网络的虚拟传感器

虚拟传感器，也称为软件传感器或估计器，是通过分析可用的相关传感数据间接测量所需传感信息的方法。当物理传感器由于价格、尺寸、重量、技术缺陷而提供的测量不可行时（Wickstrom 等，1997；Masson 等，1999），或者没有特定的物理传感器可用时（Valentin 和 Denoeux，2001；Leal 等，1997），常使用虚拟传感器作为物理传感器的替代品。此外，虚拟传感器构建了许多容错系统、故障检测系统和传感信息融合系统。虚拟传感器的一个重要特征是它们本质上是鲁棒的，这是因为它们具有固有的冗余特征，其结果是考虑不同相互关联的传感信息，而不使用附加硬件。

数据驱动（经验）虚拟传感器（Masson 等，1999）从具有代表性操作示例的训练集合中，统计估计已知和未知传感信息之间的相关性。当系统的分析模型未知以及模型开发成本需要降低时，可使用这种虚拟传感器（Hanzevack 等，1997）。数据驱动虚拟传感器的实现经常基于人工神经网络（Ablameyko 等，2003）。神经网络的主要优点是能够建立高度复杂、非线性、多维、动态和自适应输入和输出量之间的关联。基于神经网络的虚拟传感器特别适用于实现系统的传感器融合（Leal 等，1997）、数据验证和故障检测（Hines 等，1998）、系统和不完整的传感信息重建（Valentin 和 Denoeux，2001）等。神经网络还有自主在线学习的可行性，这允许构建适应性模型（Hanzevack 等，1997），并预测未知量（Yuan 和 Vanrollehghem，1998）。

基于神经网络的虚拟传感器的主要缺点是，只有在训练区域中包含的工况下它们才是可靠的，因此必须对具有代表性的样本进行仔细训练，以准确地描述在实践中可能遇到的所有工况。此外，神经网络模型需要比物理模型更细致的验证。最后，虚拟传感器需要一个处理系统，如计算机、微控制器或 FPGA 来完成其估计过程。

8.4 虚拟传感器设计

8.2 节指出了为估计足力整个机电系统中位置误差模型的必要性。这里提出使用神经网络来将足力与可用的传感信息相关联，从而实现虚拟传感器。神经网络的一般优点见 8.3 节，在这个特定的应用程序中还呈现出有趣的特性。

如前所述，神经黑盒建模不需要数学模型，这使得该技术很容易扩展到其他伺服控制系统，使虚拟传感器能适应不同的步行机器人。此外，整个系统的行为可以通过与常规行走相似的一个步幅建模，加速校准过程，并简化所需的实验设置（参见 8.5.2 节）。虽然神经网络建模减少了所需的关于系统的先验知识，但仍需要选择合适的网络架构来正确地对系统进行建模，因此在这个意义上，神经模型是灰色系统。此外，这些装置的使用将有助于将来增加补充传感信息源，整合安装在机器人的足上的物理传感器数据（力传感器、开关等）和其他估计数据（电动机电流）。最后，大多数步行机器人都具有能够计算估计值的计算系统，所以虚拟传感器的实现不会导致硬件的增加。

影响关节位置误差的因素在 8.2 节已经描述，本节仅具体考虑关节位置和速度。如上所述，关节位置和速度是确定腿部运动期间系统工作状态的主要运动变量。因此，将其与关节位置误差一起作为神经网络的输入，并计及黏性摩擦、位置相关的摩擦效应、腿部运动学、重力等变量建模。将关节加速度作为神经网络输入，证明其不能提高本虚拟传感器的性能（8.5节）。在使用虚拟传感器时，仅在启动停止条件下（即高加速度时）观察到与关节转动惯量相关的动态影响，在腿摆动末期并未发现关节转动惯量的影响。类似地，在这个系统中诸如动态摩擦滞后的影响并不显著。影响估计的其他因素（8.2节）作为常数，在虚拟传感器的一般设计中考虑。不同的机器存在不同的效应，这也是使用通用（黑盒）方法对其进行建模的原因，即有助于适应不同的伺服控制系统。

在这项工作中已经测试了3种可能的期望输出响应：①腿状态分为与地形碰撞和自由运动；②由足施加的足力的估计；③3个足力分量的估计。

考虑到这3种可能性，旨在从实验硬件要求和所获得的估计的质量来评估和比较不同级别的信息输出质量。

上述虚拟传感器的一些变型已经在初步实验中进行了测试，以分析关节位置输入对估计的影响。在这些改进的虚拟传感器中，通过训练神经网络估计3个关节转矩。通过对腿动力学模型的分析（第6章），计算从足力到关节转矩的转换(反之亦然)。假设在该模型中考虑了所有与位置相关的影响，因此位置信号不包括在网络的输入中。使用该改进的虚拟传感器进行实验，其结果比初始设计更差。这个事实表明，还存在其他不包括在动态模型中的位置相关效应，这可能与传动系统中的摩擦和传动轴错位有关。在这种改进的设计中包括关节位置信号作为网络输入，导致传感器性能与原始虚拟传感器的性能类似。因此，可以得出以下结论：

（1）位置作为网络输入，对于不能辨识的位置相关的效应进行建模是必要的，它们大大提高了估计的质量。

（2）位置影响相关的分析模型并没有提高虚拟传感器的性能。因此，这些变型被舍弃。

8.5　在真实步行机器中使用虚拟传感器

8.4节提出的虚拟传感器设计适用于任何类型的机器人，SILO4四足机器人(附录A）已经使用并进行了初步实验，其中估计的有效性已经通过实验表征。如附录A.2.4中，将用于校准虚拟传感器的三轴压电式传感器放置在足部，其提供的标准测量误差为2N，约为本书考虑的力范围的2%（0～100N)。虚拟传感器实施和校准程序可能变化，但该方法可以扩展到任何步行机器人，甚至可以扩展到具有相似特性的任何伺服控制系统。本节以实验及其结果为例，描述神经网络架构和校准过程。

8.5.1 神经网络

为了解决地面检测问题，选择了具有一个隐层和 sigmoidal 激活函数的非线性前馈神经网络（多层感知器）。这种网络架构在非线性静态系统的建模和虚拟传感器的实现中得到广泛的推广（Valentin 和 Denoeux，2001；Wickstrom 等，1997；Leal 等，1997；Yuan 和 Vanrollehghem，1998；Masson 等，1999）。

以前的经验表明，关节惯性或摩擦滞后引起的动态效应在 SILO4 平台的正常运行范围内并不显著。因此，使用一些众所周知的动态网络架构（例如具有反馈的 Elman 网络和多层感知器）或将过去的输入（延迟输入）包括在静态网络中，并不能证明能够增强系统的性能。发现静态的前馈网络方法足以用于该特定平台系统建模。

如 8.4 节所述，每个腿关节的位置误差、位置和速度被选为网络的输入量值。腿部由 3 个关节组成，因此共有 9 个输入神经元。隐藏神经元的数量根据经验固定为 5 个，根据结果的质量和训练成本进行选择。在虚拟开关和虚拟单轴力传感器的情况下，输出神经元的数量只有 1 个，在虚拟三轴力传感器的情况下为 3 个。

8.5.2 网络校准样本集

为了校准虚拟传感器，神经网络必须在步行机器的正常运行期间，用输入量和期望输出的示例进行训练。因此，这些示例包括 3 个腿关节的位置、速度和位置误差的一系列样本，以及用于校准的三轴压电式传感器的测量结果。对于未配备力传感器的机器人，在数据采集过程中应安装临时校准传感器。根据所需的虚拟传感器响应，该校准传感器可以是开关、单轴力传感器或三轴力传感器。由于虚拟传感器的目的是检测足/地面接触，所以每个样本包含在足向下移动到地面并最终与其碰撞时所采集的数据，类似于正常的运动过程。实验中使用的传感器采样频率为 50Hz。在实验过程中，机器人以与当前正在使用的不连续步态（第 3 章）中姿势类似的方式，支撑在其他 3 条腿上。这种方式所获得的足力（其取决于机器人的总重量、腿的柔韧性、支撑足的位置等）与在正常条件下的足端力相似。校准流程如图 8.2 所示。

1. 训练样本集

用于训练网络的样本必须准确地表示所有可能性，且保持尽可能少的样本量以加速校准过程。为了界定问题，足端轨迹被限制在机器人当前使用的不连续步态中的轨迹。因此，训练样本中使用垂直和直线轨迹（Estremera 等，2005）。然后选择训练实例来表示在正常运动中发现的所有可能的足的速度和所有垂直轨迹（即所有操作点）。选择垂直足端轨迹和速度值，目的是均匀地覆盖整个腿工

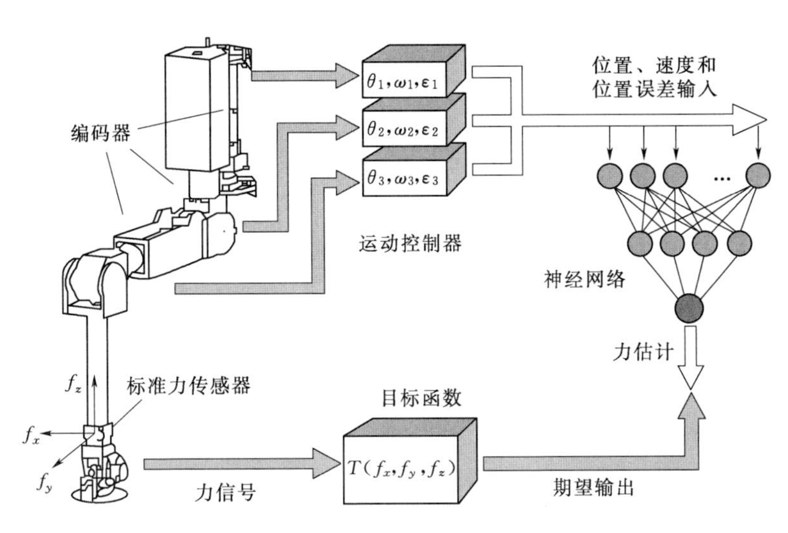

图 8.2 校准流程

作空间和整个速度范围（0.025～0.1m/s）。用于训练网络的样本总数（结合这些足步速度和轨迹的结果）为 210 个，总计多达 30000 个样本。

2. 测试样本集

执行新实验以获得测试样本集，其设计为在实践中可能遇到的不同情况下验证虚拟传感器。因此，样本表示在腿部工作空间内执行直线和垂直轨迹，以及在正常运动中使用的速度范围。舍弃其他工作条件，因为它们在地面检测过程中不会出现。该样本集分为 3 个子集，每个子集旨在评估虚拟传感器性能的特定方面。

（1）测试集 A。该集合旨在测试在训练过程中相同操作条件下估计的准确性。因此，其所包含的样本与训练集中包含的实例相同。

（2）测试集 B。该集合用于在单个工作点测试系统的重复性。所有的实例都对应于单个随机选择的工作点。

（3）测试集 C。该集合旨在测试在训练过程中未呈现出的工作条件下估计的准确性。它包括与训练集中的足端速度和轨迹最相似的足端速度和轨迹的样本，同时保持在本书考虑的速度范围和腿部工作空间内。

8.5.3 训练流程

在上述实验中记录训练过程中相关的传感信息幅值，以产生适当的输出。8.4 节已经测试了 3 种可能性。

1. 虚拟开关

网络输出将足端状态分为自由运动或地面接触。阈值力 F_T 被认为是足碰撞并牢固地放置在地面上的力的阈值，用于确定腿状态。考虑到这一点，目标功能输出被定义为以下步骤：

$$T(f_x,f_y,f_z,F_T)=\begin{cases}0 & \sqrt{f_x^2+f_y^2+f_z^2}<F_T \\ 1 & \text{其他}\end{cases}$$

式中　f_x、f_y、f_z——由校准传感器提供的3个力分量。

在随后的训练过程中，考虑不同的力阈值产生目标函数，以评估调节虚拟开关灵敏度的可行性。

2. 虚拟单轴力传感器

网络输出是模拟力的估计值。因此使用的目标函数为

$$T(f_x,f_y,f_z)=\sqrt{f_x^2+f_y^2+f_z^2}$$

3. 虚拟三轴力传感器

具有3个输出神经元的神经网络被训练成接近由校准力传感器提供的3个信号中的每个分量，即

$$T(f_x,f_y,f_z)=(f_x,f_y,f_z)$$

因此，可以估计施加的力的方向，这是估计足/地面相互作用力的最一般情况。

训练过程是在Matlab 5.0神经网络工具箱（MATLAB，1992）的帮助下完成的。所选择的学习算法是基于训练时间选择和获得结果的精度的Levenberg-Marquardt反向传播（Hagan等，1996）。训练200次后，均方误差是稳定的，且进一步的训练不能显著改善结果。用Pentium 800MHz计算机上在约10min内完成了训练过程。

8.5.4　网络性能测试

进行了测试地面探测系统运行的实验。在这些实验中，在测试组中包括的工作条件下当足移动到地面时，计算网络输出（8.5.2节）。在所有情况下，计算估计所需的时间均少于1ms。将网络输出与从校准力传感器获得的数据进行比较，以表征虚拟传感器的精度。本节介绍了实验测试结果。关于这些结果的讨论见8.5.5节。

1. 虚拟开关测试

虚拟开关测试时，通过使用接触力F_C来定义检测系统的性能，该接触力被定义为在网络输出被激活的瞬间由校准力传感器测量的力（即当网络估计施加的力超过力阈值F_T）。力阈值和接触力之间的差异是系统的力误差F_E。图8.3所示为在虚拟开关测试中足力幅值的轨迹。已经用几个网络权重集进行该测试（在不同的训练过程中获得），对应得到不同的力阈值。在虚拟开关测试中测量的接

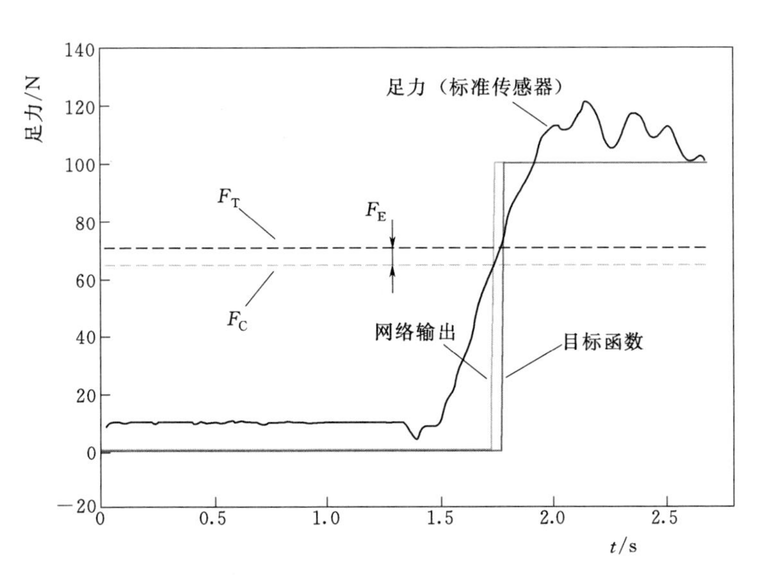

图 8.3　在虚拟开关测试中足力幅值的轨迹

触力（测试集 A）如图 8.4 所示。图 8.4 中描述了对于包括在测试集 A 中的不同操作点和多个力阈值 F_T，使用误差条来表示 F_C 的平均值和关于 F_C 平均值的标准偏差，以及表示系统理想行为的直线。在这些实验中，针对不同工作点测量的 F_T 的标准误差为 4%～8%，其值取决于 F_T。图 8.5 所示为在虚拟开关测试中测量的接触力（测试集 C），标准误差在总力范围的 3%～14%变化。图 8.6 所示为虚拟开关测试中测量的接触力（测试集 B），用于表征虚拟传感器重复性的 F_C 平均值的标准误差在力范围的 2%～4%，其值取决于 F_T。

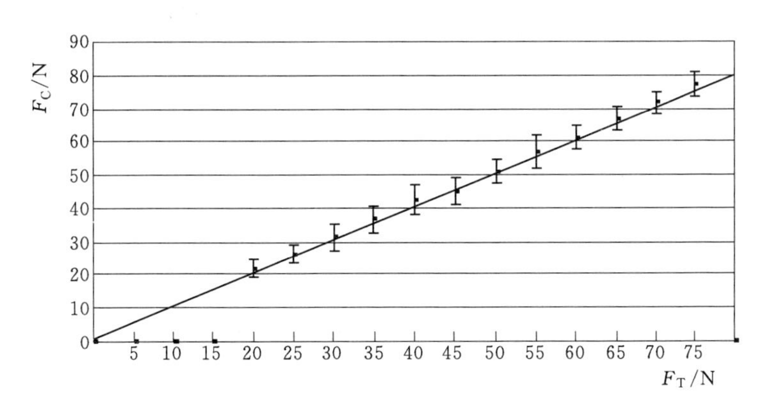

图 8.4　在虚拟开关测试中测量的接触力（测试集 A）

2. 虚拟单轴力传感器测试

图 8.7 以代表性的示例说明了使用虚拟单轴力传感器获得的估计的精度。已

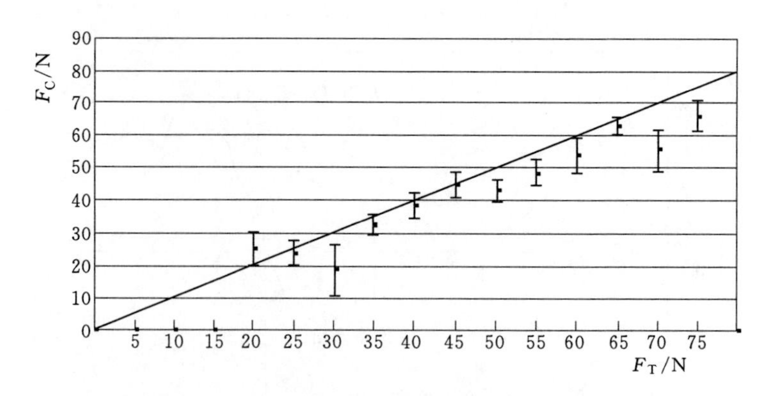

图 8.5　虚拟开关测试中测量的接触力（测试集 C）

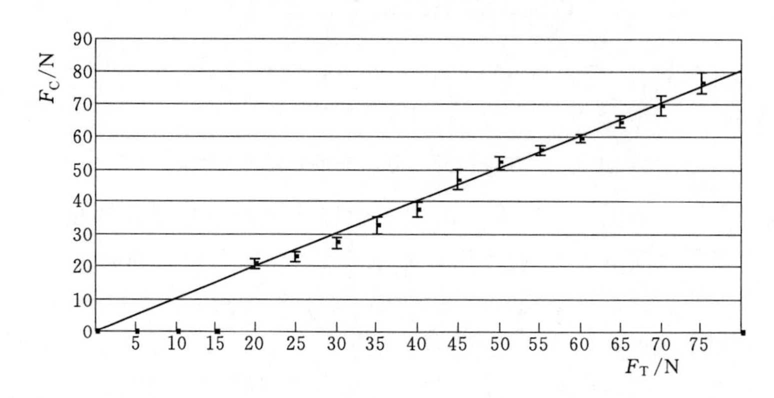

图 8.6　虚拟开关测试中测量的接触力（测试集 B）

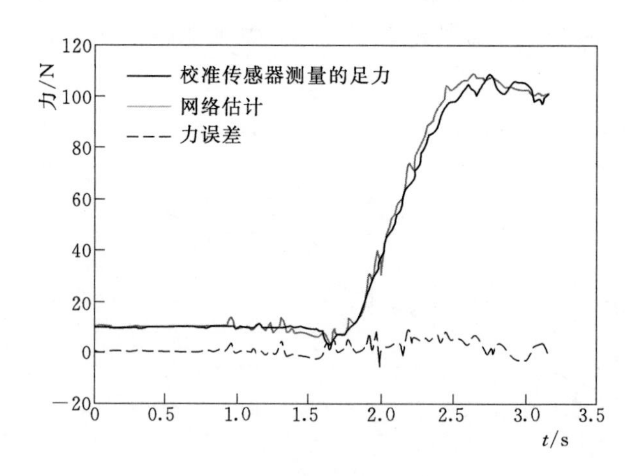

图 8.7　单轴力估计示例

经使用估计的标准误差、平均力误差和确定系数（多个相关系数）来表征每个测试示例的估计准确度。在所有测试实施示例中，估计的标准误差低于总测量范围的5%，而观察到的最大力误差始终低于该范围的10%。图8.8显示了测试集A中包含的所有示例的统计信息。在所有情况下，平均误差约为2%（且始终为正），标准误差为2%～4%。图8.9显示了测试集C中所有示例的统计信息。如

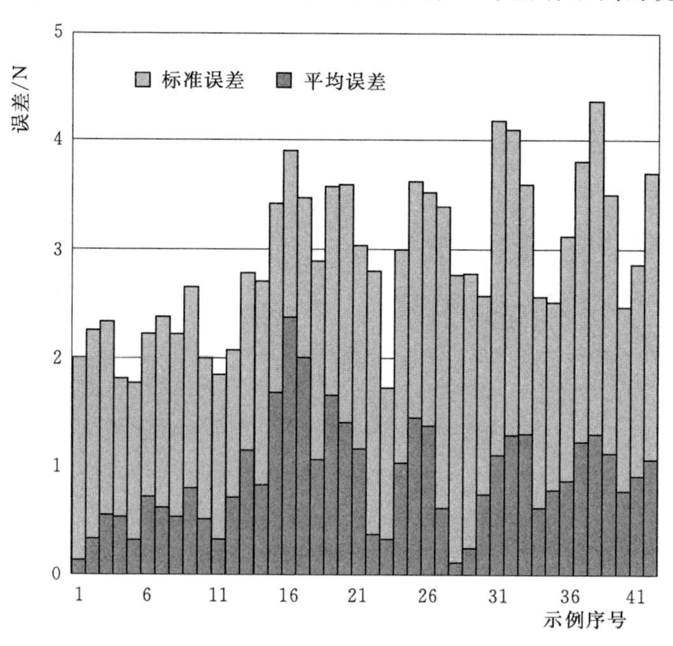

图8.8 测试集A的示例中单轴力估计的标准误差和平均误差

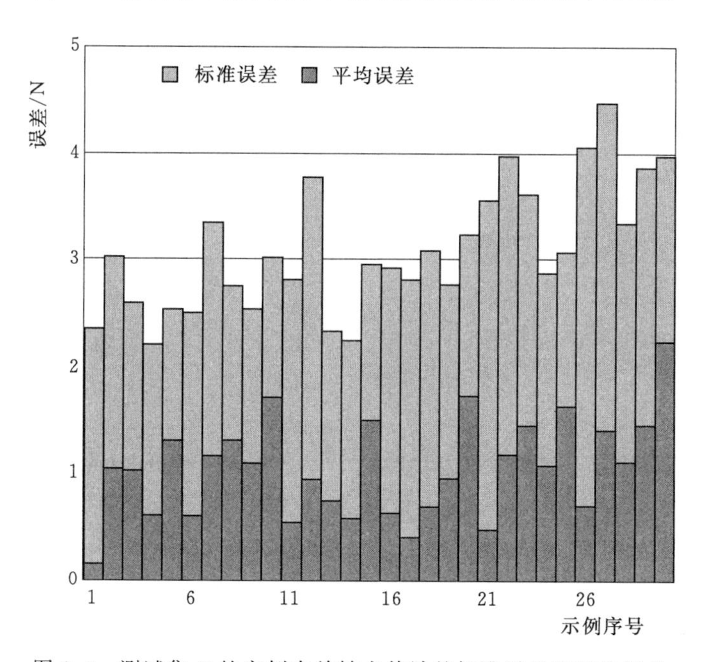

图8.9 测试集C的实例中单轴力估计的标准误差和平均误差

图 8.9 所示，平均误差和标准误差与测试集 A 计算出的平均误差和标准误差非常相似。图 8.10 显示了对于测试集 C 中的所有示例，虚拟传感器以与虚拟开关相同的方式进行估计时获得的结果。图 8.11 表示确定系数对工作点的依赖关系。

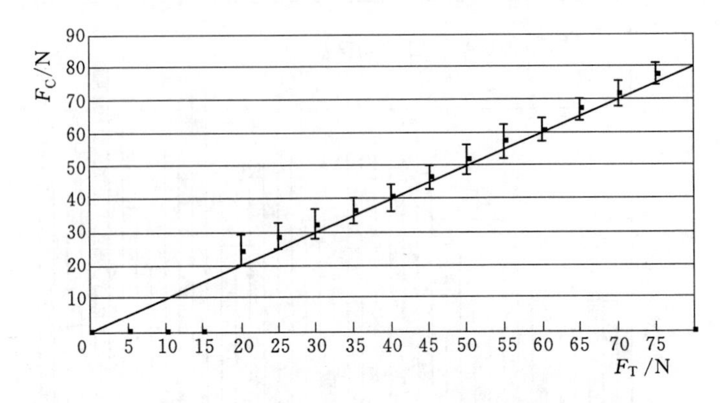

图 8.10　在虚拟单轴力传感器测试中测量的接触力（测试集 C）

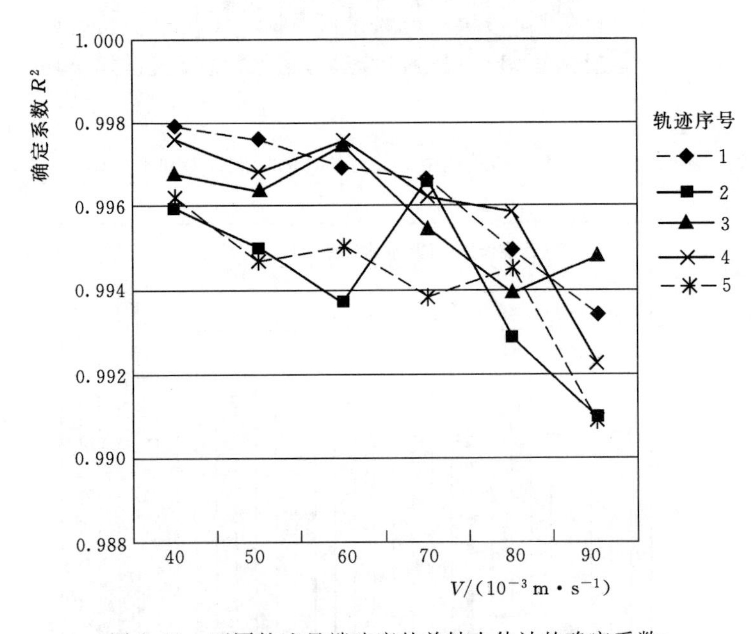

图 8.11　不同轨迹足端速度的单轴力估计的确定系数

3. 虚拟三轴力传感器测试

3 个足力分量的估计精度已经以相同的方式进行了描述，统计了 3 个网络输出中的每一个分量。图 8.12 显示了在典型的足/地面碰撞示例中，网络估计如何反映校准传感器测量的结果。A 组和 C 组测试样本的估计质量相似，平均误差小于 2%，标准误差低于所有试验例中总力范围的 5%。图 8.13 显示了测试集 C 的这些统计信息。

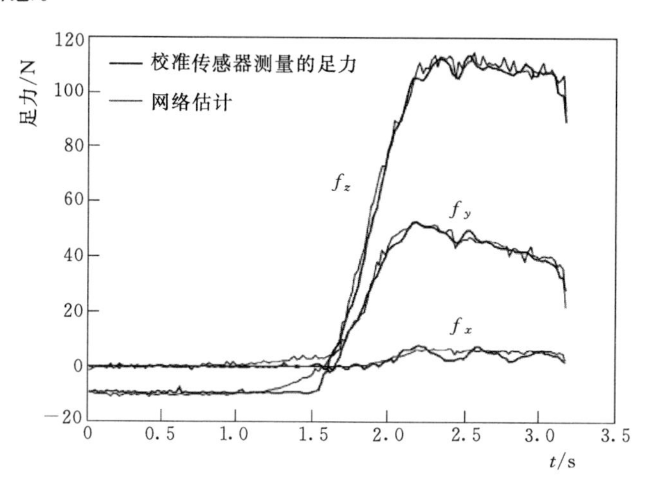

图 8.12　三轴力估计示例

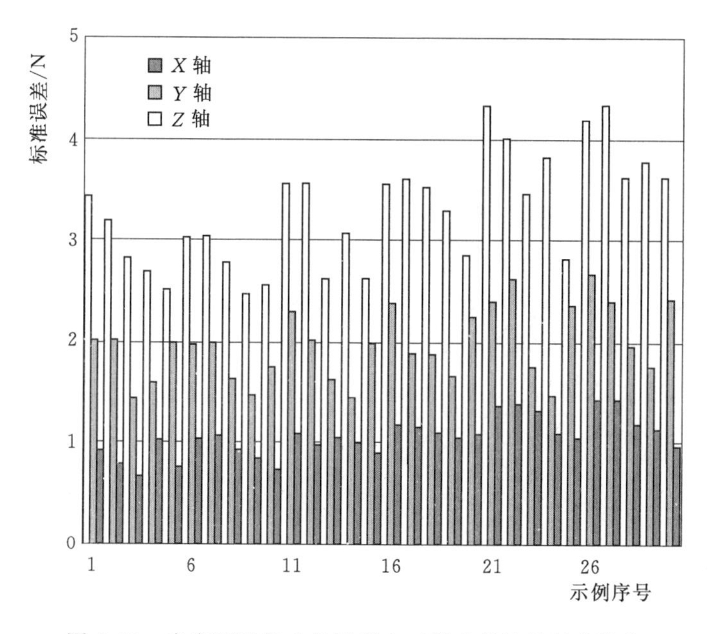

图 8.13　来自测试集 C 的示例中三轴力估计的标准误差

4. 不规则地形的运动

3 个虚拟传感器的最基本应用是检测地面接触。因此，为了比较它们完成这个任务的能力，用本节上述方法进行了评估。表 8.1 总结了当使用 12 种不同 F_T 评估虚拟传感器时获得的结果。结果的特征在于：在测试集 A 和测试集 C 情况

下测量的关于 F_T 的接触力的标准误差以及在测试集 B 情况下的平均接触力的特征。

表 8.1　　在地面检测实验中测量的接触力的标准误差　　%

测试集	开关	单轴力传感器	三轴力传感器
测试集 A	6.5	4.1	5.3
测试集 B	2.8	2.9	2.7
测试集 C	8.3	5.7	6.9

这种方法在不规则地形上运动的可行性已经通过实验测试。在第 1 个实验中，SILO4 机器人走过图 8.14 所示的未知不规则地形，只有单轴力传感器。图 8.15（a）绘制了单轴力传感器的估计值和校准传感器在前足中所记录的力。估计仅需在摆动的最后部分才检测地面接触。当估计的足力达到 50N 时，腿部向下运动完成。在第 2 个实验中，为了便于比较，将校准传感器用于地面检测［图 8.15（b）］。

图 8.14　SILO4 实验平台

8.5.5　讨论

8.4 节提出的结果表明，虚拟传感器设计不仅是可行的，而且是检测足/地面接触功能的有效方法。实验测试证实，具有 1 个隐层和 5 个隐藏神经元的前馈网络足以对该系统进行建模，并在此应用中给出满意的结果。使用这种神经网络

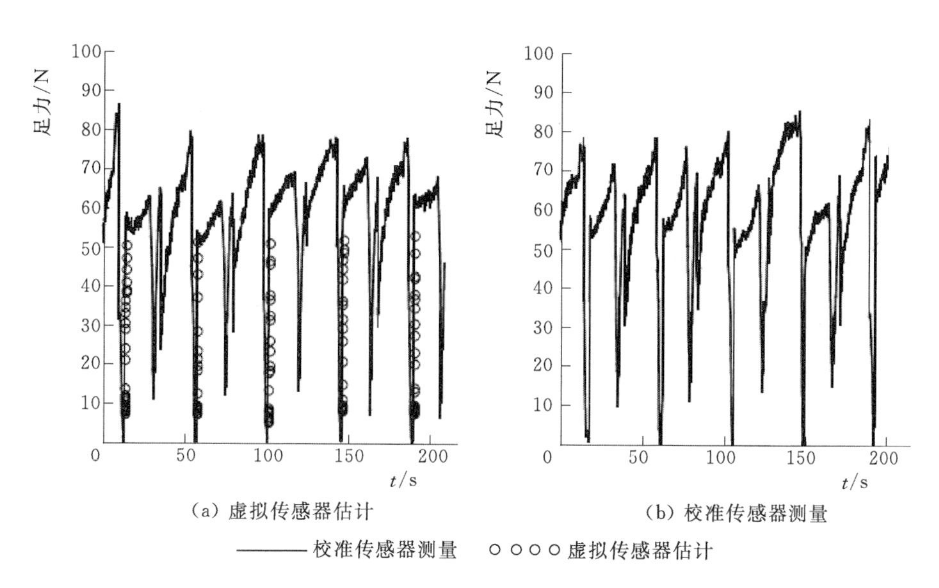

图 8.15 在不规则地形运动期间测量的力

所增加的计算负担非常低，因为计算估计所需的完整时间小于控制环周期的5%。仅以计算负担上轻微增加就可消除传感器、布线和电子设备，特别是在需要追求简单性的系统中极具价值，如腿式机器人；在价格上也可以保持优势。输入一组幅度就可以对诸如黏性、位置相关摩擦、重力等各种效应进行建模。但是，在非常低的关节速度下对静摩擦和黏滑行为的正确建模尚未确认。这是因为在用于地面检测的足的速度和轨迹范围内，至少在这种腿部运动学配置中接近零关节速度条件不会出现。在力估计的最一般情况下，在给定的足轨迹产生期间，关节速度可能下降到零；那么，校准样本应该考虑这种情况，结果应该仔细验证，也允许比较几种响应行为。

在运行条件下虚拟开关对碰撞瞬间的估计精度在训练集中是非常令人满意的。实验表明，接触力与足轨迹和速度之间没有明确的依赖关系，并且由于操作点之间的差异而导致结果分散也是可以接受的（图 8.4）。虚拟开关的重复精度也非常令人满意（图 8.6）。然而，由于操作条件与训练集中包含的操作点的差异较大，因此估计的准确度会变差，这表明这种虚拟传感器的泛化特性差（图 8.5）。网络预测的幅度之间相关性的能力受到用于训练网络的开关信号中包含的有限信息的阻碍。实验还表明，该虚拟开关可以在适当的力的范围内针对不同的力阈值进行校准。研究发现力阈值与估计精度之间没有明确的依赖关系。实验设置的简单性是这种虚拟传感器的主要优点，因为只需要一个物理开关作为校准传感器。

在模拟训练集中考虑的操作条件的实验中，单轴力传感器显示出非常好的精度（图 8.8）。此外，该力估计系统显示出优秀的泛化特征，在整个正常工作范围内获得与任何轨迹和足端速度相似的精度。这个虚拟力传感器在各个方面，尤其是泛化方面优于虚拟开关（图 8.9）。显然，估计的精度取决于足的速度（速度越高，相关性越低），没有发现对足端轨迹的依赖性（图 8.11）。这种虚拟传感器性能的增强是建立在幅值关系的模拟信息较为丰富的结果之上。与虚拟开关相比，该虚拟传感器的唯一缺点是所需的实验附加硬件的复杂性更高。

在三轴力传感器的实验表明，估计精度高（5%），在整个工作范围内一致性好（图 8.13）。每个力分量的估计精度也与使用单轴力传感器获得的精度非常相似。因此，在保持估计精度的情况下，这种虚拟传感器的使用比虚单轴力传感器性能更强。更长的训练时间和更复杂的实验硬件是唯一的缺点。

考虑到这些结果，发现选择用于组成训练样本集的操作点的数量足以描述虚拟力传感器的完整操作范围。具体地，虚拟传感器能够计算包含在腿部工作空间中的任何直线足端轨迹的精确估计，以及适用于在运动期间使用的任何足的速度（0.025～0.1m/s）。使用 Levenberg - Marquardt 学习算法，可以在短时间内用上述训练集来训练网络，满足存储器的要求。这个事实使得包含更多数量的描述及更多种类轨迹的示例成为可能。在所有情况下，完整的校准过程是最快速和直接的。

表 8.1 中虚拟传感器的最终比较表明，虚拟单轴力传感器是检测地面接触的最有效选择。实验表明，步行机器可以使用该虚拟传感器穿越未知的不规则地形。在实验中，在每个腿摆动结束时记录的力超过指定的 F_T（50N）高达 10N。然而，当物理传感器用于检测地面时也会观察到这种影响（图 8.15）。这主要是由用于检查力和控制足端向下运动的控制回路周期引起的。在第二种情况下观察到的误差稍小，因为该传感器用于校准虚拟传感器。无论如何，这些误差并不影响步行机器的适应性，最后的结论是运动不受使用物理或虚拟传感器的影响。虚拟传感器增强了机器的鲁棒性和可用的传感信息的质量，所以配置有虚拟传感器的机器实际上可以更好地运行。

8.6　结论

本章描述了用于步行机器人的地面检测系统的开发和测试。已经选择了关节位置误差、关节速度和关节位置信号作为虚拟传感器的一组可行的输入来估计机器人足部施加的力。这些输入可以从大多数机器人系统中可用的关节位置传感器中获取，因此该虚拟传感器的实现不会导致额外的硬件负担。

已经证明数据驱动的虚拟传感器是若干个机器人平台传感系统的合适选择。使用前馈神经网络处理输入信息并产生的输出已被实验证明是真正的步行机器人中的一个可行的解决方案。建立了校准程序，目的是便于对这些虚拟传感器进行调节。校准程序允许检测系统在短时间内，以最小的实验设置进行校准，所需的实验与正常的运动过程非常相似。已经发现在第一种方法中获得的结果是令人满意的，目前正在用于 SILO4 步行机器人进行地面探测。使用该虚拟传感器获得的力估计的良好质量，使其成为物理传感器的可行替代方案。由于该方法易于适应其他机器，因此对简化伺服控制系统的硬件或为其提供低成本的传感器冗余是一个很好的选择。

第 9 章　人机界面

9.1　简介

机器人被设计为在复杂、易疲劳和危险任务中取代人类操作员，并且初步估计认为机器人可以在孤立的环境中完全自主地运行。然而，当前工业和服务业需求在同一工作环境中与人类一起工作的机器人。这就涉及人类与机器人通过人机界面（HMI）的交互系统进行相互通信的问题。

第一代 HMI 是基于监控控制的概念，其中操作者将整个任务划分成可以由机器人成功实现的多个子任务。操作员总是操控机器人，并且需要对机器人的能力有全面了解，以便进行有效和高效的控制。这种方案（远程操纵机器人而不是远程操作车辆）对于与机器人无关的领域的专家用机器人高级设计工具是不利的(Blackmon 和 Stark，1996)。改进人机交互的最新尝试是通过考虑机械模型（四肢、肌肉等）（Prokopiou 等，1999）和人类行为模型（Rosenblatt，1997），将人的模型插入到控制回路中。这称为人—机控制架构，它将操作者视为另一个模块，将决策或人类感知作为在众多潜在行动中可进行选择的附加模块（Fong 等，1999）。

多模式操作员界面和监控控制广泛应用于移动机器人的远程操作和人机界面，也似乎足以用于步行机器远程操作。多模式接口为操作员提供了各种控制模式和显示。这些控制模式包括单独的致动器控制（关节控制），协调控制（腿部控制），任务控制（机体运动、轨迹执行）等，而显示器提供数字信息（关节和足部位置，稳定裕度）、几何信息（机器人姿态）、触觉信息（触觉和力反馈信息技术）等。

协同控制是 HMI 的进一步发展。Fong（1995）等引入的这个新理念，认为人和机器人控制器都处于相同的分层决策层面，相互合作执行任务和完成目标。机器人遵循操作人员指定的高级任务，但它询问人们如何实现任务，如何使用不清楚的传感信息等。机器人控制器同时决定如何使用、修改或拒绝人类的指示。因此，机器人以专家的角色帮助操作者来共同努力实现任务（Fong 等，1995）。

步行机器是一种特殊类型的移动机器人。它们的特征在于具有优于轮式机器人一些优点，也有复杂性和固有的低速属性等缺点（1.3 节和 1.4 节）。步行机器人的全方位性及其跨越非常崎岖的地形的能力是这种机器最重要的特征。因此，这些特性必须加以利用以获得比传统的轮式或履带式车辆明显的优点。然而，步行机器的复杂性使得它们难以被外行人操作，从而在运输、建筑等领域的应用受限。

步行机器人技术虽然有很大的发展，特别是在步态生成、腿部设计、力量控制等方面，但其 HMI 研究却不足。参考文献（Bares 和 Wettergreen，1999；Fong 等，1999；Takanobu 等，1999）提供了相关研发实例。操作步行机器人应该像给定速度指示蟹行角度轨迹一样简单。然而，稳定的行走意味着产生足够的立足点和腿部运动顺序，使机器适应不规则地形，避免踩踏禁止区域等。所有这些任务对于步行机器人来说都是非常困难的，必须由机器人控制器负责，通过运行特定的连续、不连续（第 3 章）或自由步态算法来实现（第 4 章）。机器执行自由的步态算法时，特别适用于在包含禁区的不平坦地形上行走，但可能会发生腿部锁死（第 4 章），因此人的干预变得至关重要。克服这种问题通常需要操作员在底层（关节级别）命令系统。因此，多模式界面似乎是步行机器人 HMI 的最佳选择。另外，环境信息对于进行地形适应、运动优化和保证任务安全均至关重要。但由于传感系统的缺陷，这些信息可能不可用或不完整。因此，控制器应该能够与操作员交换信息，以完成其内部环境的表示或者要求适当的命令。操控这样一台复杂的机器，对于操作员而言是一项艰巨的任务。因此，控制器应该能够拒绝错误或执行与操作员相反的命令，并提出可能的解决方案，与操作者协商以获得足够的指导。这是一种协同控制，对于步行机器 HMI 设计来说非常有吸引力。

本章重点介绍步行机器人的 HMI 设计。HMI 基于多模态界面，其中包含协作控制功能。应特别注意人机界面的可操作性和 HMI 的人性化。通过使用友好的图形界面来改善操作，帮助人类操作员在不平坦地形操纵机器人。9.2 节介绍了基于系统和步态特征的 HMI，以及多模式和协同控制的概念。9.2.1～9.2.10 节描述组成 HMI 的不同模块。9.2.11 节描述了 HMI 中包含的协同控制器的操作。最后，在 9.3 节说明一些结论。

9.2　人机界面和协同控制器

本章开发的图形化 HMI 有两个主要特点。首先，开发模拟和优化了四足机器人的自由步态算法［第 4 章和（Estremera 等，2002)］。其次，作为一个操作界面，它在执行一个自由的步态算法时，能够实时地命令和监视四足的运动。这两个功能集成在一起，图形化用户界面（GUI）可以接收数据并为模拟器和真实机器人生成指令。

提出了一种协同控制器来改善 HMI，以实现以下两个主要目标：

(1) 使步行机器人的操纵尽可能简单，使操作员能够沿着由直线段、圆弧以及纯旋转组成的复杂路径引导机器人。这包括以下子目标：

1) 提供一种组合不同步态（蟹行步态、转弯步态和旋转步态）(第 3 章和第 4 章) 并修改其参数（蟹行角度、转弯半径等）的方法。

2) 使操作员可以不考虑步行机器的特殊特征和步态生成方法，从而允许机器人的控制器可以忽略操作者的不恰当命令或暗示适当的命令。

(2) 提高步行机器的地形适应性，但不会过度增加操作员的工作量。为了优化不规则地形的运动，在步行机器中可以调整的参数数量非常多。为了便于调整，协同控制器应该完成以下子目标：

1) 帮助完成优化有关机器人运动所需的环境信息。为此，协同控制器可以要求地形的一般特征的信息，这些信息不能从传感器提供的有限和本地的信息中推导出来。当传感信息不清楚或不可用时，协同控制器还可以向操作者询问地形的某些局部特征。最后，当检测到潜在的危险情况时，它可以从操作员那里征求命令。

2) 协同控制器帮助操作者了解地形的一些局部特征或通过地形的历史记录辅助操作员做出决定。此外，协同控制器可以建议操作员执行可能的命令，以减轻操作员的工作量。

协同控制器允许操作员忽略步态生成特征的例子如下。步态生成模块是机器人实现的高级别的自主控制，操作员负责路径规划。实现自由步态自主执行时，操作员仅确定某些步态参数来定义路径及某些要求，如蟹行角、旋转中心、绝对稳定裕度等。然而，操作员的某些决定可能会阻碍步态规划并导致锁死。例如，在某些情况下，由用户制定的蟹行角或最小稳定裕度可能难以找到足够的立足点。因此，步态规划可以推断锁死情况的可能性。在这种情况下，协同控制器可以询问人类操作员放弃这些参数，或者人在合理期限内没有回应时控制器可以决定自己改变它们。

接下来描述控制器必须与操作员合作，以提高性能的例子。机器人可以通过使用离散的足接触点来估计地形。如果所有的接触点处于相同的高度，机器人则认为在平坦的地形上行走。在这种情况下，机器人应该使用非常小的迈步高度，从而增加其整体速度。然而，即使在不平坦的地形上行走，也会导致相同的足端高度，这是因为仅有几个离散点的信息。这里的协作解决方案是控制器可以向人类操作员询问地形的属性。通过分析简单的屏幕图像，人类操作者可以轻松推断地形的属性。或者协同控制器可以提出可能的命令（步高修正），并等待操作员的批准。类似的情况是机器在斜坡上行走。控制器可以根据足端位置推断出它正在上/下斜坡。在这些情况下，重要的是调整机器人到地形的高度，以优化步态，但是机器人可能难以确认地形的这些属性。而且操作员可以帮助控制器实现任务。这些决定可以由机器人自主进行，但是，由于安装的传感器类型只是基于其环境的某些局部特征，或者是它所经历的单一环境历史有限，将导致机器人的自主决定可能不准确或延迟。此外，不正确的传感信息有时会危及任务的安全。为了保证更安全的运行，控制器可以从传感数据推导出风险的情况，要求操作员的协作（要求提供信息或征求推荐动作的批准）。

总而言之，如果操作员不能合作，机器人将自动运行，从而带来限制和风险。一方面，操作员合作（如果有的话）可以帮助以更安全和更有效的方式完成任务。另一方面，完全远程操作的解决方案将占用用户太多精力，因为机器的信息反馈较差。

在 HMI 的定义中，主要关注顶层命令和数据，以减轻操作员的工作量。因此，这是一种面向步态协作的界面。然而，操作员可能会面对不同的控制层次，以便在步行机器发展的不同阶段，执行不同情况下所需的各种动作。因此，HMI 是基于多模式结构，其中操作员可以在从单轴运动到自主行走的不同控制层次下起作用。

在 Bares 和 Wettergreen（1999）完成的工作之后，GUI 被组装在多个模块中，使得根据区域和环境的特定类型功能的命令或信息被分组在一起。通过图形显示、数字显示和信息文本，向操作员提供有关车辆状态的信息。为控制—模拟环境、步态环境、行走环境和致动器环境的区域定义车辆控制的不同级别。命令行界面和协同控制环境是获取信息和生成控制命令的替代方法。除了这些模块之外，GUI 中还包括地形建模环境和图形控制环境（图 9.1）。

9.2.1　图形显示

该显示器用于以直观、友好的方式提供有关机器人状态和步态生成的高级信息。图形表示主要用于方便操作员了解步态生成（腿部序列和立足点搜索）的进度，以及快速获取有关足的位置、稳定裕度、禁止区域等信息。根据这些信息，经验丰富的操作员可以改变一些步态参数（蟹行角度、稳定裕度等）以优化速度或运动的安全性。图形表示取决于自由步态的产生方式。如 4.4.2.1 节所述，在步态规划中仅考虑机器人的水平投影，因此，二维图形表示足以提供足够的信息。使用不连续步态以及考虑到禁止区域，使得可以使用机器人和地形的二维表示。另外，二维表示是用于步行机器人控制器的计算成本低的解决方案。然而，在开发阶段，直接视觉（或视觉系统）反馈是强制性的，用以有效地控制机器。该图形界面中包含显示在主窗口右上角的两个不同的图形表示。

1. 静态表示

静态表示显示了步行机器人的简单图像和一些可用于测试和监视自由步态算

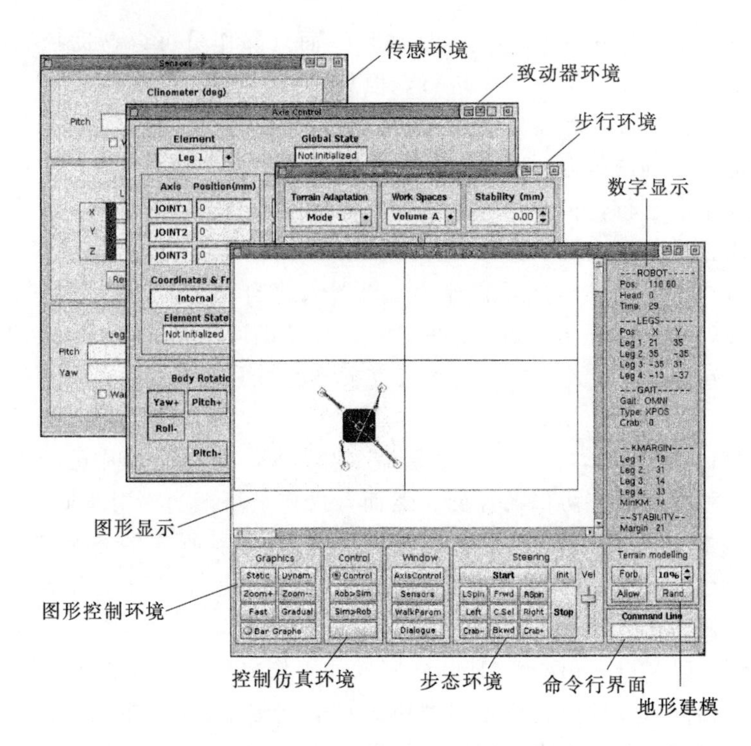

图 9.1　部分图形用户界面

法的图形信息。由步行机器人的顶视图组成，其中观察者位于机体的参考系坐标系之上。以下元素形成此屏幕（图 9.2）：

（1）步行机器人。机器人水平投影的简单二维方案显示了机体和腿的位置和状态（摆动或支撑）。支撑相的腿在足端附近有一个圆圈。机器人机体的位置和方向在屏幕上保持（静态），以方便观察。还表示了腿部工作空间的水平投影、支撑多边形和重心的水平投影（由具有半径等于最小期望稳定裕度的圆周包围的 S_{SM}^{min}）。

（2）足迹规划。当一个足的转移确定最佳立足点（第 4 章）时，可以在屏幕上看到以下元素（点和线）（图 9.2）：

1）几条直线表示对未来立足点位置的几何限制（这些线定义了第 4 章描述的立足点）。

2）一些点可以代表满足这些限制的可能立足点。

3）一个表示最佳立足点位置的点。

（3）顺序规划。下一个被提升的腿被标记为不同的颜色。

（4）方向指示灯。该指示灯显示外部参考系的轴方向。由于在该表示中机器人的机体保持静止，所以航向指示器用作罗盘，帮助操作员了解机器人的方位。

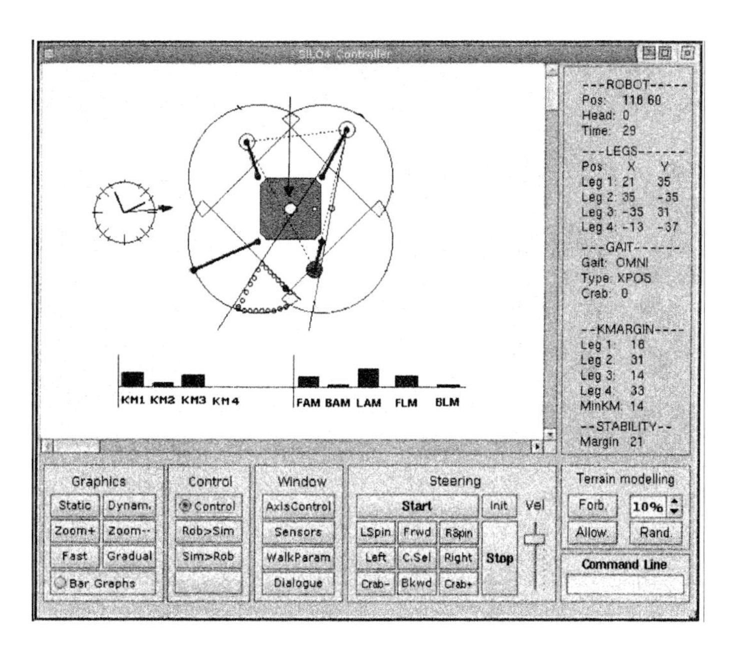

图 9.2　静态表示

（5）蟹行角指示器。指示蟹行角的矢量，显示机器人相对于外部参考系移动的方向。

（6）条形图。几幅图形指示器显示步态计划采用的相关幅度：每条腿的运动边缘（KM）、绝对稳定裕度（SSM）以及其他稳定性测量值。

2. *动态表示*

动态表示是机器人在其环境中的直观描述。该表示的主要特征描述如下（图9.3）：

观察者位于外部参考系中，因此机器人在地形上的轨迹和由其在屏幕上的图形表示描述的轨迹之间存在对应关系。

可以创建具有障碍物（非实际地形）的模拟环境，以便确定达到目标的最佳轨迹，以及评估操作员是否能够遵循特定轨迹，灵活机动，避免碰撞。

禁止区域可能包含在模拟地形中，以确定机器人是否能找到跟随特定轨迹的必要立足点。地形被划分为方形单元格，每个单元格的颜色表示其中包含的地形类型（4.2.2节）。

蟹行角指示器在9.2.1节描述，有助于操作车辆。

9.2.2　图形控制环境

该区域将与机器人的图形表示相关的一些命令组合在一起（图9.1）。它包括放大和缩小控件，以更改观察者的位置，并更改绘图刷新率，以便详细观察或加

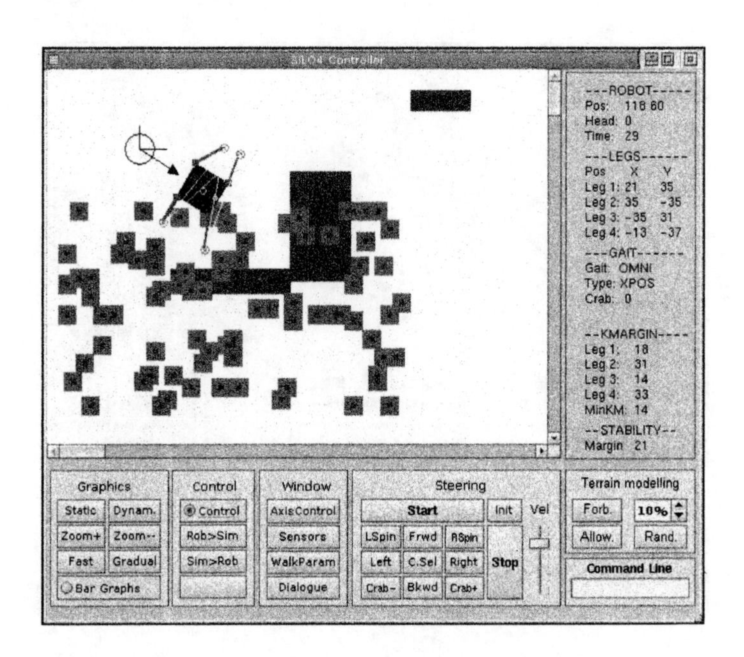

图 9.3　动态表示

快模拟。操作员也可以在静态表示和动态表示之间切换。

9.2.3　数字显示

显示器以非直观的方式提供精确的数值信息。它有利于步态生成的详细分析和指示底层命令。主窗口右侧打印出以下数字信息：

（1）参考世界参考系机体坐标和方向，由目视测量法估计。

（2）参考机器人参考系的腿坐标。

（3）运动开始后的模拟时间。

（4）步态、蟹行角、旋转中心和转弯半径的类型。

（5）每条腿的运动边界和最小的运动边界。

（6）绝对稳定裕度 SSM。

9.2.4　传感环境

在这种环境下分组的显示器用于监测传感信息。来自双轴倾斜仪、力传感器和足部电位器的数据显示为数字指示器。在系统故障和调试阶段，关于机器人状态的底层信息在一个单独的窗口中显示，以避免在正常情况下向操作员显示超出的数据（图 9.4）。在协作系统中，此环境可向用户预警传感器数据是否已进入危险范围。控制器可以考虑操作员的建议或自己采取行动。

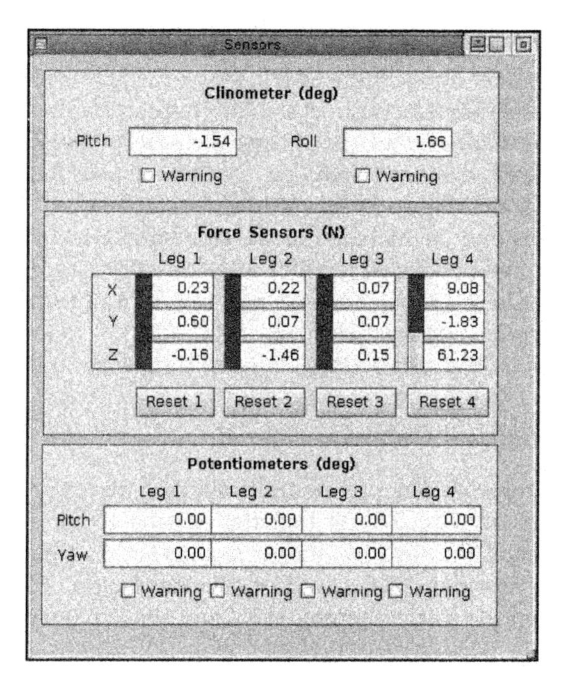

图 9.4　传感环境

9.2.5　地形建模环境

为了监控带有禁区的地形上自由步态的行进，控制器中包含了一个简单的地形建模机制（4.2.2 节）。放置在地形建模环境中的命令允许操作员创建禁止单元的分布（图 9.1）。这种分布可以随机完成，可以选择禁止单元的比例或者通过使用光标手动模拟一个特定的地形。后者可以模拟计算机器人是否能够通过具有禁止区域的特定地形，有助于在移动真实机器之前找到最佳移动方式。

9.2.6　控制仿真环境

通过添加一些命令来实现模拟器和控制器的共存。这些功能之间可以切换，并选择仿真器作为真实机器人的主机或从机（图 9.1）。这些命令有助于实现一些实验和先期的仿真（Estremera 等，2002）。

9.2.7　步态环境

步态环境中包含命令（图 9.1），允许操作员实时操纵机器人。操作员只需考虑机器的轨迹和速度，给出简单直观的命令，就好像机器人是轮式车辆一样。

目前，这种环境是车辆的最高控制层次。蟹行步态、转弯步态和旋转步态可以轻松地组合起来，以跟随轨迹或到达环境中的指定点，同时避免障碍物。操作员可以实时使用以下控件来驱动机器：

（1）蟹行角。通过点击屏幕上的两个按钮可以将蟹行角增加或减少固定的角度。这有利于在机器人的轨迹上进行小的校正或者沿着平滑的轨迹转向而不失去其姿态角。其他 4 个按钮允许操作员选择 4 个预定的蟹行角，以便机器人沿着其正、负两个方向的 x 轴和 y 轴移动。

（2）转弯和旋转方向。可以通过两个按钮直接选择顺时针或逆时针自由转弯步态。当执行转弯步态时，这些按钮用于选择转动方向。

（3）旋转中心。操作员可以使用光标选择转向自由步态的旋转中心，这是一种直观的方式来克服障碍。然而，当机器人必须遵循由不同弧轨迹组成的复杂路径时，该过程是无益的。因此，已经评估了另一种方法，其旋转中心的位置可以沿着机器的横轴移动，相当于改变转弯半径，这样就可以将机器人像传统的轮式车辆一样转向。

（4）步态速度。此控制定义机器的平均速度。机器的平均速度主要取决于地形、蟹行角等，因此，步态速度只是操作员提出的一种速度推荐。

模拟和实验表明，只需执行这些控制命令就可以驱动机器人到达给定的目标，或者使用两个旋转和蟹行角的变化来遵循预定义的路径。

9.2.8　步行环境

步行环境用于定义机器人运动的一般规范，生成命令以优化特定地形或情况下的步态。步行环境表示运动控制的底层环境，因此已经在单独的窗口中实现，以最小化呈现给操作员控制。本文中的命令用于改变与地形适应性、稳定性和速度有关的参数。这些命令如下（图 9.5）：

（1）地形适应模式。通过该命令可以定义地面探测和高度/姿态控制的可能性。操作员可以选择从平坦的地形模式（不需要保持身体高度和姿态，也不需要检测足部接触）到崎岖的地形模式，实现更快的运动。

（2）腿部工作空间。可以选择总腿部工作空间的不同子集，以便通过使用宽（尽管很短）的工作空间来改善全方向运动，或通过使用高（尽管较窄）的工作空间来增强对不规则地形的适应性。

（3）最小稳定裕度。为了增加机器的稳定性或降低锁死的可能性，可以改变施加到步态计划器的最小绝对稳定裕度 S_{SMmin}。

（4）机体高度和迈步高度。通过这些控制，操作员可以改变平均机体高度和迈步高度，以优化斜坡、平坦地形、崎岖地形等的运动。

（5）速度。用户可以调整运动中使用的不同基本运动的速度。

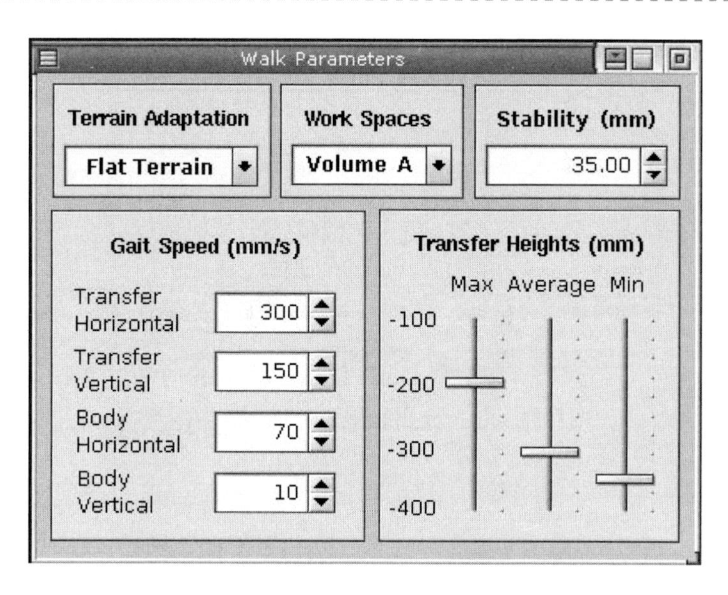

图 9.5　步行环境

9.2.9　致动器环境

使用致动器环境中包含的命令，操作员可以手动移动任何单轴或致动器组（例如腿）。如上所述，该接口的主要目标之一是简化机器人的安全操纵（协同控制）。但是，在调试阶段或系统错误的情况下需要底层控制。为了从这些命令中分析操作员需求，致动器环境已经在单独的窗口（Axis Control）中实现多模式接口（图 9.6）。致动器环境的主要特征如下：

（1）操作员可以选择影响后续命令的机器人（腿或机体）的元素。

（2）可以在四种运动类型之间切换：①独立轴位置运动；②独立轴速度控制；③足端协调运动；④足端直线运动。如果机体被选中，只有直线运动可用。

（3）运动命令的位置增量（Pos. Step）和速度（Speed）都可以使用两个数字控制进行调整。放置在致动器环境左侧的运动控制允许操作员移动步行机器人的所选部分。这些命令根据所选择的操作模式分为 3 个按钮阵列（增加、停止、减小），用于移动足：①在协调或直线的情况下，沿着 x、y 或 z 轴运动；②在单轴运动的情况下，绕关节 1、关节 2 和关节 3 旋转。

（4）所选腿的位置显示在涉及不同坐标系的内部或笛卡儿坐标中的运动控制旁边。

（5）机体围绕 x、y 和 z 轴的旋转可以通过使用位于致动器环境（欧拉角 Pitch，Roll，Yaw）左侧的运动控制来控制。

（6）致动器环境中还包含若干控制命令，以便于执行某些有用或频繁的操作，例如轴初始化。

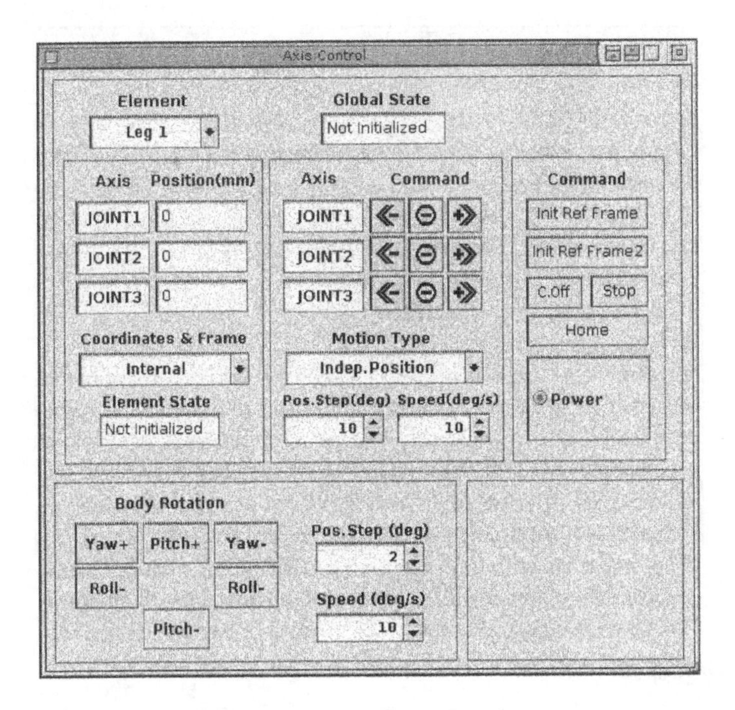

图 9.6　致动器环境

9.2.10　命令行界面

一方面，上面描述的大多数控制命令已经在基于命令行的接口中复制，以便提供更准确的输入数据的方式（图 9.1）。另一方面，命令行界面是为机器人定义复杂轨迹的位置。运动开始之前，一些简单的命令允许操作员进行简单轨迹的编程，指定运动的类型（蟹行、转弯或旋转）、步行总距离、蟹行角等。这提供了一个准确的方式来跟踪前置轨迹，减少操作员对机器的密集监视。

9.2.11　协作环境

协作对话框是通过一个专门的对话框执行的，当机器人询问操作员时，该对话框将自动打开。当操作员想要询问机器人时，可以通过点击特定按钮（图 9.1 中的对话按钮）打开类似的对话框。对话包括关于机器人状态、机器人运动和环境条件的几个问题，以及“是/否”或数字类型的答案。机器人控制器和人机界面之间的协作始终是活跃的，即使是处于非常低的频次。例如，在致动器环境中，假设操作员可以移动任何关节或任何腿部，但是如果该运动改变了机器人的静态稳定性，则操作员将被警告。

协作对话框在防止运动失败中也是有用的。为了做到这一点，控制器通知可能的危险情况并请求用户命令。例如，来自倾斜仪的数据可以提示由足端打滑引起的异常身体姿态。在这种情况下，作为预防措施，机器人可以要求操作员进行手动（远程操作）的姿态恢复。如果用户不提供此操作，机器人将尝试使用自己的姿态控制器恢复姿态。以类似的方式，基于由力传感器和足部电位器提供的数据，控制器还可以估计足是否被正确地放置在地形上，或者如果由不正确的位置引起足尖倾翻是否可能。在这种情况下，协同控制器可以要求操作员对立足点准许或者更换。如上所述，协同对话框还有助于确定某些步态参数，以改善地面适应性并优化不规则地形上的运动。例如，当机器人在斜坡上行走时，可以改变机器人的姿态，将其调整到地形的平均斜率。这时，可以使腿部工作空间中包含的地形表面最大化，从而增加可触及（潜在的）立足点的数量，并减少锁死的可能性。在这种情况下，机器人根据地形的历史数据进行斜率估计，通过对话窗口提出新的机体姿态，操作员可以接受或拒绝。最后，当用户查询时，协作对话框可以通知机器的状态或运动算法的变更。表 9.1 总结了当前 HMI 版本中的询问和应答。

表 9.1　　　　协作对话中的询问和应答

机器人操纵员	机　器　人　响　应	
你好吗？(状态)	(1) 使用足位置、倾斜仪的稳定性图数据和力传感器数据。 (2) 地形适应： 1) 好。 2) 被阻止：一只足不能碰地面或者它不能被抬起来。 (3) 锁死概率：数值数据（%）	
环境怎么样？	(1) 使用倾斜仪估计地形坡度数据和足的位置数据。 (2) 禁区百分比	
机器人到操作员	操作员的响应	注　释
我可以改变我的机体姿态吗？	是/否	它可以减少锁死的可能性
我可以旋转我的机体与轨迹对齐吗？	是/否	它可以降低锁死的可能性并提高速度
我应该提升机体适应这么高的障碍吗？	是/否	在这样做时，稳定性下降
我应该降低我的机体沿着这个斜坡吗？	是/否	它可以增加稳定性和速度，但是如果机器人开始爬坡，速度会降低
我可以减小迈步高度吗？	是/否	如果地形平滑，机器人的速度可能会增加
足 N 是否在地面上得到充分支持？	是/否	电位计读数表示奇怪足的姿势
腿 N 已经损坏了： (1) 我可以再试一次吗？ (2) 我可以尝试一个不同的立足点吗？ (3) 你可以给我立足点坐标吗？	是/否，数据	

操作者注意力的可用度（当前确定为用户查询和用户响应之间的固定延迟周期的功能）应由操作员明确地调整（或者由系统以某种方式确定），以避免不必要的延迟。这时，当操作员注意力不可用时获得的性能可能类似于由自主控制器获得的性能。

9.3　结论

步行机器技术研究主要集中在生产自主步行机器上。然而，在工业和服务步行机器人的许多应用中，不同层次的人为干预将是强制性的。本章介绍了 HMI 开发的用于引导具有协作和多模式属性的步行机器人，而且它已经用于 SILO4 机器人。

操作员可以指挥不同级别的控制器，从单个关节到顶层任务（多模式）。图形用户界面由其功能组织成一组命令和显示，称为环境。GUI 的设计方向是为了便于机器人（路径规划）的顶层控制，并且监视自由步态生成。经验丰富的操作员也可以使用底层控制。

此外，允许机器人询问人类关于如何实现任务的问题，并决定如何使用、修改或拒绝这些指令（协作）。因此，机器人协助操作员，通过它和人协作实现任务。协同控制有助于优化不规则地形的运动，改善地面适应性，并防止较差传感信息输入的复杂机器的故障，需要灵活方式的人工参与。操作员的密切注意会产生更好的适应性和安全性，并且不需要注意产生的自主行为。

HMI 被证明是步态分析和设计的有用工具。经过对 SILO4 步行机器人在自然地形的多次模拟和实验，对 HMI 的评估是肯定的［第 4 章和（Estremera，2003)］。

附录 A　SILO4 步行机器人

A.1　简介

SILO4[1] 步行机器人是用于基础研究和开发以及教育目的的中型四足机器（图 1.11）。SILO4 是一款紧凑、模块化、坚固耐用的机器人，能够通过不规则地形，克服高达 0.25m 的障碍物，并以约 1.5m/min 的最大速度，承载约 15kg 的有效载荷，具体参数取决于所使用的步态。

鉴于其在教育和基础研究中的用途，机器人的总重量被认为是一个重要指标。步行机器在调试过程中错误恢复较困难，有时需要手动处理。因此，成年人可以携带的轻型机器极为重要。此外，轻型设备比大型机器便宜，低成本是教育机器人的基本要求。SILO4 配置为四足机器人，四足动物的步态生成和稳定性比六足动物更难，因此，四足动物的研究更具吸引力。

SILO4 被认为是室内步行机器人，但它可以在非极端条件下的户外环境中工作。例如，机器人可以在高度不规则的地形上工作，但不能在多雨的条件下工作。

SILO4 步行机器人具有以下主要特点：

（1）4 条腿。

（2）体积小、重量轻，便于携带。

（3）机械结构坚固。

（4）细长，避免了电机位置腿部体积过大。

（5）紧凑性，所有电机和电缆均可方便安装。

（6）可灵活地改变轨迹，实现良好的全向性。

（7）由支持实时网络通信的实时多任务操作系统控制。

SILO4 机器人机制的详细描述可以在 Galvez 等（2000）论文中和 SILO4（2005）找到。

---

[1] 西班牙语首字母缩写，意思为四足运动系统。

A.2 机械结构

SILO4的机械结构由放置在机体周围的四条相似的腿组成。足与地面接触，并可采用不同结构的腿部末端致动器或装置。以下介绍机器人布局、机身结构、腿部配置和足部设计。

A.2.1 机器人布局

SILO4的腿以圆形布局放置在机体周围。由于静态稳定的步行机器人关于纵向和横向轴线对称分布，该布局增强了全向性和机动性。然而与其他布局相比，其可实现的最大速度较低。例如，类似哺乳动物构造中那样腿部放置平行于身体的纵向轴线时，机器人平均速度可以更高，因为更好地利用腿部步幅。但从研究的角度来看，SILO4布局在全向性和机动性方面开辟了新算法，因此从这个意义上SILO4布局是有利的。

A.2.2 机身结构

SILO4的主体类似于大约0.31m×0.30m×0.30m的平行六面体。它包含驱动器、电路板、力传感器、放大器和提供俯仰和滚动体角度的双轴倾斜仪。机体结构由铝制成，重量约为14kg。

机体的上部是平板，可以安装辅助设备和外部感应传感器，如电视摄像机和激光测距仪。4个侧壁也可用于相同的目的。

A.2.3 腿部配置

机器人的腿部基于类昆虫构造，即第2和第3关节的轴线彼此平行并垂直于第1关节的轴线（图1.11和图A.1）。第1个连杆长约0.06m，第2和第3关节长约0.24m。每个关节由具有永磁定子和无铁芯自持线圈绕组转子的直流伺服电机驱动。电动机嵌入在腿部结构中，从而使腿部变细，有助于避免碰撞。电机配有行星齿轮。行星齿轮的输出轴直接驱动第1关节。第2和第3关节具有基于交错轴螺旋机构的附加减速器。

螺旋齿轮包括类似于蜗杆的锥形齿轮和具有沿长度方向螺旋的齿轮。螺旋齿轮放在螺旋斜面蜗杆和面齿轮之间的位置。这种结构比其他任何形式更坚固，并允许较小的重量、尺寸和更高的减速比。图A.2（a）显示了一个螺旋齿轮，图A.2（b）显示了齿轮如何安装在关节2和关节3中。

腿部主要用铝材料制成，但一些必须承受高应力的特定部件由铝7075T6制成。腿重约4kg，包括足。表A.1总结了腿关节的主要特征。其余的机械特征可

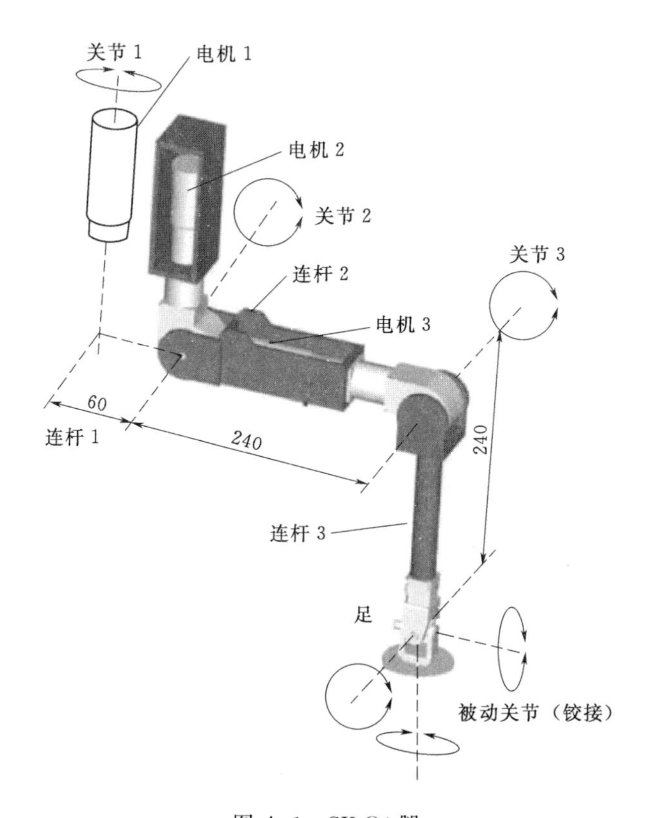

图 A.1　SILO4 腿

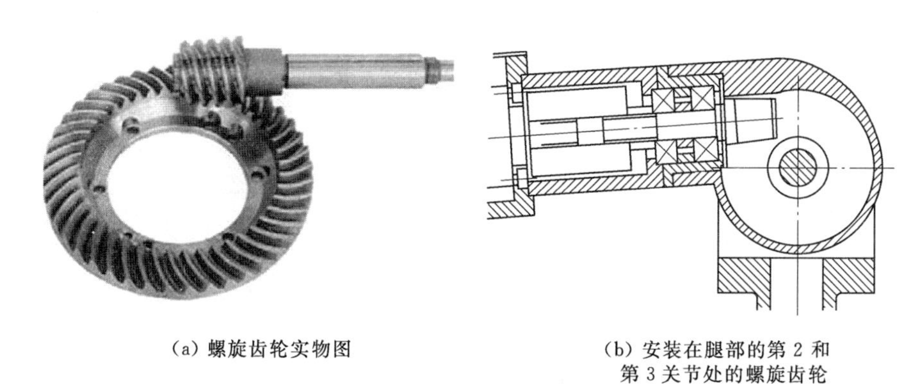

(a) 螺旋齿轮实物图

(b) 安装在腿部的第 2 和第 3 关节处的螺旋齿轮

图 A.2　螺旋齿轮

以在表 6.2～表 6.7 中找到。

A.2.4　足部设计

标准的 SILO4 足部由一个被动的万向节组成，通过另一个被动关节将第 3

表 A.1　　SILO4 步行机器人的腿关节特征

参　　数	关节 1	关节 2	关节 3
电机类型	MINIMOTOR 3557K024C	MINIMOTOR 3557K024CR	MINIMOTOR 3557K024CS
电机功率/W	14	72	26
电机空载转速/(r·min^{-1})	4800	5300	5500
电机失速转矩/(mN·m)	105	510	177
减速机速比	246∶1	14∶1	14∶1
螺旋齿轮速比	—	20.5∶1	20.5∶1
编码器	HEDS5540A14	HEDS5540A14	HEDS5540A14
关节角度/(°)	±80	+45～−90	+10～−135

个连杆与一个圆形鞋底连接起来，这 3 个被动关节使圆形面足底与地面有足够的接触。足和第 3 连杆之间的角度可以通过两个电位计测量。位于被动关节上方第 3 个连杆的三轴力传感器测量足部和地面［图 A.3（a）］的接触力。从这些传感器获取的数据可用于运行力控制算法，以改善在松软和不规则地形的运动。也可以使用没有力传感器的更简单的铰接足［图 A.3（b）］和具有被动关节的半球形足［图 A.3（c）］，后者特别适用于硬质地面。SILO4 有 3 个特征为图 A.3（a）～（c）的原型足，分别由工业自动化研究所［CSIC（西班牙）］，Ecole Nationale Suprieure d'Ingnieurs de Bourges - ENSI（法国）和 Murcia 大学（西班牙）设计。表 A.2 总结了 SILO4 步行机器人的主要机械特征。

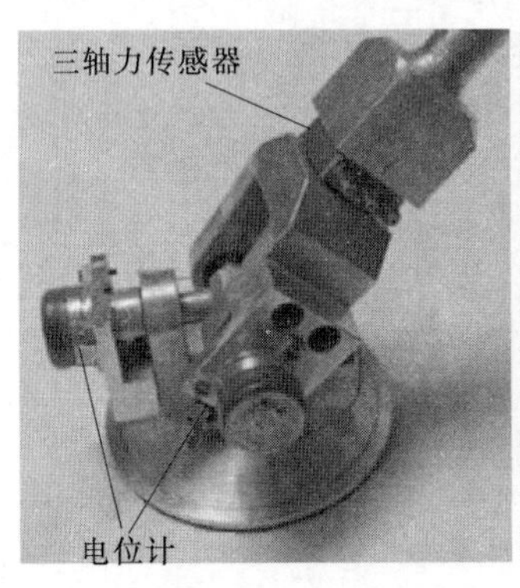

(a) 带三轴力传感器的铰接足

(b) 带单轴力传感器的铰接足

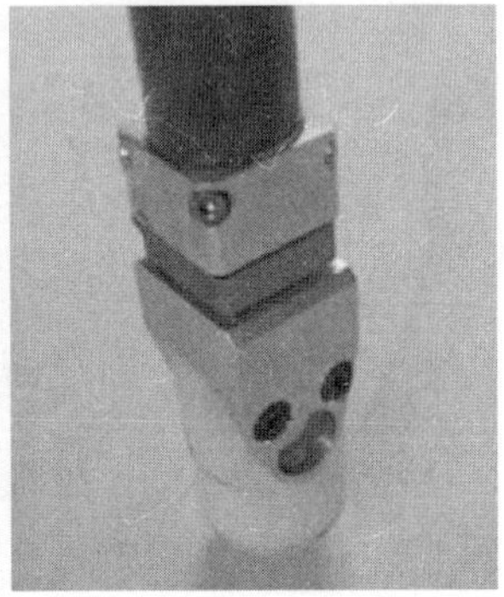
(c) 半球形足

图 A.3　SILO4 足的配置

表 A.2 SILO4 的主要机械特征

特 征 参 数		数值/配置
腿	腿数	4
	腿型	昆虫（三旋转关节）
	腿部安排	圆形配置
	腿部尺寸	每个连杆 0.24m
	足速度	0.20m/s
	材料	铝 7075T6
足	足底	圆
	足关节	1 或 3 个被动关节（见腿设计部分）
	材料	铝 7075T6 和钢
机体	外形尺寸	0.31m×0.31m×0.30m
	材料	铝
	总重量	≈30kg
	有效载荷	≈15kg
	颜色	红色和铝色

A.2.5 运动学

1. 正向运动学

SILO4 机器人的正向运动学方程在 6.2 节推导，为

$$x=C_1(a_3C_{23}+a_2C_2+a_1) \tag{A.1}$$

$$y=S_1(a_3C_{23}+a_2C_2+a_1) \tag{A.2}$$

$$z=a_3S_{23}+a_2S_2 \tag{A.3}$$

其中连杆参数 a_i 和关节变量 θ_i 在图 6.2 中定义，其值见表 6.1。记住，$C_i=\cos(\theta_i)$，$S_i=\sin(\theta_i)$，$C_{ij}=\cos(\theta_i+\theta_j)$ 和 $S_{ij}=\sin(\theta_i+\theta_j)$。

2. 逆向运动学

SILO4 机器人的逆向运动学方程，也在 6.2 节推导，为

$$\theta_1=\arctan[2(y,x)] \tag{A.4}$$

$$\theta_2=-\arctan[2(B,A)]+\arctan[2(D,\pm\sqrt{A^2+B^2-D^2})] \tag{A.5}$$

$$\theta_3=\arctan[2(z-a_2S_2,xC_1+yS_1-a_2C_2-a_1)]-\theta_2 \tag{A.6}$$

3. 雅可比矩阵

SILO4 腿的雅可比矩阵应用在第 5 章，为

$$\boldsymbol{J}=\begin{pmatrix} -S_1(a_3C_{23}+a_2C_2+a_1) & -C_1(a_3S_{23}+a_2S_2) & -a_3C_1S_{23} \\ C_1(a_3C_{23}+a_2C_2+a_1) & -S_1(a_3S_{23}+a_2S_2) & -a_3S_1S_{23} \\ 0 & a_3C_{23}+a_2C_2 & a_3C_{23} \end{pmatrix} \tag{A.7}$$

雅可比矩阵的推导超出了本书的范围。

A.3　控制系统配置

SILO4 设想是由操作员远程遥控自主机器人，操作者负责定义机器人运动的主要特征，例如速度和运动方向。管理者站位于远处，主要通过电信号线进行通信，同时满足电源供应。无线电通信和电池也可以轻松地安装在机器人上。因此，SILO4 整机系统有两种不同的配置。在第一种配置中，机器人上有唯一一台计算机。计算机和机器人电机通过外部线供电，该线还用于计算机屏幕和键盘电缆的延伸（参见图 A.4 中的配置 1）。在第二种配置中，有两台电脑，即机载计算机和操作台。机器人控制器在板载计算机上运行，其电源与机载电机的电源一起由机载电池供电。机载计算机和操作员站之间的通信通过串行无线电线路运行（参见图 A.4 中的配置 2）。

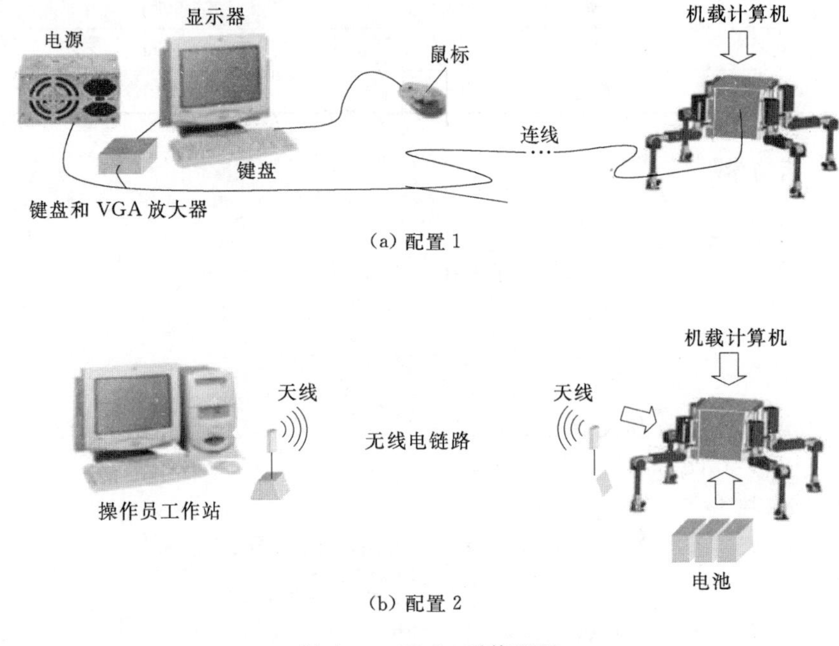

(a) 配置 1

(b) 配置 2

图 A.4　SILO4 系统配置

A.3.1　计算系统

安装在机器人上的控制系统是由基于 PC 的计算机、数据采集板和基于 LM629 微控制器的 4 个三轴控制板组成的分布式分层系统，通过 ISA 总线互连。LM629 微控制器包括带有轨迹发生器的数字 PID 校正器，用于对每个关节的位置和速度执行闭环控制。每个微控制器都基于 PWM 技术控制直流电机关节驱动器。模拟数据采集板用于从不同的本体感应传感器获取感官数据。可以根据系统中使用的传感器添加附加组件。例如，如果使用压电力传感器，则如图 A.3（a）所示，会包括一些电荷放大器。

SILO4 硬件架构的总图如图 A.5 所示。这是迄今为止 3 个 SILO4 机器人中使用的硬件配置。然而，鼓励研究人员测试其他配置，以便进行比较。

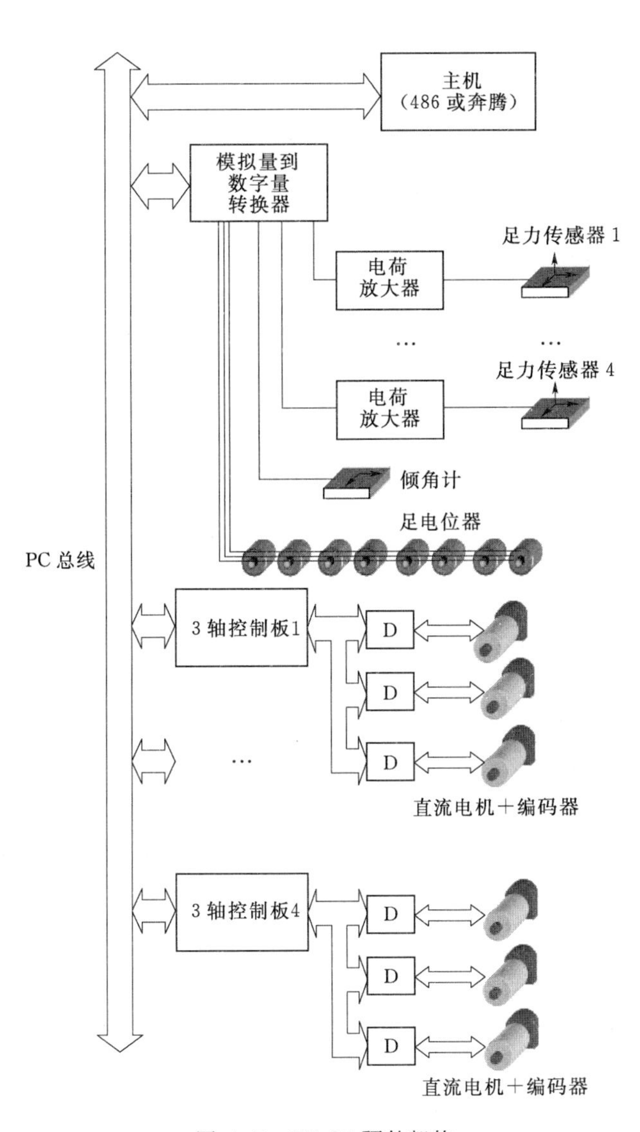

图 A.5　SILO4 硬件架构

A. 3. 2　传感器和传感器系统

SILO4 步行机器人不具有外部感应传感器。外部传感器集成是潜在用户完成的任务。作为内部传感器，该机器在每个关节上使用编码器作为位置传感器，采用通过轴控制的位置闭环。一对正交倾斜仪也用于将机体保持在给定的姿态。根据使用的足部类型，机器可以包括不同的传感器。如果机器具有用力传感器的铰接足，则传感器系统每个足可以具有三轴力传感器和两个电位器。使用这些传感器，系统可以检测足/地面相互作用或实施力分配技术。如果铰接足没有力传感器，则传感器系统可以在每个足底上并入 ON/OFF 开关，用于地面检测。对于固定足配置，系统不包括任何传感器，并且可以通过基于使用编码器数据作为网络输入的神经网络的虚拟传感器执行接足地检测（第 8 章）。事实上，后面的策略可以适用于任何类型的足。

机器人中没有安装绝对传感器来确定编码器的原点。当给定的关节向机械极限移动时，通过检查位置误差来完成该任务。如果位置误差突然增加，则假定达到机械极限。因此，不需要绝对传感器（开关、感应式或接近传感器等），并且也避免了从控制器向每个关节连接更多电缆的繁琐责任。

A. 3. 3　控制算法

车载电脑负责步态生成、轨迹生成、运动学计算、信号处理和用户界面以及微控制器的协调。这些任务分布在由自下而上开发的层组成的软件架构中。这些层可以主要分为（图 A. 6）：

（1）硬件接口。该层包含软件驱动程序。

（2）轴控制。该层执行基于 PID 控制器的机器人单个关节的控制。

（3）腿部控制。该层负责协调腿部的所有 3 个关节以执行协调的运动。

（4）腿部运动学。该层包含腿的正向和反向运动学功能。

（5）轨迹控制和机器人运动学。该模块负责协调所有 4 条腿的同步运动，以执行直线或圆周运动。

（6）运动过程。该模块执行地形适应、姿态控制和高度控制算法。

（7）稳定性模块。该层确定给定的足端位置是否稳定。

（8）步态发生器。该层产生一个腿部抬起和足部放置顺序，以稳定的方式移动机器人。稳定性模块保证静态稳定性。SILO4 步态发生器基于不连续步态、自由蟹行步态、旋转步态和转向步态 4 个步态（第 3 章、第 4 章）。

（9）传感器模块。处理机器人不同传感器采集的数据。

（10）图形和用户界面。此图层包含用于在计算机屏幕上绘制机器人姿态的简单图形表示以及 HMI 对话框。

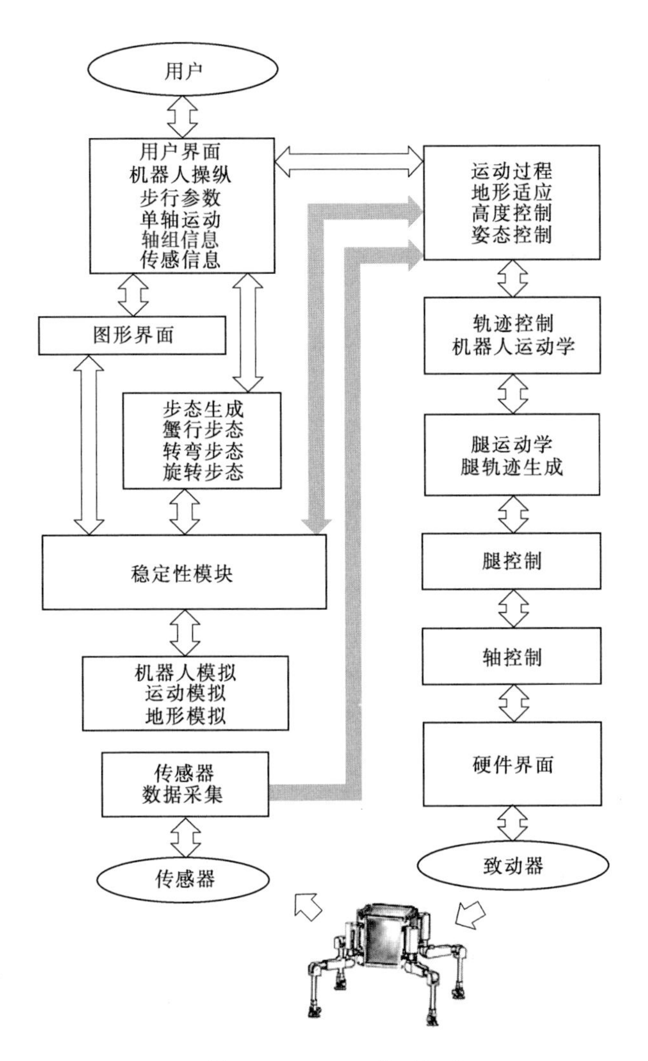

图 A.6　SILO4 软件架构

该软件运行在 QNX 环境下，是一个多任务的实时操作系统，可提供网络支持。最后一个特征通过串行线路或以太网来支持与其他系统的通信，以便使分布式系统和远程机器人操作变得可行。控制系统的底层通过可在 QNX 或 MS-Windows 操作系统下编译的 C++ 语言库实现。QNX 操作系统的 Photon Application Builder 用于开发 HMI。

图 A.6 说明了不同的软件模块及其相互关系。软件体系结构以及 HMI 中的库的 C++ 代码可以从 SILO4（2005）获得。

A.4　模拟工具

为了初步研究机器人的功能，研发了 SILO4 的模拟工具。该模拟工具基于商业模拟软件框架（Yobotics，2002），并考虑了机器人的运动学和动力学以及地形模型和足/地面接触模型。可以定义每个关节的控制规律，并通过可变面板、图形和 3D 图形窗口获得输出数据。所有控制变量以及所有系统变量都可在变量面板中获得。可以选择变量作为时间的函数来绘制图形区域。仿真工具可以使用标准软件包导出所有数据进行绘图。最后，3D 图形窗口可以在定义的地面模型上显示机器人的 3D 动画。这是一个非常强大的工具，用于在实际机器中进行测试之前设计和调试新的步态和控制算法，或者在其负载分布发生变化时检查机器人的行为。模拟程序集是用 Java 语言编写的函数集合，可以从 Yobotics（2002）获得。从 SILO4（2005）可以获得用于构建 SILO4 模拟器的 SILO4 机器人的资料。该模拟工具详见附录 B。

A.5　制造图纸

SILO4 步行机器人的整机机械设计可从互联网获得（SILO4，2005）。图纸包括材料、尺寸和所需的机械精度，并可用于制造，还包括零件清单。图 A.7 仅仅是制造图的一个例子，图 A.8 显示如何连接所有部件。数字表示不同部分的图纸编号（SILO4，2005）。例如，图 A.7 绘制了件 14 的工程图，即如图 A.8 中所示的件 14。

A.6　结论

步行机器与传统车辆相比显示出许多优点，然而，在应用于工业和服务业之前还有很长的路要走。问题是研究人员没有可用于比较算法的通用测试平台。有些商业平台可以在市场上购买，但缺乏可维护性、地形适应性、零件更换等重要功能。对于步行机器技术的任何实际改进的比较都是至关重要的，但只有通过使用类似的机器才能进行有效比较。

为了克服这些问题，IAI - CSIC 根据其在以前的 3 台步行机器的制作经验开发了 SILO4 步行机器人，并将其在互联网上的完整设计提供给愿意自己制造副本的其他研究团队（SILO4，2005）。设计的主要目的是配置和开发一个小巧、易操作、可靠的步行机器人，具有良好的地形适应性和全方位性。

这些书籍的作者鼓励其他研究人员分享 SILO4 设计，作为可比较步行机器人，并希望为开发新技术作出贡献。

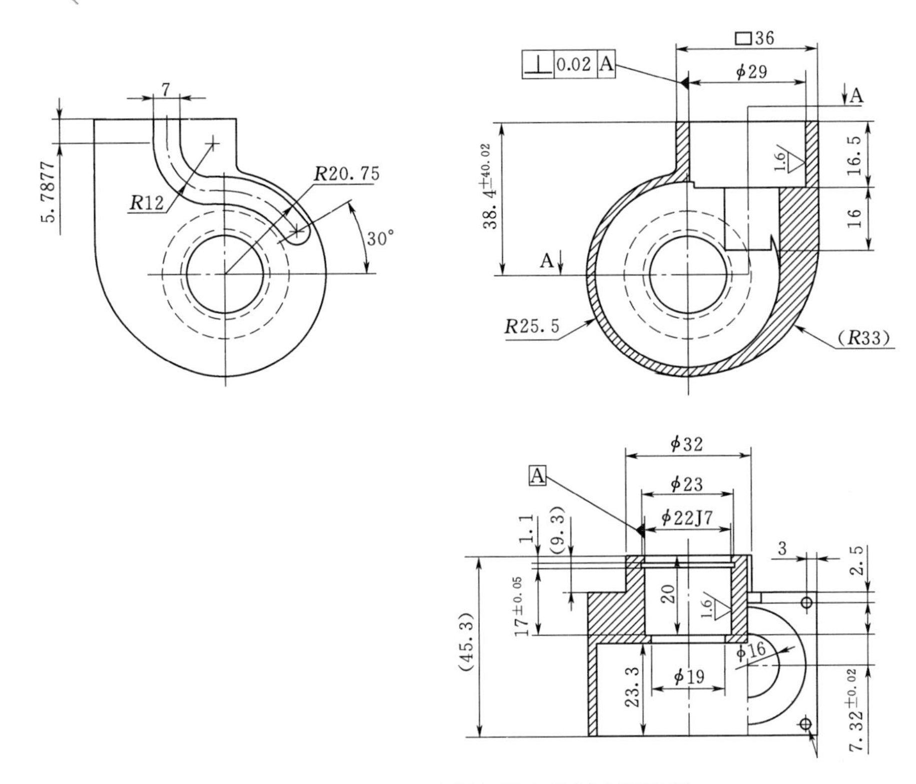

图 A.7　SILO4 步行机器人的制造图示例

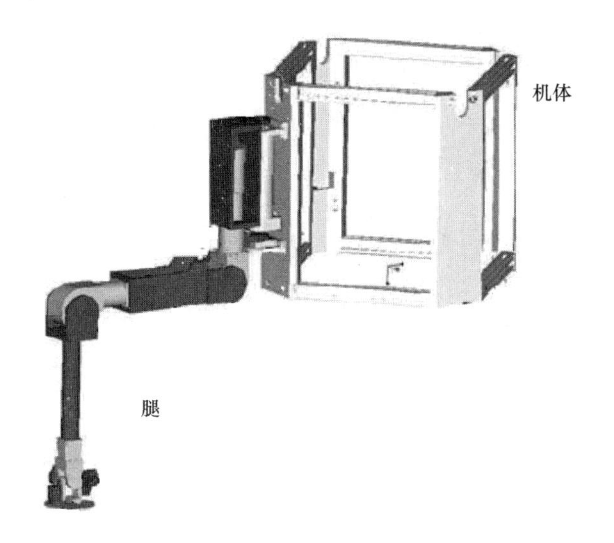

图 A.8　列出 SILO4 步行机器人的零件

附录 B　步行机器人仿真软件

B.1　简介

Yobotics！模拟结构集（SCS）（Yobotics，2002）是由 Yobotics Inc. 开发的软件包，用于方便快速地创建机械装置、生物力学系统和机器人的图形和数值模拟。使用 SCS 创建的模拟涉及机器人系统的运动学和动态模型，及地形的几何模型和地面接触模型。模拟结果如图 B.1 所示。图 B.1 以 3 种方式同时跟踪机器人系统的仿真。

（1）数值。每个系统变量都可通过变量面板进行访问（图 B.1）。可以使用数字输入框跟踪模拟过程来监视和修改诸如控制增益、稳定裕度或模拟参数等变量。

（2）图形化。系统变量随时间的变化也在图形面板中以图形方式进行监控（图 B.1）。

（3）视觉上。模拟机器人系统中变量的变化也体现在 3D 图形窗口中运行的

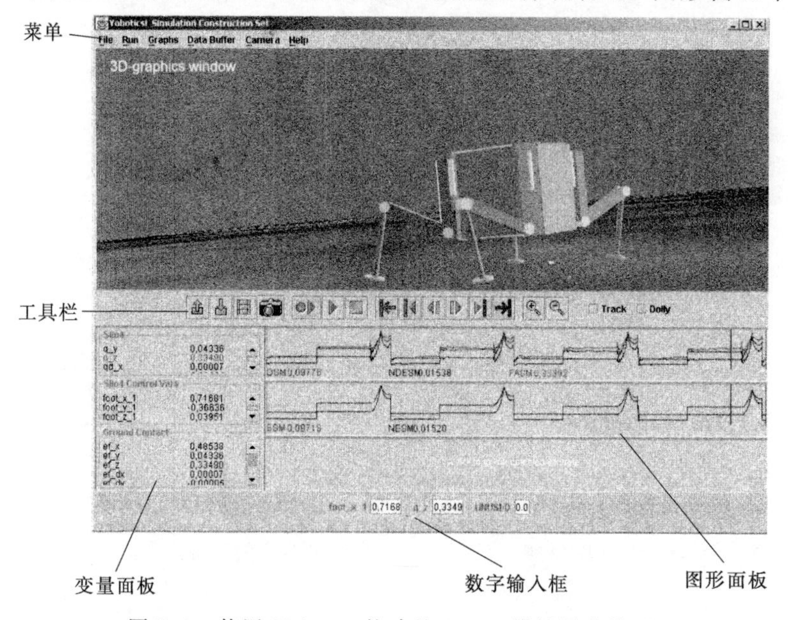

图 B.1　使用 Yobotics 构建的 SILO4 模拟屏幕快照

3D 动画中（图 B.1）。因此，模拟机器人的运动一目了然，可提供有效的反馈测试控制算法。

仿真 GUI 包括菜单栏和工具栏（图 B.1），用于管理仿真，如记录数据，从 Matlab 导入和输出到其他文件格式。它还允许图像捕获和影像记录生成。

接下来的部分将详细介绍如何使用 SCS 创建用于获取本书中仿真结果的机器人仿真。SILO4 四足机器人已被用作创建模拟的模型。

B.2　仿真参数

用于仿真的积分器基于四阶 Runge－Kutta 法，积分周期为 0.4ms。此处在 0.02s 的采样时间采集数据进行图形比较。

B.3　编程仿真

仿真以 Java 语言编程，它分成以下几类（图 B.2）：

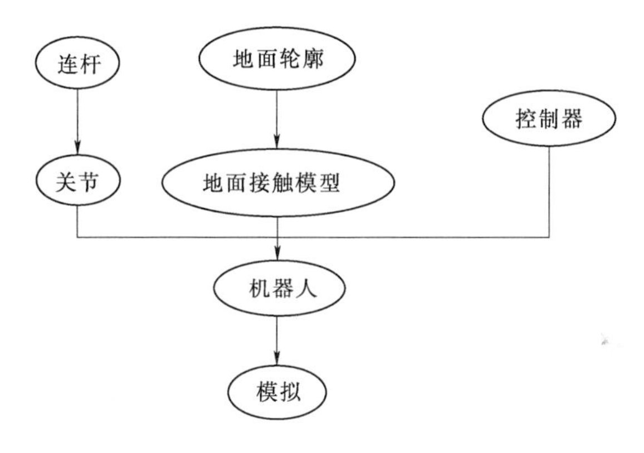

图 B.2　Yobotics 模拟结构集类图

（1）仿真类。包含设置模拟参数的功能，如积分时间步长、摄像机位置、图中最初绘制的变量等。将模拟设置与 SILO4 机器人相关联。

（2）机器人类。定义机器人的几何和动力学。机器人由一个关节树和形状、颜色、质量和惯性的链接组成。机器人中定义了一些接地点，并且对地面接触模型进行了调用，执行了地面轮廓和控制器。

（3）控制器类。机器人运动的控制算法编程。SILO4 以两相不连续步态行走，由状态机控制机器人腿的摆动相和支撑相。编程足端轨迹生成，其中足沿着直线，并且关节轨迹是 PD 控制的。

（4）地面轮廓类。它定义了地面的形状，如平面、倾斜、不平坦等。

(5) 地面接触模型类。这里建模机器人/地形相互作用的动力学。用于SILO4模拟的模型是 x_0、y_0 和 z_0 方向上的弹簧阻尼器。

B.4　创建 SILO4 机器人

机器人类定义了机器人的几何和尺寸以及运动和动态模型。机器人运动学定义为关节树。因此，机体是根关节，4 个枝关节分别定义 4 条腿。每条腿由 3 个关节组成，每个关节都具有与之相关联的连杆，其定义了结构的形状、尺寸和颜色。因此，Robot 类利用了两个其他类的元素：

(1) 连杆类。允许生成几种形状、颜色和纹理的连杆。定义每个连杆的质量、质心和惯性，使用 Featherstone 算法从定义的参数可以计算机器人的动力学(Featherstone，1987)。

(2) 关节类。用于将不同类型的关节插入运动机构中（即旋转、圆柱形、球形等）。每个连杆都与一个给定的关节联系在一起，以保证 Denavit - Hartenberg 公式的适用性。关节变量将通过控制器类进行控制，并可在变量和图形面板中进行监控。一旦机器人运动学定义完成，则可定义接地点。

机器人类还通过调用地形轮廓和地面接触模型类来定义地面剖面和地面接触模型。

B.5　步态控制

SILO4 机器人使用两相不连续步态（第 3 章）行走，该步骤通过有限状态机进行编程，如图 B.3 所示。两条腿的摆动状态先于每个机体运动，机体被向前

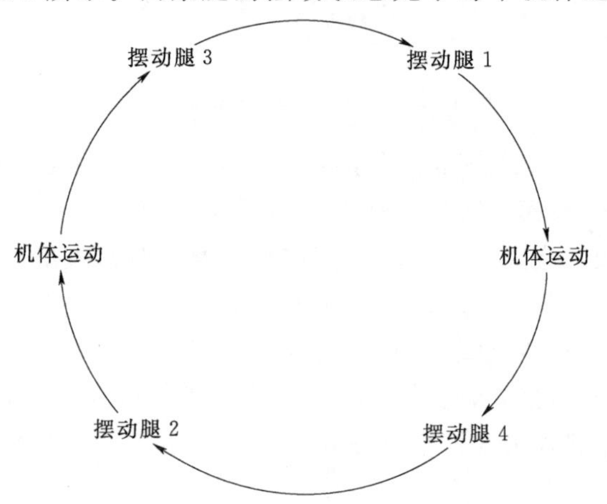

图 B.3　两相不连续步态的有限状态机

推进。腿的摆动由在线产生的 3 个直线轨迹（抬起、向前运动和接地）组成。机体运动由 4 条腿同时进行直线向后运动形成。每个轨迹生成过程确定期望的关节轨迹，其在关节水平上是由 PD 控制，即

$$\tau_i = K_p(\theta_i^{des} - \theta_i) + K_v(\dot{\theta}_i^{des} - \dot{\theta}_i) \tag{B.1}$$

式中：下标 i 表示关节数；θ 和 $\dot{\theta}$ 分别为关节位置和速度；θ^{des} 和 $\dot{\theta}^{des}$ 分别为基准关节位置和速度；K_p 和 K_v 分别为弹性和阻尼常数。

式（B.1）中 PD 控制器的输出是关节 i 所需的转矩 τ_i。

B.6　地面图

地形的形状被设定为相对于固定参考系 $x_0y_0x_0$ 的高程函数。因此，x_0 方向上的倾斜地形由以下功能描述

$$z_0 = \alpha x_0 \tag{B.2}$$

式中：z_0 为地形表面的高度；α 为斜率。

一个随机不平坦的地形可以建模为

$$z_0 = A_1 \sin(\omega_1 x_0 + \varphi_1) A_2 \sin(\omega_2 y_0 + \varphi_2) \tag{B.3}$$

式中：A_1 和 A_2 为粗糙度的幅度；ω_1 和 ω_2 为它们的频率；φ_1 和 φ_2 为它们的相位。

B.7　地面接触模型

机器人/地形相互作用的动力学模型由 3 个正交弹簧阻尼系统组成，分别沿着模拟的 x、y 和 z 空间方向连接到足上（图 B.4）。每次足的 z 坐标进入地面轮

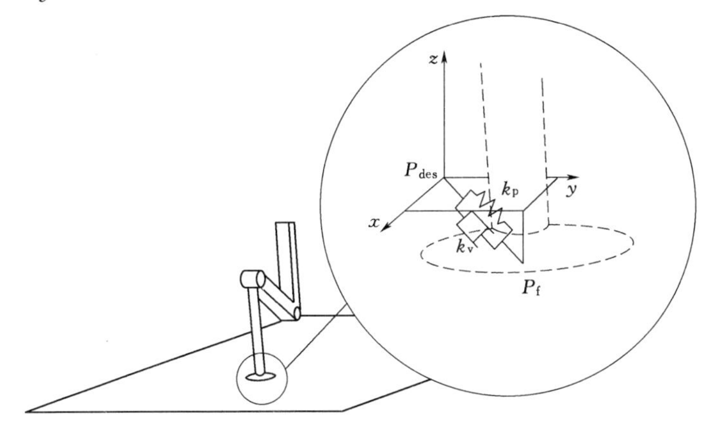

图 B.4　地面接触模型

廓时，都会对其施加地面反作用力，其笛卡儿坐标为

$$F_x = k_p(x_{des} - x_f) - k_v \dot{x}_f \tag{B.4}$$

$$F_y = k_p(y_{des} - y_f) - k_v \dot{y}_f \tag{B.5}$$

$$F_z = k_p(z_{des} - z_f) - k_v \dot{z}_f \tag{B.6}$$

其中（x_{des}，y_{des}，z_{des}）是初始足/地接触点 P_{des} 的笛卡儿坐标，并且（x_f，y_f，z_f）是点 P_f 的坐标，其代表在随后的任何瞬间足的位置。

关节弹性也可以使用地面接触模型进行建模。假设笛卡儿弹簧—阻尼模型的关节柔度（Shih 等，1987）在足接触地面瞬间，腿的 3 个关节的弹性效应的组成可以被认为是足的等效弹簧—阻尼系统。因此，将等效的弹性和阻尼常数添加到地面接触模型反映了步行期间关节弹性的附加影响。

附录 B 描述的 SILO4 机器人的仿真可以从 SILO4（2005）获得。

参考文献

[1] Ablameyko, S., Goras, L., Gori, M., and Piuri, V. (2003). *Neural networks for instrumentation measurement and related industrial applications*, volume 185. IOS Press.

[2] Akizono, M., Iwasaki, M., Nemoto, T., and Asakura, O. (1989). Development on walking robot for underwater inspection. In *International Conference on Advanced Robotics*, pages 652 - 663. Springer - Verlag.

[3] Alexander, R. N. (1977). *Terrestrial Locomotion*, *Mechanics and Energetics of Animal Locomotion*. Alexander, R. N. and Goldspink, G., editors. Chapman and Hall, London.

[4] Angle, C. M. and Brooks, R. A. (1990). Small planetary rovers. In *IEEE/RSJ Int. Workshop Intelligent Robots and Systems*, pages 383 - 388. Ikabara, Japan.

[5] Armstrong, B. (1989). On finding excitation trajectories for identification experiments involving systems with nonlinear dynamics. *The International Journal of Robotic Research*, 8 (6), 28 - 48.

[6] Artobolevsky, I. I. (1964). *Mechanism for the generation of plane curve*. Pergamon Press. Oxford.

[7] Bai, S., Low, J., and Zielinska, T. (1999). Quadruped free gait generation based on the primary/secondary gait. *Robotica*, 17, 405 - 412.

[8] Bares, J. and Wettergreen, D. (1999). Dante Ⅱ: Technical description, results, and lessons learned. *The International Journal of Robotic Research*, 18 (7), 621 - 649.

[9] Bares, J. and Whittaker, W. L. (1989). Configuration of an autonomous robot for mars exploration. In *World Conference on Robotics Research: The Next Five Years and Beyond*, volume 1, pages 37 - 52. Gaithersburg.

[10] Bares, J. E. and Whittaker, W. L. (1993). Configuration of autonomous walkers for extreme terrain. *The International Journal of Robotic Research*, 12 (6), 535 - 559.

[11] Baudoin, Y., Acheroy, M., Piette, M., and Salmon, J. P. (1999). Humanitarian demining and robotics. *Mine Action Information Center Journal*, 3.

[12] Bekker, M. G. (1960). *Off-the-road locomotion*. Ann Arbor: University of Michigan Press.

[13] Bennani, M. and Giri, F. (1996). Dynamic modelling of a four - legged robot. *Journal of Intelligent and Robotic Systems*, 17, 419 - 428.

[14] Berns, K. (2005). *The Walking Machine Catalogue*. Available: http://agrosy. informatik. uni - kl. de/wmc/start. php/.

[15] Bessonov, A. and Umnov, N. (1973). The analysis of gaits in six - legged vehicles according to their static stability. In *Proceedings Of CISM - IFToMM Symposium on The-*

ory and Practice of Robots and Manipulators, pages 117 - 123. Udine, Italy.

[16] Big - Muskie (2005). *The Big Muskie Web Page*. Available: http: //www. little - mountain. com/bigmuskie/.

[17] Bihari, T. E., Wallister, T. M., and Patterson, M. R. (1989). Controlling the adaptive suspension vehicle. *IEEE Computer*, 22 (6), 59 - 65.

[18] Blackmon, T. and Stark, L. (1996). Model - based supervisory control in telerobotics. *Presence*, 5 (2), 205 - 223.

[19] Bobrow, J., Dubowsky, S., and Gibson, J. (1985). Time - optimal control of robotic manipulators along specified paths. *The International Journal of Robotic Research*, 4 (3), 3 - 17.

[20] Brooks, R. (1989). A robot that walks: emergent behaviors from a carefully evolved network. *Neural computation*, 1, 253 - 262.

[21] Buehler, M., Battaglia, R., Cocosco, A., Hawker, G., Sarkis, J., and Yamazaki, K. (1998). Scout: A simple quadruped that walks, climbs and runs. In *Proceedings of the IEEE International Conference on Robotics and Automation*, pages 1701 - 1712. Leuven, Belgium.

[22] Butch (2005). *Dino Butch*. Available: http: //hebb. mit. edu/people/russt/ robots/.

[23] Byrd, J. S. and DeVries, K. R. (1990). A six - legged telerobot for nuclear applications development. *The International Journal of Robotic Research*, 9 (2), 43 - 52.

[24] Chen, C., Kumar, V., and Luo, Y. (1999a). Motion planning of walking robots in environments with uncertainty. *Journal of Robotic Systems*, 16 (10), 527 - 545.

[25] Chen, W., Low, K., and Yeo, S. (1999b). Adaptive gait planning for multilegged robots with an adjustment of center - of - gravity. *Robotica*, 17, 391 - 403.

[26] Craig, J. J. (1989). *Introduction to Robotics*. Addison - Wesley, 2nd edition.

[27] Cruse, H., Kindermann, T., Schumm, M., Dean, J., and Schmitz, J. (1998). Walneta biologically inspired network to control six - legged walking. *Neural Networks*, 11, 1435 - 1447.

[28] Dean, J., Kindermann, T., Schmitz, J., Schumm, M., and Cruse, H. (1999). Control of walking in the stick insect: from behavior and physiology to modeling. *Autonomous Robots*, 7, 271 - 288.

[29] Dettman, J. (1988). *Mathematical methods in physics and engineering*. Dover Publications Inc., New York.

[30] Eldershaw, C. and Yim, M. (2001). Motion planning of legged vehicles in an unstruc - tured environment. In *Proceedings of the International Conference on Robotics and Automation*, pages 3383 - 3389. Seoul, Korea.

[31] Estremera, J. (2003). *Free gaits and virtual sensors for walking robots*. Ph. D. thesis, Universidad Complutense de Madrid.

[32] Estremera, J. and Gonzalez de Santos, P. (2002). Free gaits for quadruped robots over irregular terrain. *The International Journal of Robotic Research*, 21 (2), 115 - 130.

[33] Estremera, J., Garcia, E., and Gonzalez de Santos, P. (2002). A multi - modal and collaborative human - machine interface for a walking robot. *Journal of Intelligent and*

Robotic Systems, (35), 397 - 425.

[34] Estremera, J., Gonzalez de Santos, P., and Lopez - Orozco, J. A. (2005). Neural virtual sensor for terrain adaptation of walking machines. *Journal of Robotic Systems*, 22 (6), 299 - 311.

[35] Featherstone, R. (1987). *Robot Dynamics Algorithms*. Kluwer Academic Publishers, Boston - Dordrecht - Lancaster.

[36] Fong, T., Pangels, H., and Wettergreen, D. (1995). Operator interfaces and networkbased participation for Dante Ⅱ. In *SAE 25th International Conference on Environmental Systems*, pages 131 - 137. San Diego, CA,.

[37] Fong, T., Thorpe, C., and Baur, C. (1999). Collaborative control: A robot - centric model for vehicle teleoperation. In *AAAI Spring Symposium: Agents with Adjustable Autonomy*, pages 210 - 219. Stanford, CA.

[38] Frik, M., Guddat, M., Karatas, M., and Losch, D. C. (1999). A novel approach to autonomous control of walking machines. In *Second International Conference on Climbing and Walking Robots (CLAWAR' 99)*, pages 333 - 342. Portsmouth, UK.

[39] Fu, K. S., Gonzalez, R. C., and Lee, C. S. G. (1987). *Robotics: Control, Sensing, Vision, and Intelligence*. McGraw Hill.

[40] Fujita, M. (2001). AIBO: Toward the era of digital creatures. *The International Journal of Robotics Research*, 20 (10), 781 - 794.

[41] Fukuoka, Y., Kimura, H., and Cohen, A. (2003). Adaptive dynamic walking of a quadrupeed robot on irregular terrain based on biological concepts. *The International Journal of Robotic Research*, 22 (3 - 4), 187 - 202.

[42] Galvez, J. A., Estremera, J., and Gonzalez de Santos, P. (2000). SILO4: A versatile quadruped robot for research in force distribution. In *Proceedings of the International Conference on Climbing and Walking Robots*, pages 371 - 384. Madrid, Spain.

[43] Garcia, E. and Gonzalez de Santos, P. (2001). Using soft computing techniques for improving foot trajectories in walking machines. *Journal of Robotic Systems*, 18 (7), 343 - 356.

[44] Garcia, E. and Gonzalez de Santos, P. (2005). An improved energy stability margin for walking machines subject to dynamic effects. *Robotica*, 23 (1), 13 - 20.

[45] Garcia, E., Gonzalez de Santos, P., and Canudas de Wit, C. (2002). Velocity dependence in the cyclic friction arising with gears. *The International Journal of Robotic Research*, 21 (9), 761 - 771.

[46] Garcia, E., Galvez, J., and Gonzalez de Santos, P. (2003). On finding the relevant dynamics for model based controlling walking robots. *Journal of Intelligent and Robotic Systems*, 37 (4), 375 - 398.

[47] Ghasempoor, A. and Sepehri, N. (1998). A measure of stability for mobile manipulators with application to heavy - duty hydraulic machines. *ASME Journal of Dynamic Systems, Measurement and Control*, 120, 360 - 370.

[48] Gonzalez de Santos, P. and Jimenez, M. (1995). Generation of discontinuous gaits for quadruped walking machines. *Journal of Robotic Systems*, 12 (9), 599 - 611.

[49] Gonzalez de Santos, P., Jimenez, M., and Armada, M. (1998). Dynamic effects in

statically stable walking machines. *Journal of Intelligent and Robotic Systems*, 23 (1), 71 - 85.

[50] Gonzalez de Santos, P., Armada, M., and Jimenez, M. (2000). Ship building with ROWER. *IEEE Robotics and Automation Magazine*, 7 (4), 35 - 43.

[51] Gonzalez de Santos, P., Galvez, J., Estremera, J., and Garcia, E. (2003). SILO4 - a true walking robot for the comparative study of walking machine techniques. *IEEE Robotics and Automation Magazine*, 10 (4), 23 - 32.

[52] Gonzalez de Santos, P., Estremera, J., Garcia, E., and Armada, M. (2005). Including joint torques and power consumption in the stability margin of walking robots. *Autonomous Robots*, 18, 43 - 57.

[53] Goswami, A. (1999). Postural stability of biped robots and the foot - rotation indicator (FRI) point. *The International Journal of Robotic Research*, 18 (6), 523 - 533.

[54] Grieco, J., Prieto, M., Armada, M., and Gonzalez de Santos, P. (1998). A six - legged climbing robot for high payloads. In *IEEE International Conference on Control Applications*, pages 446 - 450. Trieste, Italy.

[55] Gurfinkel, V. S., Gurfinkel, E. V., Schneider, A. Y., Devjanin, E. A., Lensky, A. V., and Shitilman, L. G. (1981). Walking robot with supervisory control. *Mechanism and Machine Theory*, 16, 31 - 36.

[56] Habumuremyi, J. C. (1998). Rational designing of an electropneumatic robot for mine detection. In *First International Conference on Climbing and Walking Robots (CLAWAR' 98)*, pages 267 - 273. Brussels, Belgium.

[57] Hagan, M., Demunth, H., and Beale, M. (1996). *Neural network design*. PWS Publishing Company.

[58] Hanzevack, E., Long, T., Atkinson, C., and Traver, M. (1997). Virtual sensors for spark ignited engines using neural networks. In *Proceedings of the American Controls Conference*. Albuquerque, New Mexico.

[59] Hildebrand, M. (1965). Symmetrical gaits of horses. *Science*, (150), 701 - 708.

[60] Hines, J., Uhrig, R., and Wrest, J. (1998). Use of autoassociative neural networks for signal validation. *Journal of Intelligent and Robotic Systems*, 21, 143 - 154.

[61] Hirose, S. (1984). A study of design and control of a quadruped walking robot. *The International Journal of Robotic Research*, 10 (2), 113 - 133.

[62] Hirose, S. and Kato, K. (1998). Quadruped walking robot to perform mine detection and removal task. In *Proceedings of the 1st International Conference on Climbing and Walking Robots*, pages 261 - 266. Brussels, Belgium.

[63] Hirose, S., Kikuchi, H., and Umetani, Y. (1986). The standard circular gait of a quadruped walking vehicle. *Advanced Robotics*, 1 (2), 143 - 164.

[64] Hirose, S., Inoue, S., and Yoneda, K. (1990). The whisker sensor and the transmission of multiple sensor signals. *Advanced Robotics*, 4 (2), 105 - 117.

[65] Hirose, S., Yoneda, K., and Tsukagoshi, H. (1997). TITAN Ⅶ: Quadruped walking and manipulating robot on a steep slope. In *International Conference on Robotics and Automation (ICRA' 97)*, pages 494 - 500. Albuquerque, NM.

[66] Hirose, S., Tsukagoshi, H., and Yoneda, K. (1998). Normalized energy stability margin: Generalized stability criterion for walking vehicles. In *Proceedings of the International Conference on Climbing and Walking Robots*, pages 71 - 76. Brussels, Belgium.

[67] Ilon, B. E. (1975). *Wheels for a course stable self - propelling vehicle movable in any desired direction on the ground or some other base*. U. S. Patent No. 3 876 255.

[68] Ishino, Y., Naruse, T., Sawano, T., and Honma, N. (1983). Walking robot for underwater construction. In *International Conference on Advanced Robotics*, pages 107 - 114.

[69] Jimenez, M. and Gonzalez de Santos, P. (1997). Terrain adaptive gait for walking machines. *The International Journal of Robotic Research*, 16 (3), 320 - 339.

[70] Jimenez, M., Gonzalez de Santos, P., and Armada, M. (1993). A four legged walking testbed. In *IFAC Workshop on Intelligent Autonomous Vehicles*, pages 8 - 13. Hampshire, United Kingdom.

[71] Kaneko, M., Abe, M., and Tanie, K. (1985). A hexapod walking machine with decoupled freedoms. *IEEE Journal of Robotics and Automation*, RA - 1 (4), 183 - 190.

[72] Kang, D., Lee, Y., Lee, S., Hong, Y., and Bien, Z. (1997). A study on an adaptive gait for a quadruped walking robot under external forces. In *Proceedings of the IEEE International Conference on Robotics and Automation*, pages 2777 - 2782. Albuquerque, New Mexico.

[73] Kato, K. and Hirose, S. (2001). Development of the quadruped walking robot, TITAN - IX - mechanical design concept and application for the humanitarian de - mining robot. *Advanced Robotics*, 15 (2), 191 - 204.

[74] Kepplin, V. and Berns, K. (1999). A concept for walking behaviour in rough terrain. In *Proceedings of the International Conference on Climbing and Walking Robots*, pages 509 - 515. Portsmouth, UK.

[75] Kimura, H., Shimoyama, I., and Miura, H. (1990). Dynamics in the dynamic walk of a quadruped robot. *Advanced Robotics*, 4 (3), 283 - 301.

[76] Klein, C. A. and Chung, T. S. (1987). Force interaction and allocation for the legs of a walking vehicle. *IEEE Journal of Robotics and Automation*, RA - 3 (6), 546 - 555.

[77] Kugushev, E. I. and Jaroshevskij, V. S. (1975). Problems of selecting a gait for a locomotion robot. In *Proceedings of the 4th International Joint Conference on Artificial Intelligence*, pages 789 - 793. Tilisi, Georgia, USSR.

[78] Kumar, V. and Waldron, K. J. (1988). Gait analysis for walking machines for omnidirectional locomotion on uneven terrain. In *Proceedings of the 7th CISMIFTOMM Symposium on Theory and Practice of Robots and Manipulators*. Udine, Italy.

[79] Kumar, V. and Waldron, K. J. (1989). *A review of research on walking vehicles*, pages 243 - 266. In O. Khatib, J. J. Craig and T. Lozano - Perez, editors. *The robotics review*. The MIT Press, Cambridge, Massachusetts.

[80] Lamit, L. G. (2001). *Pro/ENGINEER* 2000*i*2. BROOKS/COLE, Thomson Learning.

[81] Leal, R., Butler, P., Lane, P., and Payne, P. (1997). Data fusion and artificial neural networks for biomass estimation. In *IEEE Proceedings: Science, Measurement and Technology*, volume 144, pages 69 - 72. Gatlimburg, Tennessee.

[82] Lee, J. and Song, S. (1990). Path planning and gait of walking machine in an obstacle - strewn environment. *Journal of Robotic Systems*, 8 (6), 801 - 827.

[83] Lewis, M. and Bekey (2002). Gait adaptation in a quadruped robot. *Autonomous Robots*, 12 (3), 301 - 312.

[84] Lin, B. and Song, S. (1993). Dynamic modeling, stability and energy efficiency of a quadrupedal walking machine. In *Proceedings of the IEEE International Conference on Robotics and Automation*, pages 367 - 373. Atlanta, Georgia.

[85] Logsdon, T. (1984). *The Robot Revolution*. Simon and Schuster.

[86] Luo, R., Su, K., and Phang, S. (2001). The development of intelligent control system for animal robot using multisensor fusion. In *Sensor Fusion Challenges and Applications in Emerging Technologies*. Baden - Baden, Germany.

[87] Maes, P. and Brooks, R. (1990). Learning to coordinate behaviours. In *Proceedings of the 8th National Conference on Artificial Intelligence - AAAI'90*, pages 796 - 802. Boston, MA.

[88] Mahalingham, S., Whittaker, W., and Gaithersburg, M. (1989). Terrain adaptive gaits for walkers with completely overlapping work spaces. In *Robots* 13, pages 1 - 14.

[89] Mamdani, E. (1981). *Fuzzy Reasoning and Its Applications*. Academic Press.

[90] Manko, D. (1992). *A general model of legged locomotion on natural terrain*. Kluwer Academic Publishers, Boston - London - Dordrecht.

[91] Marques, L., Rachkov, M., and Almeida, A. T. (2002). Control system of a demining robot. In *Tenth Mediterranean Conference on Control and Automation*. Lisbon, Portugal.

[92] Masson, M., Canu, S., and Grandvalet, Y. (1999). Software sensor design based on empirical data. *Ecological Modelling*, 120, 131 - 139.

[93] Matia, F. and Jimenez, A. (1996). On optimal implementation of fuzzy controllers. *International Journal of Intelligent Control and Systems*, 1 (3), 407 - 415.

[94] Matia, F., Jimenez, A., Galan, R., and Sanz, R. (1992). Fuzzy controllers: Lifting the linear - nonlinear frontier. *Fuzzy Sets and Systems*, 52 (2), 113 - 128.

[95] MATLAB (1992). *Neural Network Toolbox User's Manual*. The Math Works Inc., Natick, Mass., USA.

[96] Mayeda, H., Osuka, K., and Kangawa, A. (1984). A new identification method for serial manipulator arms. In *IFAC 9th World Congress*, volume 6, pages 74 - 79. Budapest.

[97] McGhee, R. B. (1968). Some finite state aspect of legged locomotion. *Mathematical Bioscience*, 2, 67 - 84.

[98] McGhee, R. B. and Frank, A. A. (1968). On the stability properties of quadruped creeping gaits. *Mathematical Bioscience*, 3, 331 - 351.

[99] McGhee, R. B. and Iswandhi, G. I. (1979). Adaptive locomotion for a multilegged ro - bot over rough terrain. *IEEE Trans. on Systems, Man, and Cybernetics*, SMC - 9 (4), 176 - 182.

[100] McKerrow, P. J. (1991). *Introduction to robotics*. Alexander, R. N. and Goldspink, G., editors. Addison - Wesley Publishing Co.

[101] McMahon, T. A. (1984). *Muscles, Reflexes, and Locomotion*. Princeton, New Jersey.

[102] Messuri, D. (1985). *Optimization of the locomotion of a legged vehicle with respect to maneuverability*. Ph. D. thesis, The Ohio State University.

[103] Messuri, D. and Klein, C. (1985). Automatic body regulation for maintaining stability of a legged vehicle during rough - terrain locomotion. *IEEE Journal of Robotics and Automation*, RA - 1 (3), 132 - 141.

[104] Mocci, U., Petternella, N., and Salinari, S. (1972). Experiments with six - legged walking machines with fixed gait. Technical Report 2. 12, Institute of Automation, Rome University. Rome, Italy.

[105] Monagan, M., Geddes, K., Labahn, G., and Vorkoetter, S. (1998). *Maple V Programming Guide*. Maple Waterloo Software.

[106] Moravec, H. (1988). *MIND CHILDREN: The Future of Robot and Human Intelli - gence*. Harvard University Press.

[107] Morrison, R. A. (1968). Iron mule train. In *Cornell Aeronautical Lab. ISTVS Off - Road Mobility Research Symposium*. Washington DC, June.

[108] Muybridge, E. (1957). *Animals in motion*. Dover Publications, Inc., New York. (First published in 1899).

[109] Nabulsi, S. and Armada, M. (2004). Climbing strategies for remote maneuverability of roboclimber. In *35th International Symposium on Robotics* (*ISR'* 04), pages 121 - 126. Paris, France.

[110] Nagy, P. (1991). *An investigation of walker/terrain interaction*. Ph. D. thesis, Carnegie Mellon University.

[111] Nonami, K., Huang, Q. J., Komizo, D., Shimoi, N., and Uchida, H. (2000). Human - itarian mine detection six - legged walking robot. In *Third International Conference on Climbing and Walking Robots* (*CLAWAR'* 00), pages 861 - 868. Madrid, Spain.

[112] Ogata, K. (1996). *Modern Control Engineering*. Prentice Hall, 3rd edition.

[113] Orin, D. (1976). *Interactive control of a six - legged vehicle with optimization of both stability and energy*. Ph. D. thesis, The Ohio State University.

[114] Orin, D. (1982). Supervisory control of a multilegged robot. *The International Journal of Robotic Research*, 1 (1), 79 - 91.

[115] Pack, D. and Kang, H. (1999). Free gait control for a quadruped walking robot. *International Journal of Laboratory Robotics and Automation*, 11 (2), 71 - 81.

[116] Pal, P. and Jayarajan, K. (1991). Generation of free gaits - a graph search approach. *IEEE Transaction on Robotics and Automation*, RA - 7 (3), 299 - 305.

[117] Papadopoulos, E. and Rey, D. (1996). A new measure of tipover stability margin for mobile manipulators. In *Proceedings of the IEEE International Conference on Robotics and Automation*, pages 3111 - 3116. Minneapolis, Minnesota.

[118] Paul, R. (1981). *Robot Manipulators*. The MIT Press, Cambridge, Massachusetts.

[119] Pfeiffer, F. and Rossmann, T. (2000). About friction in walking machines. In *Proceedings of the IEEE International Conference on Robotics and Automation*, pages

2165 - 2172. San Francisco, CA.

[120] Pfeiffer, F. and Weidemann, H. J. (1991). Dynamics of the walking stick insect. *IEEE Control Systems Magazine*, 11 (2), 9 - 13.

[121] Plustech - Oy (2005). *The walking forest machine concept*. Available: http: // www. plustech. fi/.

[122] Prokopiou, P., Tzafestas, S., and Harwin, W. (1999). A novel scheme for human - friendly and time - delays robust neuropredictive teleoperation. *Journal of Intelligent and Robotic Systems*, 25 (4), 311 - 340.

[123] Raibert, M. (1986). *Legged robots that balance*. The MIT Press, Cambridge, Massa - chusetts.

[124] Raibert, M., Chepponis, M., and Brown Jr., H. (1986). Running on four legs as though they were one. *IEEE Journal of Robotics and Automation*, RA2 (2), 70 - 82.

[125] Riddestrom, C., Ingvast, J., Hardarson, F., Gudmundsson, M., Hellgreen, M., Wikander, J., Wadden, T., and Rehbinder, H. (2000). The basic design of the quadruped robot WARP1. In *Proceedings of the International Conference on Climbing and Walking Robots*, pages 87 - 94. Madrid, Spain.

[126] Rosenblatt, J. (1997). DAMN: A distributed architecture for mobile navigation. *Journal of Experimental and Theoretical Artificial Intelligence*, 9 (2), 339 - 360.

[127] Rossmann, T. and Pfeiffer, F. (1998). Control of a pipe crawling robot. In *Conference Proceedings Biology and Technology of Walking*, *Euromech* 375, pages 133 - 140. Munich, Germany.

[128] Russell, M. (1983). ODEX I: The first functionoid. *Robotics Age*, 5 (5), 12 - 18.

[129] Salmi, S. and Halme, A. (1996). Implementing and testing a reasoning - based free gait algorithm in the six - legged walking machine MECANT. *Control Engineering Practice*, 4 (4), 487 - 492.

[130] Schneider, A. and Schmucker, U. (2000). Adaptive six - legged platform for mount - ing and service operations. In *Proceedings of the International Conference on Climbing and Walking Robots*, pages 193 - 200. Madrid, Spain.

[131] Sciavicco, L. and Siciliano, B. (2000). *Modelling and control of robot manipulators*. Springer - Verlag, London, 2nd edition.

[132] Shih, C. and Klein, C. (1993). An adaptive gait for legged walking machines over rough terrain. *IEEE Transactions on Systems, Man and Cybernetics*, 23 (4), 1150 - 1155.

[133] Shih, L., Frank, A., and Ravani, B. (1987). Dynamic simulation of legged machines using a compliant joint model. *The International Journal of Robotic Research*, 6 (4), 33 - 46.

[134] Shimizu, M., Tawara, T., Okumura, Y., Furuta, T., and Kitano, H. (2002). A sensor fusion algorithm and a sensor management mechanism for the compact humanoid Morph with numerous sensors. In *Proceedings of the International Conference on Climbing and Walking Robots*, pages 279 - 285. Paris, France.

[135] Shin, K. and McKay, N. (1985). Minimum - time control of robotic manipulators with geometric constraints. *IEEE Transactions on Automatic Control*, AC - 30 (6), 531 - 541.

[136] Shing, T. K. (1994). *Dynamics and Control of Geared Servomechanisms with Backlash and Friction Consideration*. Ph. D. thesis, The University of Maryland.

[137] SILO4 (2005). *The SILO4 Walking Robot*. Available: http://www.iai.csic.es/users/silo4.

[138] Song, S. and Waldron, K. (1989). *Machines that walk: The adaptive suspension vehicle*. The MIT Press, Cambridge, Massachusetts.

[139] Spong, M. W. (1987). Modeling and control of elastic joint robots. *ASME Journal of Dynamic Systems, Measurement, and Control*, 109, 310 - 319.

[140] Spong, M. W. and Vidyasagar, M. (1989). *Robot Dynamic and Control*. John Wiley and Sons, Inc.

[141] Sun, S. S. (1974). *A theoretical study of gaits for legged locomotion systems*. Ph. D. thesis, The Ohio State University, Columbus, Ohio.

[142] Swevers, J., Ganseman, C., Chenut, X., and Samin, J. (2000). Experimental identification of robot dynamics for control. In *Proceedings of the IEEE International Conference on Robotics and Automation*, pages 241 - 246. San Francisco, CA.

[143] Takanobu, H., Tabayashi, H., Narita, S., Takanishi, A., Guglielmelli, E., and Dario, P. (1999). Remote interaction between human and humanoid robot. *Journal of Intelligent and Robotic Systems*, 25 (4), 371 - 385.

[144] Tirmant, H., Baloh, M., Vermeiren, L., Guerra, T. M., and Parent, M. (2002). B2: An alternative two wheeled vehicle for an automated urban transportation system. In *IEEE Intelligent Vehicle Symposium*. Versailles, France.

[145] Todd, D. J. (1985). *Walking machines: An introduction to legged robots*. Kogan Page, Ltd.

[146] Todd, D. J. (1991). An evaluation of mechanically co - ordinated legged locomotion (the iron mule train revisited). *Robotica*, 9, 417 - 420.

[147] Tomovic, R. (1961). A general theoretical model of creeping displacements. *Cybernetica*, 4.

[148] Valentin, N. and Denoeux, T. (2001). A neural network - based software sensor for coagulation control in a water treatment plant. *Intelligent Data Analysis*, 5, 23 - 39.

[149] Voth, D. (2002). Nature's guide to robot design. *IEEE Intelligent Systems*, pages 4 - 7.

[150] Vukobratovic, M. and Juricic, D. (1969). Contribution to the synthesis of biped gait. *IEEE Transactions on Biomedical Engineering*, BME - 16 (1), 1 - 6.

[151] Waldron, K. J. and McGhee, R. B. (1986). The adaptive suspension vehicle. *IEEE Control Systems*, pages 7 - 12.

[152] Waldron, K. J., Vohnout, V. J., Pery, A., and McGhe, R. B. (1984). The adaptive suspension vehicle. *The International Journal of Robotics Research*, 3 (2), 37 - 42.

[153] Wettergreen, D. and Thorpe, C. (1992). Gait generation for legged robots. In *Proceedings of the IEEE International Conference on Intelligent Robots and Systems*, pages 1413 - 1420.

[154] Wettergreen, D., Thorpe, C., and Whittaker, W. L. (1993). Exploring mount erebus by walking robots. *Robotics and Autonomous Systems*, 11, 171 - 185.

[155] Wickstrom, N. , Taveniku, M. , Linde, A. , Larsson, M. , and Svensson, B. (1997). Estimating pressure peak position and air - fuel ratio using the ionization current and artificial neural networks. In *Proceedings of IEEE Conference on Intelligent Transportation Systems (ITSC'97)*. Boston, USA.

[156] Williams, D. M. (2005). *Book of Insect Records*. University of Florida, Available: http://ufbir. ifas. ufl. edu/chap30. htm/.

[157] Wilson, D. M. (1966). Insect walking. *Annual Review of Entomology*, 11.

[158] Wong, H. and Orin, D. (1993). Dynamic control of a quadruped standing jump. In *Proceedings of the IEEE International Conference on Robotics and Automation*, pages 346 - 351. Atlanta, Georgia.

[159] Yang, H. and Slotine, J. J. (1994). Fast algorithms for near - minimum - time control of robot manipulators. *The International Journal of Robotic Research*, 13 (6), 521 - 532.

[160] Yi, K. Y. and Zheng, Y. F. (1997). Biped locomotion by reduced ankle power. *Autonomous Robots*, 4 (3), 307 - 314.

[161] Yobotics (2002). *Yobotics! Simulation Construction Set: Users Guide*. Yobotics Inc. , Boston, MA. Available: http: //www. yobotics. com/.

[162] Yoneda, K. and Hirose, S. (1997). Three - dimensional stability criterion of integrated locomotion and manipulation. *Journal of Robotics and Mechatronics*, 9 (4), 267 - 274.

[163] Yoneda, K. , Iiyama, H. , and Hirose, S. (1996). Intermitent trot gait of a quadruped walking machine dynamic stability control of an omnidirectional walk. In *Proceedings of the IEEE International Conference on Robotics and Automation*, pages 3002 - 3007. Atlanta, Georgia.

[164] Yuan, J. and Vanrollehghem, P. (1998). One step ahead product predictor for profit optimisation of penicillin fermentation. In *Proceedings FAC Conference on Computer Applications in Biotechnology*, pages 183 - 188. Osaka, Japan.

[165] Zhang, C. and Song, S. (1989). Gaits and geometry of a walking chair for the disabled. *Journal of Terramechanics*, 26 (3/4), 211 - 233.

[166] Zhang, C. and Song, S. (1990). Stability analysis of wave - crab gaits of a quadruped. *Journal of Robotic Systems*, 7 (2), 243 - 276.

[167] Zhou, D. , Low, K. , and Zielinska, T. (2000). A stability analysis of walking robots based on leg - end supporting moments. In *Proceedings of the IEEE International Conference on Robotics and Automation*, pages 2834 - 2839. San Francisco, California.

[168] Zykov, V. , Bongard, J. , and Lipson, H. (2004). Evolving dynamic gaits on a physical robot. In *Genetic and Evolutionary Computation Conference GECCO' 04*. Late Breaking Paper.